내 몸을 맑게 하는 차

내 몸을 맑게 하는 차

재판 발행 | 2006년 9월 5일

지은이 | 정상문
펴낸이 | 주영희
펴낸곳 | 나무의 꿈

등록번호 | 제 10-1812호
주소 | 121-865 서울시 마포구 연남동 224-57 2층
전화 | 02)332-4037~8
팩스 | 02)332-4031

ISBN 89-91168-11-6 03590

내 몸을 맑게 하는 차

내 몸을 맑게 하는 차

지금 내 책상 위에는 향이 그윽한 차 한잔이 놓여 있다. 글을 쓸 때나, 책을 읽을 때나, 사람들을 만날 때나, 차는 늘 내 곁에 있다. 외국 여행에도 차를 휴대하고 다니며 즐기고, 심지어 자동차에도 다구(茶具)들을 싣고 다니며 마신다. 운전을 하다가도 길가에 잠시 차를 세워 놓고 자동차의 시가 잭에 포트를 꽂아 물을 끓이고 음차(飮茶)를 할 정도이니, 가히 '차 마니아'라고 해도 좋겠다.

그러나 한때 나는 하루라도 커피 없이는 살지 못할 만큼 커피를 좋아하던 커피 애호가였다. 여러 나라의 이름 있는 커피를 골고루 모아 놓고 즐겼고, 커피포트만도 서너 개를 가지고 사용할 만큼 커피에 흠뻑 취해 살았다. 길을 가다가 어디선가 커피향이 퍼져 나오면, 기어이 그 커피숍에 들어가 한잔 마시고 나와야 할 정도의 커피광이었다. 차라고는 선물로 들어오는 녹차와 우롱차, 쟈스민차 정도가 내가 알고 있는 전부였을 뿐, 거의 마시지도 않았다.

그랬던 내가 차를 본격적으로 마시기 시작한 것은 30대 후반이었다. 건강에 적신호가 켜진 이후였다. 당시 나는 고지혈증과 고혈압, 협심증, 그로 인한 지방간으로 상당한 고통을 받고 있었다. 극심한 두통은 무려 30여 년간 나를 심하게 괴롭혀, 늘 진통제를 가지고 다닐 정도였다. 그런데 치료를 받던 중 의

사로부터 고통스러운 처방을 받게 된 것이다. 커피를 끊으라는 것이었다. 당시로서는 단 한 번도 생각해 보지 않았던 일이었지만, 건강이 먼저라는 생각에 큰맘먹고 커피를 끊기로 했다. 그런데 의지보다 몸이 문제였다. 몸이 받아들이지 못했던 것이다. 하루에도 몇 잔씩 마시던 커피를 끊으니 금단 증상이 어찌나 심하던지, 밥을 뜨면 숟갈에 밥알이 하나도 남아 있지 않을 정도로 수전증이 왔다. 어쩔 수 없이 나는 다시 커피를 입에 대게 됐다. 정말이지, 밥은 안 먹어도 술은 마셔야 한다는 알코올 중독자의 심정을 조금은 알 것 같았다.

그러던 내게 조언을 해준 분이 있었다. 나보다 차를 일찍 접한 분이고 나를 차의 세계로 인도한 고마운 분이다. 그는 내게 중국의 보이차를 마시면 간단하게 해결될 것이라고 했다. 그때만 해도 보이차라는 것이 무엇인지 이름도 잘 알려져 있지 않을 때였다. '설마' 하는 마음으로 나눠 주는 보이차를 마셔 봤는데, 놀랍게도 3일 만에 아무런 금단 증상 없이 커피가 입에 받지를 않았다. 하도 신기해서 그때부터 보이차의 매력에 끌려 1년이면 중국을 대여섯 번씩 드나들면서 차를 배우고, 좋은 차를 고르는 것을 익히게 되었다. 그것이 내가 차와 처음 만나게 된 계기였다.

성격상 한 군데 빠지면 푹 빠져 버리는 나는 지난 12년 간 중국의 보이차에 푹 빠져 살았고, 참으로 감사하게도 고지혈증, 고혈압, 그로 인한 지방간과 협심증, 그리고 만성 두통까지도 말끔히 고치게 됐다. 제일 감사한 것은 수술도 하지 못할 지경의 신장 기능이 되살아났다는 것이다. 그러니 어찌 차의 신비함에 매료되지 않을 수가 있겠는가.

나는 이제 사람들을 만나면 차를 권한다. 건강을 해쳐 고통받던 사람들이 내가 권한 차를 마시며 도움받은 경우도 많이 봤다. 그러면서 차의 맛과 멋뿐만 아니라 신비로운 효능에 대해서도 호기심이 생겼고, 세밀하게 공부하게 되었다. 그러나 차는 알아 갈수록 모르겠다는 것이 나의 솔직한 심정이다. 아마 내 평생 공부한다 해도 깊고 오묘한 차의 세계를 다 아는 것은 불가능할 것 같다.

최근 〈생로병사의 비밀〉이라는 TV 프로그램이 방영된 뒤, 차에 대한 인기가 상당히 높아졌다. 방송에 한번 소개되면 갑작스레 관심이 급증한다. 그러나 건강은 유행 따라 가는 것이 아니라, 좋은 습관을 들여 일생 동안 꾸준히 지켜 나갈 때 얻어진다. 건강에 대한 관심마저 야단스럽게 몰려들었다 금세 사그라지는 것이 안타깝기만 하다. 내가 경험한 것과 공부한 것을 토대로 건강에 대해 한마디하자면, 건강한 삶을 위해서는 자연에 가까운 음식을 먹고 적절한 운동을 하고, 거기에 차를 마시는 습관을 들인다면 금상첨화일 것이다.

현대인의 최대 관심사는 건강이다. 건강을 위해서라면 못할 일도 없고, 못 먹을 음식도 없어 보인다. 그러나 건강을 지키는 방법은 의외로 단순하다. 자연에 가까워지면 된다. 좀 적게 먹고, 더 많이 움직이고, 자연에 가까운 가공하지 않은 음식을 선호하면 건강은 저절로 찾아온다. 현대인들이 앓고 있는 질병의 대부분은 자연 상태에서 멀어졌기 때문에 비롯된 것이다. 그런데 그 병을 치료한다는 핑계로 또 자연을 거스른다. 모든 자연 세계는 병이 나면 자연으로 치료하는데, 오직 인간만이 화학 요법을 사용하고 있지 않는가. 신은 인간에게 건강을 주었다. 그러나 인간의 지나친 욕심이 건강을 해친다. 지금이라도 신이 인간에게 준 먹거리로 돌아간다면 건강은 회복될 것이다.

또한 전문적인 지식을 들먹이지 않더라도 백색이 문제라는 것은 잘 알고 있을 것이다. 흰 쌀밥, 하얀 밀가루로 만든 제품들과 하얀 조미료, 그리고 백색 설탕, 이 네 가지는 건강의 적이다. 그중에서도 설탕은 현대 질병의 주범 중의 주범이다. 몸이 자연 상태에서 건강을 조절할 수 있는 기회를 빼앗는 것이 바로 설탕이다. 설탕은 백혈구의 활동을 즉시 제한하기 때문에 각종 바이러스에 대항하는 힘을 잃게 만든다. 따라서 설탕을 계속 먹으면 면역력과 자연 치유력을 상실하고 만다. 화학 음료와 설탕을 계속 먹는 사람들은 감기조차 이기지 못하게 된다. 또한 화학 조미료는 간에서 처리하지 못하는데, 우리나라가 세계에서 간 질환 환자가 제일 많은 것도 조미료의 영향이 아닌가 한다. 거의 모든 음식점에서 조미료를 사용하고, 가정에서조차 조미료를 손쉽게 사용하고 있지 않은가. 건강하게 살고 싶다면 이 '네 가지 백색'을 멀리해야 한다. 입에 달콤한 음식을 찾기보다 몸이 자생 능력을 가질 수 있도록 오히려 쓴 것을 많이 먹어야 한다. 그런 의미에서도 설탕을 진하게 넣어 마시는 커피 대신 쌉싸름한 차를 마시는 습관이 도움이 될 것이다.

현대 생활 양식은 우리 여인들을 가사 일에서 상당 부분 해방시켜 주었다. 그러나 안타깝게도 부엌을 잃어버리게 했다. 서구식 주방이 아궁이를 밀어낸 것이다. 덕분에 꼬부랑 할머니처럼 허리가 구부정하게 굽을 걱정은 덜었지만, 새로 얻은 병도 있다. 정확하게는 부뚜막 아궁이를 잃어버리고 나서 한국 여인들이 많은 병고에 시달리고 있다. 우리 어머니들이 아이들을 10여 명씩이나 낳고도 거뜬하였던 것이 바로 아궁이가 있었기 때문인데, 요즘은 아이를 몇 낳지 않아도 병약한 모습들을 많이 본다. 그래서 그렇게 불가마 찜질방이 성업을 이루고 있지만 아궁이만 못하다. 왜 여성들이 찜질방을 선호하는가? 여성의 몸은 따뜻하게 관리하여야 건강을 유지할 수 있기 때문이다. 그런 점에서도 따끈한 차를 마시는 습관은 여성의 건강을 위해서 더없이 좋은 습관이다. 최근에는 차가 좋다고 몸에 냉한 차를 많이 마시는 경우를 보는데 여성들에게는 좋지 않다. 몸이 더워지는 차를 마셔야 한다.

몇 년 전, 장병호 박사와 공저(共著)로 성서의 식물에 대하여 책을 저술한 적이 있다. 그랬더니 주위에서는 기왕이면 차에 대해서도 책을 한 권 쓰라며 채근했다. 내가 어느 새 '차 마니아'이자 '차 전도사'로 이름이 났던가 보다. 그리고 보니 그동안 공부하며 모아 온 자료들을 나 혼자만 볼 것이 아니라 여러 사람과 나누면 좋겠다 싶어서 이 책을 준비하게 됐는데 벌써 5년이 지났다. 차의 세계는 너무나도 광범위하여 지난 5년 동안 많은 자료들을 모으긴 했지만 아직도 팔삭둥이에 지나지 않은 것만 같다.

우리나라에 아직은 차의 약리 성분에 대한 책들이 없어 장병호 박사께서 일본 차에 대한 여러 권의 책을 구입해 주셔서 일본 책의 도움을 받았고, 나보다 일찍 차에 대한 책을 내신 분들을 찾아가 자료를 구하기도 하였다. 차에 관심이 있는 분들에게 도움이 될까 하여 그간 수집해 온 자료들을 묶어 부끄러움을 감추고 세상에 내놓게 된 것이다. 차를 좋아하면서 차에 대해 알고 싶어 여기저기서 자료를 구하여 나름대로의 정리하여 본 것이 이 책으로 엮였다. 이것은 내가 차를 좋아하여 정리한 것뿐이지 학문적 성과물이나 연구용이 아님을 밝혀 둔다. 단지, 차를 좋아하는 사람들이 차에 입문하는데 도움이 된다면 기쁨이 되겠다. 위에서 밝혔듯이 여기저기서 얻은 정보와 그동안 중국을 수십 차례 드나들면서 구한 중국의 책들, 일본의 책들, 이미 나와 있는 한국의 책들을 참고로 하였다. 정확한 차의 화학 성분과 정보를 전하기 위해서는 강원대학에서 수고하시는 교수들의 도움을 받아 확증하고 정리하게 되었다.

그동안 함께 차를 마시고 일본 서적과 정보를 주신 장병호 박사, 그리고 때때로 일본어를 번역하여 주신 최인화 박사, 여러 나라의 학회 출장길에 어김없이 현지의 차를 직접 구해다 주면서 격려해 주신 이명구 박사, 이 책의 사진들을 직접 디지털 카메라로 촬영하여 주신 변우현 박사, 수천 점에 달하는 사진을 제공해 주신 산림청 소속의 김문윤 소장, 차의 화학 성분을 교정하고 정보를 주신 최종선 박사 등께 깊은 감사를 드린다.

　좀더 많은 사람들이 차를 통하여 삶의 기쁨과 여유를 맛보고, 건강을 지키는 데에도 도움이 되기를 바라는 마음에서 이 책을 낸다. 나는 차를 통해 시들어가던 건강을 되찾을 수 있었다. 여러분도 건강하고 생명력 넘치는 삶을 찾는데 부디 이 책이 자그마한 도움이 되기를 바라며 여기 얼굴을 내민다. 마치 따뜻한 봄날 얼음 아래 새싹이 고개를 내밀 듯이…….

2005년　4월

정　상　문

제❸편 차의 종류

제❹편 중국 차 약방

제❺편 한국 차 약방

제 ❻ 편 내 몸에 좋은 차

제 1 편

차
문
화

　요즘은 어떤지 몰라도 예전에는 마음에 드는 여자를 만나 처음 건네는 말이 "차나 한잔 하실래요?"였다. 사업상 중요한 거래의 시작도 "언제 차나 한잔 합시다"로 열리곤 한다. 이렇게 차는 사람과 사람 사이를 이어 주는 다리가 되어 주고 있다.

　그런가 하면 자연과 사람 사이를 이어 주는 가교 역할도 한다. 바삐 돌아가는 일상 속에 그나마 창 밖의 나뭇가지에 눈길을 주게 되는 시간은 차 한잔을 앞에 놓고 있는 시간이 아니던가.

　이 책에서는 차가 지닌 매력과 효능, 장점들을 수두룩하게 소개하게 된다. 글을 읽다 이런 질문을 던지는 독자도 있을지 모르겠다. "과연 차를 마시는 것이 천국처럼 좋은 점만 있을까?" 미리 답하자면 물론 나쁜 점도 있다. 우선 차를 마시려면 돈이 든다. 악기 연주자가 점점 좋은 악기에 욕심을 내듯이, 차에 푹 빠져서 제대로 갖춰 놓고 차 문화를 즐기려면, 중국식으로 말해 '포훼이(波費/돈 깨짐)'를 감수해야 한다. 그렇다고 반드시 모든 것을 갖추어야 차를 마시는 것은 아니다. 생각하기에 따라서는 단 한 개의 다구로도 얼마든지 차는 즐길 수 있는 것이다. 또 우리 주변에서 좋은 차 재료들을 손수 구할 수도 있다. 뒤에 소개하겠지만, 봄철에 길가에 지천으로 있는 진달래나 흔히 먹는 사과까지도 차의 재료가 될 수 있다. 차를 하게 되면 나중에는 모든 것이 다 차의 재료로 보이게 된다.

　차를 마시는 데 따르는 또 한 가지의 단점은, 생활 패턴이 급한 현대인들과 느긋하게 마시는 차의 문화가 상충한다는 것이다. 그러나 이것도 생각을 바꿔 볼 수 있겠다. 차 문화를 즐기게 되면 오히려 급한 삶의 패턴을 느긋하게 만들어 주는 작용을 하니 이 얼마나 좋은 일인가? 그리고 지금은 바쁜 현대 생활에 맞추어서 자동차 안은 물론 어디서든 차를 마실 수 있는 휴대용 다구들이 시중에 많이 나와 있다. 의지만 있으면 얼마든지 어디서든지 가능하다. 최근에는 냉수로도 마실 수 있는 차들도 있다. 그러므로 내 건강 생각하고자 하는 의지만 있으면 차는 얼마든지 즐길 수 있다. 그러나 기왕이면 차를 제대로 알고 마시면 더 즐겁겠다.

차에도 '문화'가 있다. 문화라고 하는 것은 동시대 사람들이 같은 행동을 반복하여 하는 것을 말한다. 그렇다면 차 문화라고 하는 것은 차를 마시는 사람들이 하는 공통적인 행위라 말할 수 있겠다. 문화를 알아야 그 알맹이를 제대로 알 수 있는 법이다.

한국을 알려면 한국 문화를 이해해야 하고, 중국을 알려면 중국 문화를 알아야 하는 것처럼, 차를 알려면 차 문화를 알아야 할 것이다. 그렇다면 차 문화에는 어떤 것이 있을까?

차 문화를 익히자

차 문화는 원래 차가 시작되었던 중국의 차 문화가 있고, 중국으로부터 차와 차 문화를 수입하여 독특하게 자신의 차 문화를 만든 일본의 차 문화가 있는데, 우리나라는 그 중간 형태에서 일본 쪽으로 기울어 있는 듯하다. 유럽은 차와 차 문화를 수입하여 '홍차 문화'를 만들어 냈으며, 미국은 '커피 문화'를 만들었다.

차는 선인들로부터 이어져 내려온 전통 문화다. 때문에 그것만의 독특한 문화가 형성되어 있어서 현대인들에게는 거리감을 느끼게 하기도 한다. 사람들은 '차'라고 하면 쉽게 생각하면서도 다도(茶道), 즉 차 문화를 말하면 어렵게 느낀다. 그런 거리감도 결국은 과거와 현재의 시간 차이와 그로 인한 문화 의식의 차이일 뿐이다. 무조건 옛것이 좋다고 할 수도 없겠지만, 그렇다고 전통 문화를 완전히 무시한다면 너무 멋이 없지 않겠는가?

전통을 무시하다가는 뿌리가 잘린 줄기만 남게 되지 않을까? 문화란 만들

어지는 것이다. 전통의 멋도 살리면서 오늘에 맞도록 발전시켜 나가는 것이
좋을 것 같다.

차를 마시는 자세

차를 마시는 데에는 기본적인 자세가 있다. 이렇게 말을 꺼내면 벌써부터
머리가 아파 오는 다도(茶道)를 연상하겠지만, 좀 편한 마음으로 받아들여 보
기 바란다. 일단 익히면 그리 어렵지 않은 일이니 초보자라면 한번 익혀 보기
바란다.

차를 생활화하여 마시기 위해서는 차 그릇과 차 도구들이 필요한데, 차 그
릇과 차 도구는 특별한 사정이 없는 한, 두 손으로 잡도록 한다. 예절을 논하
기 전에 그렇게 하는 것이 보기에도 좋고 안정감도 있다. 찻잔도 마찬가지로
두 손으로 잡으면 안정감이 있고 경건한 자세가 되며, 상대와 화합하는 자세
가 된다. 예절이라는 것도 결국은 심신이 가장 편한 자세에서 나오는 것이 아
니겠는가.

찻잔을 두 손으로 잡을 때는 손바닥을 하늘로 향하고 손등은 땅을 등지게
해야 한다. 만물은 음(陰)을 등지고 양(陽)을 향하는 성품을 지녔다. 음양 법
칙에 따르면 하늘은 양이고 땅은 음이다. 음을 등지고 양을 향한다는 동양사
상의 깊은 뜻이 차 한잔을 마시는 데에도 담겨 있는 것이다.

일반 차도구나 찻잔 사용하기 | 모든 생활 도구들도 그 쓰임새에 따라서 손이나 다루는 위치가 있는 것처럼 차 도구들도 그렇다고 보면 된다. 차를 즐기려면 다섯 가지를 즐겨야 한다. 그것은 차의 향(香), 미(味＝맛), 색(色), 감(感＝느낌), 정(情＝함께함)이다. 그중에 주로 3가지를 논하는데 색(色)과 향(香)과 미(味)를 꼽는다.

우선 향. 찻잔에 물을 부으면 차 향이 풍긴다. 멀리서도 맡을 수 있는 향이 있는가 하면 입 안에 들어가서 혼자만이 느낄 수 있는 향도 있다. 워낙 다양하기 때문에 스스로의 체험으로 익혀야 한다. 향은 차를 마시기 전에 이미 즐거움을 준다. 두 번째는 색이다. 두 손으로 찻잔을 들고 마셔서 음미하기 전에 그 물빛을 보라. 차 마다, 그리고 차를 따를 때마다 달라지는 색에 또 한 번 감흥이 일어난다. 차는 물을 마시는 것처럼 벌컥벌컥 마시는 것이 아니라, 입 안에서 혀와 입으로 음미해야 한다. 찻물을 입 안에서 돌려 가면서 마치 포도주를 음미하듯 차를 음미하면, 그 감동이 가슴 아래까지 따뜻하게 전해진다. 물론 생활의 일부로 차를 마실 때에는 머그잔에 차를 따라 한 손으로 마신다 한들 어떻겠는가? 그러나 좀더 예의를 갖출 상황에서는 격식을 다해 즐기는 것이 좋겠다.

말차(抹茶) 찻잔 사용하기 | 무림의 고수들이 처음 만나 서로의 내공을 확인해 보는 것처럼, 차를 하는 사람들도 간혹 상대의 다도 예절을 떠볼 때가 있다. 그런 경우에 말차를 사용하곤 한다. 그러니 말차 예절을 미리 익혀 두면 요긴한 순간이 있을 것이다.

사람마다 다를 수 있지만 말차 잔은 두 손으로 정성껏 잡는다. 차시를 잡는 손의 모양도 손가락을 오므리지 않고 펴서 잡도록 한다. 차시를 자완(찻그릇)에서 저을 때에는 여러 가지 모양이 있을 수 있으나 제일 자신 있는 모양으로 하면서 찻물이 넘치지 않도록 조심하고, 마지막에는 빙글 돌려 한가운데서 들어 올리도록 한다. 그러면 거품이 골고루 자완에 자리하게 된다.

자완을 받기 전에 팽주(차를 다리는 사람. 찻물을 끓이고 차 맛을 먼저 본 다음 차를 따라주는 사람을 일컫는다)에게 절하고 두 손으로 받아 놓고 다시 절을 한 후에 마시는데, 자완에 따라서 그 마시는 모양이 다를 수 있으나 일반적인 것은 두세 번에 나눠 마시면서 차의 맛을 느끼는 것이다. 다 마시고 난 후에는 이미 주어진 차포(찻잔 옆에 놓여진 하얀 차 수건)로 닦아내던지, 한 번 더 물을 받아 깨끗하게 마신 후에 닦아 내려놓고, 다시 절을 하도록 한다. 일본 다도를 익히신 분들은 이보다 많은 절을 하게 되지만, 일반적으로 차 대접을 받을 경우에는 세 번 정도 한다고 생각하면 된다. 언제나 두 손을 사용한다는 것은 명심하자.

찻물 온도와 다기

차의 종류에 따라서 그 우려내는 순서나 다기들이 각기 다르다. 술을 마실 때에도 그 술과 어울리는 잔을 쓰는 것이 술맛까지 더해 주듯이, 차에도 차 맛을 더해 주는 그릇이 있다. 또한 물의 온도는 차 맛을 결정할 정도로 중요하다. 차에 맞는 다기와 물의 온도는 감각으로 익혀야 한다.

녹차나 생차(生茶)를 마실 때 녹차나 생차(어떤 가공도 하지 않은 채 찻잎을 딴 그대로 냉장 보관하여 마시는 차)는 보관을 잘해야 하는데, 특히 생차 같은 경우 반드시 냉장 보관 하여야 한다. 찻물은 그리 높지 않은 온도에서 유지해야 생차가 지닌 효소들을 파괴하지 않고 우릴 수 있다. 70℃ 전후의 물이 좋다. 그릇은 투명한 유리 그릇이나 사기 종류의 깨끗한 이미지면 더욱 좋을 것이다.

홍차를 마실 때 홍차는 일차 발효차, 즉 찐 차이다. 그렇기 때문에 물의 온도를 높여서 우려야 제대로 찻물이 우러나온다. 80~100℃의 물에서 잘 우려진다. 역시 차 그릇은 맑고 투명 유리나 깨끗한 다기 종류가 좋겠다.

우롱차를 마실 때 우롱차는 반 발효차이기 때문에 그리 높은 온도가 아니라도 좋다. 자신이 가장 좋아하는 온도와 농도에 맞추는 것이 좋겠다. "차를 우릴 때 찻잎을 얼마만큼 넣는 것이 좋은가"라는 질문을 받기도 하는데, 차 주전자의 바닥이 보이지 않을 정도로 넣으면 거의 정량이 될 것이나, 각자의 취향에 맞도록 하면 된다. 진하게 마시는 것이 좋다거나 약하게 마신다고 나쁜 것도 아니다. 다기는 깨끗한 것이 좋겠다.

흑차를 마실 때 흑차의 대표격인 보이차는 발효차이기 때문에 끓는 물에 차를 우려야 제 맛이 나온다. 차를 다 우린 다음에 다시 한 번 주전자에 넣어 펄펄 끓이게 되면 멋진 색깔의 찻물이 우러나오는데, 이때 제일 맛있게 느껴진다. 보이차도 아주 진하게 마시는 사람이 있고, 연하게 마시는 사람이 있으니 취향에 맞추면 된다. 단, 보이차는 하루를 넘기게 되면 차 맛에 변화가 생기며, 차를 우리다가 온도가 떨어지는 물을 붓게 되면 또 차가 제 맛을 내지 않는 특징을 가지고 있다.

보이차는 '자사호(紫沙壺)'라고 하는 중국 전문 다기에 우리는 것이 좋다. 다기에 따라서 차 맛이 변화무쌍한 것이 보이차이다. 될 수 있는 대로 좋은 도기에 우려내는 것이 차 맛 또한 좋다.

화차 종류를 마실 때 화차 종류는 자사호나 도기 그릇에 우리는 것이 별로 좋지 않다. 유리나 깨끗한 그릇으로, 차의 모양과 찻물을 감상할 수 있는 그릇이면 좋겠다. 화차의 경우에는 끓는 물을 붓게 되면 꽃잎이 망가져 버리는 경우들이 종종 있으니 80℃ 안팎이 좋을 것이다.

차 우리기

차는 기호 식품이기 때문에 맛에 대한 기준은 개인에 따라서 다를 수밖에 없다. 그러니 먼저 찻잎의 여리고 쇤 정도나 발효 정도를 알고 난 뒤, 차의 맛에 영향을 주는 여러 요소를 고려해서 자기 나름의 차 우리는 법을 익혀야 한다.

차는 찻잎 속에 함유되어 있는 화학 성분의 복합적인 작용에 의해 특유의 향과 맛을 내게 되지만, 차를 우릴 때 숙수(熟水)의 온도에 의해서도 그 맛에 큰 영향을 주게 된다. 숙수란 끓여서 익힌 물을 말한다.

발효차는 발효율이 높을수록 높은 온도에서 우려야 향기와 맛이 제대로 우러난다. 따라서 우롱차, 홍차, 보이차 등의 증발효나 완전 발효, 후발효차는 90~95℃ 정도의 뜨거운 숙수를 바로 붓는다. 경발효차인 포종차나 말리화 등의 화차는 80~90℃ 정도로 온도를 조금 낮추어 우려 마신다.

발효차는 잎이 크고 많이 주름져 있어 두세 번 우려낸 잎을 펴보면 물에 젖

지 않은 부분도 있다. 따라서 차의 분량을 많이 넣고 여러 차례 우려 마시도록
한다. 차가 너무 뜨겁다고 식혀 마시면 차의 향이 달아난다. 그렇다고 뜨거운
차를 급히 마시면 식도나 위점막을 자극하여 몸에 해로울 수 있다. 그렇기 때
문에 뜨겁게 우려 마시는 차는 아주 작은 잔에 따라 자주 마시거나 큰 잔에 적
은 양의 차탕을 따라 마시는 것이 좋다.

　발효차가 아닌 경우는 물이 너무 뜨거우면 감칠맛이 적다. 쓴맛과 떫은맛을
내는 카테킨과 발효되지 않은 폴리페놀(탄닌)이 온도가 높을수록 많이 용출되
기 때문이다. 감칠맛을 내는 유리아미노산은 60~70℃에서도 거의 용출되므
로, 녹차는 숙수를 조금 식혀 부으면 쓰고 떫은맛이 덜 우러나고 감칠맛만 즐
길 수 있게 된다. 보통 녹차는 숙수 온도가 90℃ 전후면 적당하나 고급 녹차
는 아미노산·카페인·비타민C 등의 함량이 많고 섬유소가 적어 연하기 때문
에 숙수를 70~80℃ 정도로 더 식힌다. 그러나 숙수의 온도가 너무 낮으면
차의 수용성 성분이 제대로 녹아 나오지 않아 향기와 맛이 싱거워진다. 또 마
시는 차탕의 온도가 미지근하면 차 맛을 최대로 즐길 수 없으니, 특별히 어린
차가 아니면 너무 식히지 않고 마시는 것이 좋다.

　차호나 차관에서 차를 우리는 시간은 본인의 손에 익혀야 한다. 차를 조금
많이 넣거나 발효차이거나 수온이 높을 때는 시간을 단축해야 하며, 차의 양
이 적거나 발효차가 아니거나 수온이 낮을 경우에는 시간을 늘려야 한다. 고
급 차나 불발효차는 물의 온도를 좀 낮추어 주어야 하고, 보통 차나 발효차는
물의 온도를 좀 뜨겁게 해야 제 맛이 난다. 대체로 재탕은 초탕의 반으로 줄여
주며, 삼탕부터는 보다 뜨겁게 오래 우려낸다.

투다(投茶)와 투다량(投茶量)

차호나 차관에 차를 넣는 것을 '투다' 혹은 '투교'라고 하는데 그 순서에 따라서도 차 맛에 변화가 있다. 투다에는 상투, 중투, 하투가 있다. 차호나 차관에 물을 먼저 넣고 차를 나중에 넣는 것을 '상투'라고 하는데, 차가 나중에 들어가니 물의 위에 놓인다는 뜻으로 '상투'라고 한다. 상투는 여름철에 하면 좋다. '하투'는 차를 먼저 차관에 넣고 물을 나중에 넣는 것을 말한다. 겨울철에 적당한 투다법이다. 봄·가을에는 '중투'라고 하여 물을 반쯤 넣고 나서 차를 가운데 넣고 다시 물을 반쯤 넣는 방법이 있다.

투다량은 보통 차호(찻주전자)의 밑바닥에 찻잎이 깔릴 정도이면 좋은데, 차를 몇 사람이 마실 것인지 등도 고려하여야 하므로 정량법이 있을 수는 없다. 대체로 고급 차들은 차량을 적게 넣고, 하급 차일수록 많이 넣는다. 그러나 이것도 정석은 될 수 없으니 많이 차를 익히는 수밖에 없다. 경험만큼 좋은 선생은 없다.

맛의 기준

차 맛의 기준이 있는가를 묻는다면 나는 "없다"고 답하겠다. 커피를 마시는 데도 사람마다 기호가 다 다른 것처럼 차도 맛있게 즐기려면 차 맛을 자신의 경험으로 익히는 수밖에 없다.

사람이 먹는 음식은 오미(五味)로 나눈다. 오미란 쓰고, 떫고, 시고, 짜고, 단것의 다섯 가지 맛이다. 차는 이 다섯 가지 맛 중 어느 쪽에도 기울지 않았을 때 참된 차 맛인 일미(一味)를 나타낸다고 한다. 차의 맛에 대해 예로부터 전해 오는 것은 '아무런 맛이 없는 맛' 이라고도 해서 선인들은 차 맛을 '담담(淡淡)' 이라고도 했다. 그래서 귀한 차는 초보자들이 아무 맛도 없다고 할 때가 있으나 마시고 난 후 향과 맛을 알 수 있게 된다.

그러나 뭐니뭐니해도 차에 있어서 가장 중요한 맛은 '정성' 의 맛이다. 차는 정성을 들여 끓이는데서 그 맛이 참되어지는 것이다. 초의선사나 원효대사 같은 옛 다인(茶人)들은 차와 물의 배합 농도를 알맞게 하면서 차 맛의 오미 중 어느 쪽에도 기울지 않는 차 맛 본래의 본미(本味)나 자미(滋味)에 통달하도록 해야 한다는 중정(中正)의 법을 가르쳐 주었다. 이렇게 차 한잔 맛을 즐기면서 그윽한 정신세계까지 넘나든다면 더없는 기쁨을 누릴 수 있을 것이다.

오미 (五味)

쓴맛, 떫은맛, 신맛, 짠맛, 단맛을 뜻한다. 맛은 혀끝의 감각 세포로 느끼지만, 음식이 지닌 이 다섯 가지 맛은 각기 다른 신체 기관과 연관돼 있다. 신맛은 근육으로, 쓴맛은 뼈와 피로, 단맛은 살로, 매운맛은 기로, 짠맛은 쓴맛과 같이 뼈로 간다. 따라서 다섯 가지 맛을 골고루 섭취하면 곧 보약이 되고 자신의 몸의 나쁜 상황을 개선할 수도 있다. 예를 들면, 화가 날 때는 쓴맛 나는 음식을 먹으면 가라앉고, 긴장해 있을 때는 단맛 나는 음식을 먹으면 풀리고, 위축돼 있을 때는 신맛 나는 음식을 먹으면 기분이 살아나는 것 등이 그것이다.

차회(茶會)

차회란 차 마시는 모임을 뜻한다. 차를 즐겨 마시는 사람을 차인(茶人)이라 하는데, 차인들이 함께 모여 차를 즐기는 모임을 '차회'라고 한다.

차 마시는 사람들은 차를 대접받는 자리에서는 반드시 서로 인사를 나누면서 마신다. 잔을 받을 때마다 인사를 하는 경우도 있으나 그렇게까지 하지는 않아도 된다. 처음 찻잔을 받을 때에 서로 인사하고, 마지막에 잘 마셨다고 인사하는 정도면 좋지 않을까 한다.

당부하고 싶은 것이 있는데, 차를 대접 받을 때에는 반드시 "좋다" 혹은 "맛있다", "향이 좋다"는 등의 칭찬에 인색하지 말라는 것이다. 여러 군데 차회에 다니다 보면 소위 차의 대가들이란 사람들이 이 차 맛이 어떻느니, 좋은 차니 나쁜 차니 말들이 많은데, 그 말을 들을 때 심술이 나서 여러 번 골려 준적이 있다. 차를 마실 때에는 차에 대하여 함부로 말하는 것을 삼가야 한다. 자기가 한 말에 누군가 불쾌해질 수도 있기 때문이다. 기분이 상한 상태로 차를 마신다는 것은 전체 분위기를 훼손하는 일이다. 좋은 차를 마시면서 기왕이면 서로 마음까지 넉넉하게 즐기는 것이 좋지 않을까?

차회에서 차를 달이고 따라 주는 사람을 '팽주'라고 하고 차를 접대받아 마시는 사람을 '팽객'이라고 한다. 차회는 팽주와 팽객 간에 만들어지는 하나의 작품이다. 팽주는 그 차회의 연출가이면서 주연이고, 팽객은 관객이면서 조연이다. 그 자리에 함께하는 사람들과의 즐거운 어울림을 목적으로 해야 좋은 차 모임이 될 것이다.

팽주와 관련해 어느 찻집에서 들은 이야기 한토막이다. 여럿이서 대화를 하는데 가만 들어보니, 어제 차회에서 행주를 하느라고 애를 먹었다느니, 행주는 어떻게 해야 한다느니 하는 말이 들렸다. 귀를 의심하며 "지금 행주라고 하셨나요?" 하고 물으니 분명히 '행주'라고 한다. 웃음이 터져 나오는 것을 겨우 참았다. '팽주'라는 말이 아마 '행주'라고 들렸던 모양이다. 귀동냥으로만 접하다 보면 그런 실수도 하게 된다. 그렇기 때문에 이제 막 차를 접하는 분들이 기왕이면 좀더 알고 즐기는 것이 좋겠다 싶어, 이런 책도 내게 되었다.

차는 차를 아는 사람과 마셔야 한다. 설사 상대가 차를 모른다고 하더라도 최소한 사람이라도 좋아야 한다고 선인들은 전하고 있다. 세상에서 가장 맛있는 차는 좋은 사람과 함께 하는 차라고 하지 않던가. 이는 차회가 화(和)를 전제로 하기 때문이다.

　*초의선사는 **동다송(東茶頌)에서 차를 함께 마시는 수가 많으면 수선스럽고 아취(雅趣)가 없다고 경계하였으며, 혼자서 마시는 차의 경지를 '신비스럽다' 또는 '신기(神氣)를 탄다'고 풀이하고 있으니, 일단 차분하고 고요하며 서로를 깊이 느낄 수 있는 분위기를 만들어야 할 것이다. 초의선사는 덧붙이기를 '둘이서 차를 마심은 승(勝)'이라고 하여 세상일 무엇보다도 즐겁고 좋은 경지라고 하였으며, '서넛이 마심은 범(泛)'이라고 하여 그저 덤덤할 따름이라고 했다. '칠팔 인이 마시는 것은 시(施)'라고 해서 그저 나누어 마심과 같다, 또는 베풀어 마심과 같다고 했다.

　이렇게 차인이 모여 차회의 즐거움을 나누는 자리를 '화경청적(和敬淸寂)의 자리'라고 한다. 서로 화합하고 평화스러우며 경건하고 존경하는 자리를 만들며, 깨끗하고 조용하고 맑으며 고요하여 몸과 마음이 절로 환희가 치솟는 자리이다. 이러한 차 모임의 자리는 삶을 살아가는 도중에 느낄 수 있는 최상의 즐거움 중 하나가 될 것이다.

---

*초의선사(1786~1866): 조선후기의 대선사로 우리 차의 소중한 유산들을 집대성하였다.
**동다송(東茶頌): 초의선사가 동국(東國)의 차, 즉 우리의 차를 예찬하고 다도의 멋을 노래한 글.

차의 품질 감별

좋은 차를 구하는 것, 또는 구별할 수 있는 것은 차 마시는 첫걸음이라고 할 수 있겠다. 그러나 이는 차를 많이 접한 사람의 경우일 것이고, 초보자들에게는 어렵기만 한 과제다. 그렇기 때문에 차는 배울 때 제대로 배워야 한다. 누구나 할 수 있는 차 생활이지만 차는 문화가 있기 때문에 아는 이에게 배워 익혀야 한다. 그러다 점차로 자신에게 맞는 차를 골라내는 방법을 익히면 된다. 술을 마시는 '주도(酒道)'도 어른 앞에서 배울 때 제대로 배운다지 않던가.

건강을 위해서 차를 마신다면, 그 품질의 우열은 맛의 좋고 나쁨에 관계될 뿐만 아니라 사람의 건강에도 밀접히 관계될 것이다. 그렇다면 좋은 차를 고른다는 것은 기본일 터, 그러나 좋은 차를 구한다는 것처럼 어려운 것이 없다.

차는 찻잎의 생산 장소나 생산 일시, 혹은 날씨까지도 세밀하게 작용한다. 찻잎의 채엽 과정에서 잘못하거나 찻잎의 숙성 과정 또는 저장 과정에서 잘못된 차를 구하게 된다면 양질의 차가 질 낮은 차로 변질될 우려도 있으며, 어떤 경우에는 차라리 안 마시는 것이 좋을 만큼 음용 가치를 잃게 되는 경우도 있기 때문이다.

차의 품질은 일반적으로 정품차(精品茶), 차품차(次品茶), 하품차(下品茶)로 나눈다. 정품차는 색(色)·향(香)·미(味)·형(型) 등 여러 방면에서 품질 표준과 위생 표준에 부합되는 것을 말하고, 그렇지 못한 차는 심한 오미(汚味)나 오향(汚香)이 나는 것을 말한다. 차에서 이물질들이 나오는 것도 잘못 만들어진 차라고 할 수 있다. 이런 차는 식품위생 표준에 부합되지 않는 것이다. 오염 정도가 미미해서 상응한 기술 조치를 한 뒤에 개선되는 것은 차품차이고, 처리도 할 수 없을 정도라면 질 나쁜 하품차이다. 계절로 보면, 녹차 종류는 봄 차가 가장 품질이 좋으며 각종 명차를 만들기 좋다. 여름 차는 가장 품질이 떨어지고 가을 차는 보통이다. 홍차는 여름 차로 만들면 품질이 비교적 좋다. 그러나 약리 성분에 있어서는 그렇지도 않아서, 가을로 갈수록 차의 성분이 더 강해진다. 약리 성분을 원한다면 가을 차가 좋을 수 있다.

차를 감별하는 것은 정말로 어려운 일이지만, 차를 마시다 보면 자주 접하게 되고 경험이 쌓이게 되니 좋은 차를 고를 수 있는 안목도 생긴다.

가장 기본적인 차 감별법을 소개하자면, 찻잎이 깨끗하고 윤이 나는 것이 좋은 차라고 보면 된다. 또 마실 때 순하게 넘어가야 하는데, 발효차의 경우, 순하지 않고 목에 걸린 듯한 느낌이 난다면 좋은 차가 아니다. 심한 경우에는 그대로 배탈이 나는 일도 있다. 최근에 중국차 가운데 엽차(葉茶) 종류는 덜하지만 떡차(磚茶)나 병차(餠茶)의 경우에는 충분한 시간을 거쳐 발효하지 않고 급조해 내는 경우도 많은데, 좋은 차로 보기 힘들다.

🍃 햇차와 묵은 차의 구분

당해에 생산한 것은 햇차이고 한해가 지난 것은 묵은 차다. 일반 차의 유효 기간이 2년인 것을 감안해 가려야 하겠지만, 흑차 가운데 압축차나, 우롱차 중에서도 진년우롱차 같은 경우처럼 묵은 것일수록 독특한 맛과 값이 나가는 차도 있다.

잎의 색깔이 윤택 있는 차는 햇차며, 맛을 보았을 때에는 향이 위로 뜨고 기운이 위로 올라오는 차 역시 햇차다. 반면 색이 메마르고 광택이 없는 것과 마셨을 때에 향과 기가 아래로 내려가는 것은 묵은 차로 보면 된다. 또 물에 담겨져 있는 상태에서 보면 찻잎과 물이 맑고 윤택이 있고, 맛과 향이 정상인 것은 햇차고, 색이 어둡고 흐리거나 침전물이 생기고 신선한 감이 없는 것은 묵은 차이거나 습기 찬 차로 보면 된다. 또 한 가지, 이파리가 완전히 펼쳐지는 것은 햇차이고 펼쳐지지 않은 것은 묵은 차로 보면 무리가 없을 것이다.

🍃 화차(花茶)의 구분

꽃과 잎을 함께 섞어 만든 차가 화차이다. 차와 생화를 같이 가공한 것은 향기가 오래 가고 우아하지만, 차에 일정량의 꽃 찌꺼기(차와 생화를 가공하고 채집해 나온 꽃을 말린 것)를 섞거나 향료를 뿌린 것은 향기가 오래 가지 못하고 알코올 냄새가 배어 나오게 된다. 그리고 나중에는 찐내가 나게 되어 있으니 조심해서 살펴야 할 것이다. 향료를 치거나 꽃 찌꺼기를 섞은 것은 한 번 우리고 나면 꽃 향기가 없어지고, 2~3개월 저장하면 꽃 향기가 없어진 채 혼탁한 알코올 냄새만 남는 경우가 흔하다.

고산차와 평지차의 구분

해발 800m 이상에서 나는 차를 '고산차' 로, 해발 100m 이하에서 나는 차를 '평지차' 로 구분한다. 우리나라에서도 해발 800m 이상 지역에서 나는 차는 그 향과 맛이 다르다. 마찬가지로 중국차도 고산차일 경우에는 향미가 다를 수밖에 없다. 고산차가 질이 좋은 이유는 기후, 일조, 온도, 습기, 토양, 부식질 함유량, 토질, 유기질, 미량 원소 등의 조건이 차 생장에 유리하기 때문이다. 고산 지역에서 자란 차나무는 튼튼하고, 잎이 실하고 두텁고 무거우며 영양 성분이 높고, 잎이 여린 정도를 오래 보존할 수 있기 때문에 품질도 좋다.

평지차는 잎이 여린 정도를 오래 보존할 수 없다. 또한 잎이 마주 자라는 것이 많고 싹 잎이 작고 가늘고 엷고 황록색을 띠며, 여름과 가을철에는 자색 싹이 많을 뿐만 아니라 향기가 떨어지고, 맛이 진하지만 신선한 맛이 덜하다. 특히 여름 차는 쓰고 맛이 무겁다.

차의 보관과 저장 방법

차를 접하다 보면 안타까운 모습도 자주 보게 된다. 어떤 분이 귀하신 분에게 선물로 받았다면서 보이차를 내놓는데, 좋은 차를 완전히 버린 상태였다. 냉장고에 보관했다 내놓는 바람에 그만 곰팡이가 지나치게 피고 냉장고의 갖은 냄새가 배어 있었던 것이다.

차는 차의 성질에 따라서 보관하여야 한다. 차마다 그 보관 방법이 다르니 익혀 두어야 할 것이다. 차는 제조 가공시에 보존성을 고려해서 건조 과정을 거쳐 밀봉을 한다. 그래서 일반식품에 비해 보존성이 길지만, 차 포장지를 개봉한 상태에서 차를 마시게 되면 처음 신선한 상태에서 마셨던 때와는 달리 찻잎 색깔과 향미가 퇴색하거나 감소하기 때문에 보관에 각별히 신경을 써야 한다.

차를 덜어낼 때 한 포장 단위를 그대로 사용하면 봉지 개봉 때마다 습기가 들어간다. 따라서 개봉한 차는 나누어 보관하는 것이 수분에 의한 성분의 용해나 찻잎 성분 간의 반응으로 인한 변질을 막을 수 있다. 특히 향이 강한 차일수록, 또 고급 차일수록 나눠 보관해서 사용하는 것이 좋다. 차는 수분이 3% 정도라야 쉽게 변질되지 않는데, 공기에 노출되면 공기 중의 습기를 차가 흡수하기 때문에 수분 함량이 높아지고 차 성분이 수분에 용해되면서 변질된다. 따라서 고급 차나 녹차는 보관에 더욱 유의해야 한다.

우리나라의 기후로는 습기가 많은 여름(6~9월)에 특히 조심해야 한다. 냉장고의 냉동실에 보관할 때는 잡 냄새를 주의해야 하며, 냉장고에 다른 음식들을 함께 두어서는 안 된다.

항아리에 보관할 때는 죽엽·참숯을 깔거나 덮어 보관하면, 방습·방취의 효과가 커진다. 두꺼운 주석 통에 보관하면 차의 변질에 영향을 주는 주요 요소인 수분·온도·산소·광선 등으로부터 보호받을 수 있어서 차의 산화 방지나 품질의 변화를 막을 수 있다. 햇볕(직사광선)을 받지 않도록 해야 한다는 것도 기억하자.

증발효의 우롱차나 철관음, 보이차 등의 발효차는 녹차나 발효도가 낮은 포종차에 비해 보관이 용이하다. 대나무 바구니나 대나무 통, 항아리, 옹기, 짚으로 엮어 만든 뚜껑 있는 바구니 등을 이용할 수 있으며, 통풍이 잘되고 습기가 없는 그늘진 장소에 보관하면 변질되는 것도 막고 향이나 맛을 보존할 수 있다. 녹차나 포종차, 발효도가 비교적 낮은 고급 우롱차는 진공 포장 상태로 냉동실에 보관하거나, 한지로 싸서 뚜껑 있는 항아리 속에 보관하거나, 두꺼운 주석 통에 보관한다. 차 보관중의 온도는 40℃를 넘지 않아야 한다. 40℃

가 넘어 버리면 차는 변질되기 시작하기 때문이다.

그리고 가정에서 차를 구매한 후 당분간 다 사용하지 못할 것은 재포장해서 저장해야 찻잎의 원래 품질을 보존할 수 있다.

가정에서 찻잎을 저장하는 데는 습기 방지와 이상한 냄새가 배어 들어가는 것을 막는 것이 가장 큰 과제다.

도자기 보관

다른 용도로 사용하지 않은 도자기를 깨끗이 씻은 후 말려, 잘 다듬은 죽엽이나 참숯을 단지 안에 깔고 찻잎 내지 차를 단지에 넣은 후, 위에 죽엽이나 참숯으로 덮어놓는다. 단지의 입구는 한지로 봉하고 덮개를 덥도록 한다.

주석통 보관

주석 통은 좋기는 한데 비싸다는 것이 흠이다. 혹시 보관할 수 있는 주석 통이 있다면 별다른 조치 없이 주석 통 안에 보관하면 되는데, 최근에 중국으로부터 유입되는 주석 통 중에는 납이 많이 들어간 것이 많으니 조심해서 구입하여야 한다. 주석 통은 열이 있는 곳에 보관해서는 안 된다.

한지 보관

　장기적인 차 보관이 아니라 차를 임시 보관할 때는, 한지에 싸서 보관한다면 차 벌레도 생기지 않고 잡 냄새도 배지 않는다.

나무 상자 보관

　나무 상자나 나무 통에 보관하는 방법이 있는데, 이때 매우 조심해야 할 것이 나무의 향이 차에 배어들기 쉽다는 것이다. 소나무 상자에 보관하여 차를 마셔 보면 나중에 차에서 소나무 향이 난다. 그래도 차를 보관하면서 가장 좋은 것이 있다면 자연 소재를 사용하는 것이다.

차에 대한 상식

차를 마시지 말아야 할 사람은?

뒤에서 소개하겠지만 차에는 보약이 부럽지 않은 뛰어난 효능들이 있다. 그러나 어떤 이에게는 보약이 될 수 있는 차가 또 다른 이에게는 독이 될 수도 있다는 것이 문제다. 각자에게 좋은 차가 따로 있고, 같은 차를 마시더라도 사람에 따라서 마시는 분량을 달리해야 할 경우도 있다. 그렇기 때문에 무턱대고 좋다는 소문만으로 쫓아갈 것이 아니라 정확히 알고 마셔야만 한다.

다음과 같은 사람들은 차를 적게 마시거나 차를 마시지 말아야 한다.

임산부 │ 차에는 일정한 양의 카페인이 함유되어 있다. 카페인은 태아에게 나쁜 자극을 주며 성장 발육도 저해한다. 어떤 사람들은 홍차는 임신부에게 해로움을 주지 않는다고 주장하지만, 사실은 홍차와 녹차 모두 좋지 않다. 1

컵, 150cc의 홍차 물에는 카페인이 0.06mg 함유되어 있고, 1컵 150cc의 녹차 물에는 카페인이 0.07mg 함유되어 있으니 별 차이가 없다. 일본의 학자가 연구한 바에 의하면, 임산부가 매일 5컵의 차를 마시게 되면 태아의 체중이 저하되는 것으로 나타났다. 그 밖에도 차의 성분인 카페인과 디오필린(카페인이 분해되어 형성되는 화합물)은 임산부의 심장 박동을 빠르게 하고 소변을 많이 배출시켜 자연히 임산부의 심장과 신장의 부담을 증가시켜 임신중독증을 유발할 수도 있다. 그러나 녹차 중에 있는 카페인은 커피의 카페인과 달리 체내 흡수가 적어 영향이 없다는 주장도 있다. 오히려 찻잎 중에는 여러 가지 미네랄과 비타민이 풍부하게 함유되어 있기 때문에 일본의 일부 학자들은 임산부들에게 녹차 마실 것을 적극 장려하기도 한다.

하지만 최근에는 임신 초기에 녹차를 많이 마시면 신경관 결함에 의한 기형아를 출산할 위험이 높아질 수 있다는 연구도 나왔다. 그 이유는 항암 효과도 가져오는 녹차 성분인 EGCG가 신경관 결함을 막아 주는 엽산의 효과를 떨어뜨리기 때문이라고 한다. 아직 더 많은 연구가 이루어져야 답을 알 수 있겠지만, 매사를 신중하게 처신해야 할 임산부로서는 녹차도 지나치게 섭취하지 말라고 권하고 싶다.

위궤양성질환자 찻잎은 소화를 돕고 지방을 제거하는 효능을 지닌다. 따라서 위궤양이나 십이지장궤양에 걸렸거나, 위산이 과다하게 분비되는 환자들이 차를 마시면 좋지 않다. 정상적인 상태의 위 안에는 인산효소라는 물질이 있어 위벽세포에서 위산의 분비를 억제한다. 그러나 찻잎 중의 디오필린은 인산효소의 작용을 억제하기 때문에 위벽세포에서 다량의 위산을 분비하게 되는 것이다. 위산이 많아지면 궤양이 더 악화되고 통증이 생긴다. 그러므로 궤양이 있는 사람들은 차를 마실 때에도 연한 차를 적게 마셔야 한다. 번차나 철관음차처럼 자극성이 적은 차가 적당한데, 이런 차들은 제조 과정에서 강한 열 처리에 의해 카페인의 함량이 감소되었기 때문이다. 또 차에다가 우유나 설탕을 넣으면 위산 분비를 저하시키는 역할을 한다.

동맥경화와 고혈압 환자 | 차의 기능 가운데 대표적인 것이 동맥경화와 고혈압을 예방하는 것이다. 그러나 일단 이러한 증세가 심화돼 있는 환자들은 오히려 차 마시는 것을 삼가야 한다. 특히 병이 안정되지 않았을 때에는 짙은 차를 마시지 말아야 한다. 차에 함유된 카페인, 디오필린, 디오브로민 등 활성물질 때문이다. 이런 물질들은 중추신경을 흥분시키는 작용을 하며, 대뇌피질에 대한 흥분 과정을 빠르게 하여 뇌혈관이 수축될 수 있기 때문이다. 이것은 동맥경화가 있는 사람에게 일종의 잠재적 위험이 되어 뇌경색이 발생하는 것을 촉진시킬 수 있기 때문에 조심해야 한다.

불면증 환자 | 불면의 원인은 다양하지만, 무슨 원인으로 불면이 오든 간에 불면증이 있는 사람은 잠자리에 들기 전에는 차를 마시지 말아야 한다. 찻잎에 함유된 카페인과 방향물질이 일종의 흥분제이기 때문이다. 중추신경계통과 대뇌를 흥분시켜 심장 박동을 빠르게 하고, 혈관의 혈액을 빨리 흐르게 하므로 오랫동안 잠을 이룰 수 없게 한다. 그러나 대용차 중에서 카페인 성분

이 전혀 없는 약차들도 있으니 살펴서 마시면 오히려 도움을 받을 수도 있다.

발열성 환자 | 발열, 즉 열이 난다는 것은 세균 감염, 병독 감염 또는 여러 가지 질병에 의해 생기는 증상의 하나이다. 이런 환자는 흔히 피부 혈관이 확장되어 땀을 많이 흘리게 되며, 체내의 수분과 전해질 및 영양 물질이 소모되므로 입 안이 말라 갈증을 느낀다. 어떤 사람들은 진한 차가 갈증을 없애는데 효과가 있다고 여겨 발열 환자에게 습관적으로 덥고 진한 차를 마시게 하는데, 그것은 옳지 않다. 최근에 영국의 약리학자가 발열병 환자들은 진한 차를 마시지 말아야 한다는 것을 과학적으로 증명하였다. 찻잎 속에 있는 디오필린이 열을 더 나게 하기 때문이라는 것이다. 또한 디오필린의 이뇨 작용으로 말미암아 해열시키는 약물의 효과가 없어지거나 낮아질 수도 있다고 한다.

특히 환자에게 차는 함부로 마시게 하지 말아야 한다. 어디서 어떤 차가 좋다더라는 말만 듣고 마시지 말고, 충분히 사전 지식을 가진 다음에 음용하도록 권한다.

차를 마실 때 삼가야 할 사항은?

공복에 마시지 말 것 | 공복에 차를 마시면 차의 성질이 폐에 들어가 비위를 차게 하므로 '승냥이를 집안에 몰아온 격'이 된다. 중국에서는 옛날부터 "공심차를 마시지 않는다"는 말이 있다.

끓는 차를 마시는 말 것 너무 끓는 차는 인후 및 식도와 위를 강하게 자극한다. 만약 장기적으로 너무 뜨거운 차를 마시면 이런 기관들이 쉽게 병에 걸릴 수 있다. 62℃ 이상의 차를 마시면 위벽이 쉽게 손상받고 위병에 쉽게 걸릴 수 있다는 연구 결과도 있다. 그러므로 차를 마시는 온도는 56℃ 이하로 하는 것이 좋다. 그러나 찻물의 온도에 따라 차 맛이 결정되는 것을 생각한다면 무조건 낮은 온도만 지킬 수도 없으니, 뜨거울수록 작은 찻잔을 사용해 조심스레 마시도록 한다.

냉차를 마시지 말 것 온차와 열차는 정신을 상쾌하게 하며 귀와 눈을 밝게 하는데 비해, 냉차는 신체를 차갑게 하고 오히려 가래를 유발할 수도 있다.

진한 차를 마시지 말 것 진한 차에는 카페인, 디오필린이 많이 함유되어 있어 쉽게 두통이 나고 불면증에 시달리게 된다.

차를 우려 두는 시간을 너무 길게 하지 말 것 차가 우려져 있는 시간이 너무 길면 폴리페놀·우지·방향성물질 등이 자동적으로 산화되어 찻물의 색깔이 어두워지고 맛이 차가우며 향기가 없어져서 마시는 가치가 없어진다. 또한 찻잎 속의 비타민 C나 아미노산 등이 산화되어 찻물의 영양 가치가 크게 저하된다. 아울러 찻물이 놓여 있는 시간이 장시간 지속되면 주위 환경의 오염을 받아 찻물 속에 미생물이 증가해 비위생적이 될 수 있다.

우려내는 찻수가 많지 않도록 할 것 | 일반적으로 찻잎을 서너 번 우려내면 차즙이 없어진다. 첫번째 찻물을 우려내면 함유된 침출량의 50%가 나오고, 두 번째에는 30%, 세 번째에는 10%, 네 번째 우려내면 1~3%가 나온다. 여기서 다시 우려내면 찻잎 속의 일부 유해 성분이 나올 수도 있다. 찻잎 속의 해로운 원소가 흔히 제일 마지막에 우러나오기 때문이다. 그러나 이러한 것들은 차의 종류에 따라서 조금씩 다르니 공부하시기를 권한다.

식전에 차를 마시지 말 것 | 식전에 차를 마시면 타액이 찻물에 희석되어 식욕이 떨어지며, 또한 소화기관에서 일시적으로 단백질을 흡수하는 기능이 저하되기도 한다.

식후에 바로 차를 마시지 말 것 | 찻잎 속에는 탄닌산이 함유돼 있어 음식물 중의 단백질·철에 대하여 응고 작용을 하기 때문에 단백질과 철에 대한 인체의 소화와 흡수에 영향을 줄 수 있다.

찻물로 약을 먹지 말 것 | 중국인들은 약을 복용할 때에는 찻물로 마시지 말고 끓여서 식힌 물로 마시라고 한다. 이것은 찻잎 중의 폴리페놀 성분이 약 성분 중에 들어 있는 알칼로이드 성분과 결합하려는 성질이 있어 약의 효과가 떨어질 수 있기 때문이다. 물론 약의 종류에 따라 알칼로이드 성분이 약리적인 효능을 나타내는 경우도 있고 또 그렇지 않은 경우도 있기 때문에 모든 종류의 약에 대해서 적용되는 말은 아니다. 경우에 따라서는 상승 작용을 나타

내는데, 각종 흥분제 등은 차에 의해 그 작용이 더욱 강해지게 된다. 반면 신경안정제나 수면제와 같은 종류는 차에 의해 그 작용이 약해지므로 복용 시에는 찻물 대신 보통 물을 이용하는 것이 바람직하다. 그러나 약을 먹은 후에 마시는 차는 상관없다.

묵은 차를 마시지 말 것 묵은 차는 시간이 오래되어 비타민이 없어지고, 차 속의 단백질과 당분이 세균과 곰팡이의 온상이 되기도 한다. 변질됐다는 의심이 가는 차는 마시지 말아야 한다.

하지만 변질되지 않은 묵은 차는 의료 상으로 좋은 역할을 하는 경우도 있다. 예를 들어 묵은 차는 풍부한 산류와 불소가 함유되어 있어 모세혈관의 풍혈을 방지할 수 있다. 구강염, 설통, 습진, 잇몸 출혈, 피부 출혈, 창구농양 등을 묵은 차로써 치료할 수도 있다.

눈에 피가 맺혔거나 늘 눈물이 나오게 되면 매일 묵은 차로 여러 번 씻으면 효과가 있다. 매일 아침에 이를 닦기 전후나 식후에 묵은 찻물로써 양치질을 하면 입 안이 시원하고 치아도 튼튼하게 된다.

하룻밤 지난 차는 마시지 말 것 차가 시간이 지나면서 화학 반응을 일으키는 경우가 있으니 하룻밤을 지새운 차는 마시지 않도록 한다. 단 냉장고 등에 보관을 해서 변화가 일어나지 않는다면 별 상관없다.

하루에 얼마나 마시는 것이 적당한가?

차를 마시면 좋은 점이 많지만 농도가 진한 차를 지나치게 마시면 부작용이
생긴다. 진한 차를 마시면 찻잎 속에 함유된 카페인의 영향으로 대뇌가 흥분
되어 심장 박동이 빨라지고 소변이 잦아지면서 불면증이 생긴다.

보통 장년과 노인은 하루에 네다섯 컵의 연한 차를 마시는 것이 좋다. 어떤
사람들은 "연한 차를 마시면 맛이 없다"고 하면서 진한 차를 즐겨 마신다. 그
러나 진한 차를 규칙적으로 마시면 몸에 해로우므로 매일 중간쯤의 농도의 차
를 두세 컵씩 마시되 한 컵에 3g 가량 찻잎을 넣어야 하며, 하루에 찻잎을
5~10g 가량 쓰는 것이 좋다. 차는 늘 마셔야 하지만 너무 빈번히 마시지 말
아야 하며, 마실 때 차를 담가야지 우려 놓은 차를 오래 두지 말아야 한다.

계절의 변화에 따라 어떻게 차를 마실까?

제철 음식이 몸에 좋은 것처럼, 계절에 맞는 것을 먹는 것이 우리 몸에 이롭
다. 찻잎의 효능은 계절과도 밀접한 관계가 있다. 계절에 따라 그에 알맞은 차
를 마시면 인체에 더욱 유익하다.

봄 | 향기가 그윽하게 풍기는 화차를 마시면 겨울철 체내에 쌓였던 한기를
발산시키고, 인체에 양기가 생기도록 도움을 줄 것이다.

여름 녹차를 마시면 이롭다. 녹차는 푸른 물에 푸른 잎이 띄워진 청탕녹엽(靑湯綠葉)이므로 사람들에게 시각적으로도 서늘한 감을 가져다준다. 또한 수렴성이 강하고 아미노산을 많이 함유하고 있기 때문에 더위를 막고 체온을 낮추어 주는 효과도 갖는다. 그런 이유로 체질이 냉한 사람은 여름에라도 녹차는 안 마시는 것이 좋다.

가을 청차를 마시는 것이 가장 이상적이다. 청차는 녹차와 홍차의 맛이 나므로 춥지도 않고 덥지도 않으며, 나머지 열도 제거하면서 진액(津液, 우리 몸 안의 내분비호르몬과 체액을 모두 일컫는 말)도 회복할 수 있다. 녹차와 홍차를 혼합해 마셔도 이 두 가지 효능을 얻을 수 있다.

겨울 맛이 달콤하고 성질이 온화한 홍차나 흑차를 마시면 몸이 더워지고 인체의 양기가 늘어난다. 홍차는 홍탕홍엽이므로 시각적으로도 따스한 감을 준다. 흑차는 열을 내게 해주어 추위를 이길 수 있도록 하는 이점이 있다. 또한 홍차는 우유나 설탕을 넣어서 열을 내게 하고 배를 따뜻하게 하는 효능도 있다.

술을 마신 후 차를 마시면 좋을까?

차에 따라서 다르다. 어떤 사람들은 술을 마신 후에 차를 마시면 해장할 수 있다고 믿는다. 요즘은 아예 녹차 성분을 추출하여 액으로 만들어 술에 타서 마시는 경우도 많은데 조심해야 할 것이다. 술의 홍분 작용과 차의 홍분 작용이 복합으로 상승할 수 있기 때문이다. 술에 취한 후 녹차를 마시면 심장에 영향을 줄 뿐 아니라 신장에도 해로움을 준다.

알코올은 간장에서 아세트알데히드로 전환된 후 다시 초산으로 변한다. 또 초산은 이산화탄소와 물로 분해되고 신장을 통하여 체외에 배설하게 되는데, 녹차 속의 디오필린은 신장에 대하여 이뇨 작용을 촉진시킴으로써 아직 분해되지 않은 아세트알데히드가 너무 일찍 신장에 들어가게 되는 것이다. 아세트알데히드는 신장에 보다 큰 자극성을 갖고 있으므로 신장 기능에 해로움을 끼치고 심할 때에는 생명을 위협하기도 한다. 따라서 술을 마신 후에 특히 녹차를 마시는 것을 삼가야 할 것이다. 그러나 도움이 되는 차도 있다. 술을 마신 후에는 녹차나 생차보다는 홍차나 흑차 계통이 좋다.

즉, 카페인 성분이 적은 것이 이롭다는 것이다. 예를 들어 카페인 성분이 없는 고정차 등은 술을 금세 깨게 하는 효과가 있다. 술과 함께 마시면 확실하게 덜 취하게 되고 일찍 깨게 된다.

‘다취’는 무엇이며, ‘다취’가 오면 어떻게 해야 하나?

다취(茶醉)는 쉽게 말해 차에 취한다는 뜻이다. 차, 특히 녹차를 과다하게 마시거나 마시는 방법이 적절하지 못하면 마치 술에 취해 몸을 해치는 것처럼 차에 취하게 된다.

공복에 차를 마시거나 규칙적으로 차를 마시지 않던 사람이 갑자기 차를 과음하면 다취 현상이 발생된다. 그러면 머리가 희미해지고 사지에 힘이 없으며 일어서면 휘청거리게 된다. 또 위가 아프며 배가 고픈 등의 여러 증상이 나타난다. 그러나 이런 증상은 술에 취한 것처럼 뚜렷하게 나타나는 것은 아니기 때문에 소홀히 넘어가기 쉽다.

찻잎의 품종으로 말하면 공복에 녹차를 마시거나 공부차(功夫茶)를 마시면 다른 차보다 쉽게 취한다. 공부차는 농도가 높기 때문에 적은 양을 천천히 마셔야 하는데, 처음에는 매우 쓴맛이 나지만 몇 번 세심하게 맛을 본 후에는 시원하고 달며 향기로운 감이 온다. 갈증을 제거하고 여름철에 더위를 없애는 고급 음료이다. 그러나 이것을 규칙적으로 마시지 않던 사람이 무턱대고 마시면 쉽게 취한다.

신체적 특징으로 구분해 볼 때는 체질이 허약한 사람이 건강한 사람보다 쉽게 취한다. 차에 취하면 바로 채소를 먹거나 사탕·과일 같은 것을 먹으면 회복될 수 있다.

차에도 궁합이 있나?

차에도 궁합이 있다. 『의심방』이라는 일본의 옛 의서에는 음식궁합에 대하여 45종이나 기록돼 있을 정도로 서로 보합·상충하는 것들이 있다. 즉 어떤 차와 음식이 궁합을 이룰 때에는 음식도 차도 상승 작용을 내지만, 반대의 경우도 있다는 것이다.

궁합이 좋은 차와 음식을 들자면, 중국의 기름진 음식에는 우롱차·보이차·말리화차 등이 대체적으로 맞고, 생선 중심의 일본 음식에는 식중독균과 생선 비린내를 없앨 수 있는 녹차가 음식 맛을 높여준다. 영국인들은 홍차를 마시면서 과자 종류를 함께 먹는데, 홍차는 달콤한 과자와 궁합이 좋아 차 맛을 높일 수 있다.

제 ❷ 편

커피의 진한 향이 파도처럼 밀려온 다음부터 '차 한잔'의 의미가 '커피 한잔'의 의미로 바뀐 지 오래다. 그러나 커피는 커피일 뿐, '차'라고 말해서는 안 된다. 대추차, 유자차, 모과차처럼 흔히 접하게 되는 차 종류도 많지만, 이들도 엄밀히 말하면 대용차일 뿐이다.

그렇다면 차는 무엇을 말하는가. 차는 차나무에서 딴 찻잎을 마실 수 있도록 가공한 것을 말한다. 쌍떡잎식물 측막태좌목 차나무과 차나무속의 상록교목, 또는 관목을 차나무라 하며, 이 차나무에서 잎을 딴 것을 '차'라고 한다.

차는 맛과 향과 흥취만으로도 훌륭하지만, 우리 몸에 이로운 갖가지 효능까지 지닌다. 차에는 질병을 예방하고 치료할 수 있는 좋은 성분들이 있다. 중국 명대(明代) 이시진의 『본초강목(本草綱目)』에도 '차는 이뇨 작용이 탁월하고 가래를 없애 주며 갈증을 멎게 하고 잠을 조금 자도 힘이 넘치게 한다'고 설명되어 있다. 아울러 '소화가 잘되게 해주고 두통을 멈추게 하며 머리를 맑게 해주고 몸에 열이 있는 경우에도 효과가 있다'고도 했다.

수세기 전부터 알려져 왔던 이러한 효능이 최근에는 현대 과학으로도 증명되면서 세계적으로도 탁월한 건강 음료로 공인받고 있다. 차를 즐기는 습관이 질병을 예방하고 치료까지 할 수 있다는 것도 증명이 되었다. 이 책에서는 차의 효능과 약리 작용에 대해서도 상세히 소개하겠다. 나는 차를 통해 고질병을 고쳤던 개인적 경험 때문인지, 차의 기능성과 약리 작용에 대해 남다른 관심이 있다. 부디 여러분도 차를 통해 건강을 되찾고 지켜 갈 수 있기 바라는 마음에서 가능한 많은 정보를 제공하고자 한다.

'아는 만큼 보인다'고 했는데, 차에 있어서도 '아는 만큼 좋아하게 될 것'이다. 차에 대한 기본들을 알고 마신다면 건강에도 더욱 도움이 될 것이고, 차의 매력에도 보다 쉽고, 깊이 빠질 수 있을 것이다.

차 한잔, 보약보다 낫다.

우선, 차가 우리 몸에 얼마나 좋은 역할을 하는지부터 간단하게 소개하겠다. 각 항목들은 과학적으로 입증된 것들이며, 나를 비롯해 차를 즐기는 사람들이 직접 몸으로 느껴 온 효능들이기도 하다.

물론 여기에 기록하지 않은 더 많은 기능들이 있겠지만, 대표적인 것들만 추려도 이 정도이다. 이런 내용을 머리에 담고 차를 한번 마셔 보라. 차 맛이 한결 더 그윽해질 것이다.

- 잠을 적게 자고도 활동하는 데 별 지장이 없도록 해준다.
- 마음을 편안하게 해준다.
- 눈을 밝게 해준다.

나는 34년간 안경을 써 왔는데 최근 안경을 다시 맞추러 갔다가 도수를 절반씩 내렸다. 안경사들이 이런 일을 처음 본다며 놀라워했다.

- 두통을 없애 주고 머리를 맑게 해준다.

- 갈증이 나지 않도록 해준다. 특히 쓴 차일수록 좋다.

- 열을 내려 준다.

- 더위를 덜 타게 해준다.

- 음식을 먹고 체한 데 특히 효험을 보는 차들이 있다.

  매실차 같은 경우에는 어지간한 식체나 식중독을 풀어 준다.

- 차 생활을 계속하면 배가 고프다. 그만큼 엄청난 소화력을 키워 준다.

- 술을 일찍 깨게 해준다. 술을 마실 때 차하고 함께 마시면 잘 취하지도 않는다(녹차 제외).

- 차의 제일 가는 특성이 몸 안에서 콜레스테롤과 지방을 제거하는 것이므로 비만 예방에 차가 제격이다.

- 온몸의 기가 원만하게 순환하도록 돕는다.

- 이뇨 작용을 돕는다.

  우리 몸에는 들어가야 하는 것도 잘 들어가야 하지만 나가야 하는 것도 잘 나가야 한다. 그중의 하나가 바로 이뇨이다.

- 변비를 없애 준다.

  나가야 하는 것 중의 큰 것이 배변인데, '통변차' 라 불릴 정도로 통변이 잘된다.

- 배탈을 막아 준다.

  여행 중에 물을 갈아 마시면 흔히 당하는 배탈도 차를 우려 마시게 되면 해결된다.

- 기침을 멈추게 하며 가래를 삭여 배출시켜 준다.

- 현대인의 무서운 적, 중풍을 예방하며 치료에 도움을 준다.

- '오복(五福)의 하나'라 일컬어지는 이가 튼튼해진다.

- 기력을 회복시켜 준다.

- 성인병 예방 및 치료에 도움이 된다.

  현대인의 적인 고혈압·당뇨의 예방 및 치료에 많은 도움을 준다.

- 항암 효과 (암, 예방, 보조 치료)가 있다.

  찻잎 중에 함유된 폴리페놀(탄닌) 성분에 발암물질 억제 효과가 있다. 여러 가지 암 물질이 체내에서 합성되는 것을 저해하며, 직접 암세포를 죽이고 면역력을 키우는 기능을 가지고 있다. 위암·장암 등의 암 증세 예방과 보조 치료에는 특히 좋다.

녹차로 암을 예방한다.

최근(2005년 4월 27일) 보건복지부와 국립암센터가 분석해 발표한 내용은 충격적이다. 한국인들이 평균 수명까지 살 경우 남성은 3명 중에 1명, 여성은 5명에 1명꼴로 암에 걸릴 것으로 추정된다는 것이다. 이것은 1999년부터 2001년까지의 암 환자 발생 현황 및 유형을 분석해 얻은 통계라고 한다.

암은 이처럼 현대인을 괴롭히는 대표적인 질환이다. 그러다 보니 사람들은 항암 작용이 있다는 식품이나 건강보조제에 각별한 관심들을 기울인다. 때로는 제대로 검증되지 않은 것들에 값비싼 비용을 치르는 경우도 많다. 그러나 앞에서도 말했듯이 건강을 지키기 위한 답은 언제나 자연에 있다. 암을 예방해 주면서도 안전하고 손쉽게 얻을 수 있는 건강식품, 그것이 바로 차다.

녹차를 마시면 암을 예방할 수 있다. 녹차는 폐암, 대장암, 간암, 유방암, 전립선암, 위암, 피부 종양 등 각종 암의 예방과 치료에 효과가 있는 것으로 밝혀졌다.

녹차의 항암 효과가 주목받기 시작한 것은 1978년부터였다. 일본 시즈오카 현의 암 사망률이 일본 전국 평균에 비해 현저히 낮다는 사실에 주목해 조사한 결과, 시즈오카 현 내에서도 녹차 생산지의 위암 사망률이 전국 평균의 5분의 1에 불과했다. 이 지역의 녹차 소비량은 한 사람당 매일 5~10잔 꼴로, 이는 전국 평균 소비량의 5배에 해당하는 양이었다. 이 같은 결과를 토대로 녹차의 항암 작용에 대해 그간 많은 연구가 진행되었고, 녹차의 주요 성분인 EGCG(Epi Gallo Catechin Gallate)가 각종 암세포의 증식을 억제하고, 암세포를 사멸시켜 암의 발생과 진행 과정을 억제한다는 보고가 잇따르고 있다.

녹차의 EGCG 성분이 '림프구성 백혈병'의 암세포를 죽이는 데 효과가 있다는 연구 결과도 미국 메이요 클리닉 연구진에 의해 밝혀진 바 있다. 의학 저널《혈액》에 발표된 보고서에 따르면, B-세포 만성 림프구성 백혈병을 앓고 있는 환자 10명을 대상으로 녹차의 EGCG 성분의 항암 효과를 검사한 결과, EGCG 성분 투입 후 환자 8명에서 백혈병 세포가 죽은 것으로 나타났다고 한다. 항산화 성분인 EGCG 성분이 백혈병 암세포가 생존하는데 필요한 의사전달 신호를 차단하고 교란시킴으로써 암세포를 죽이는 데 도움이 되는 것으로 보인다고 연구진은 해석하고 있다.

또한 담배의 발암물질에 의해 일어나는 염색체 돌연변이도 녹차를 마심으로써 억제되고, 녹차 추출물이 폐암의 발생률을 낮추었다는 보고도 있다. 흡연자는 혈중 비타민C의 농도가 낮은데, 녹차의 풍부한 비타민C는 많은 양의 비타민을 보충해 주는 역할도 하기 때문에 특히 흡연자에게는 녹차를 권하고 싶다.

항암 효과는 차 가운데도 녹차에 풍부한데, 동물 실험 결과 유방암과 전립선암은 홍차가 아닌 녹차에 의하여 감소하는 것을 보여 주었다. 앞에서도 언급한 EGCG 성분은, 녹차에는 풍부한 카테킨에 포함되어 있는데, 홍차의 경우는 끓이다 보면 이 성분을 산화시키게 된다고 한다.

차에서 나는 떫은맛이 바로 탄닌 성분이다. '폴리페놀'이라고도 하는 탄닌은 차의 전체 가용 성분 가운데 절반 이상을 차지한다. 이것은 차의 색깔과 향기, 맛을 좌우하는 주요 성분인데, 일조량이 많을수록 함유량이 많아져 여름이나 가을에 딴 차에 풍부하다. 또한 채집 시기가 늦을수록 함량이 높아지며, 품종별로는 홍차, 우롱차, 녹차 순으로 많이 함유되어 있다.

탄닌, 즉 폴리페놀은 플라바놀(flavanols), 플로보놀(flovonols), 류크안토시아닌(leucoanthocyanins), 페놀산(phenolic acid) 등 4가지로 구분되는데, 가장 중요한 성분은 플라바놀로 '카테킨'이라고도 하며, 전체 폴리페놀 함량의 75.8%를 차지하고 있다. 일반적으로 카테킨은 발암 억제 효과, 돌연변이 억제 작용, 항산화 작용, 혈중 콜레스테롤의 감소, 혈압 강하 작용, 해독 작용, 구취 및 악취 제거 등의 효능이 있다.

폴리페놀은 만병의 근원이라 할 수 있는 과산화지질이 생성되는 것을 막아 준다. 세포 속의 지질이 산화되어 과산화지질이 되는데, 이것이 혈관을 막는 원료가 되어 세포에 쌓이면서 각종 질병을 유발하는 것이다. 산화된 지방은 몸 안에서 모든 세포를 무차별 공격하여 못 쓰게 만들어 버린다. 심장의 노화, 신장의 질병 등 혈관이 있는 곳은 어디든지 기능 퇴화를 시켜 버리는 것이다. 암이나 백내장, 결석 등도 이로 인해 발생된다고 한다. 바로 이런 과산화지질을 몰아내는 역할을 하는 것이 폴리페놀이다. 반쯤 탄 생선이나 육류의 고기 등이 강한 발암물질을 내포하고 있다는 것은 상식이 되었다. 그런데 폴리페놀이 들어가면 이 불완전상태의 발암성 물질마저 꼼짝을 못하게 된다고 한다.

고혈압 및 동맥경화 예방

차가 우리 몸에 들어가 1차로 하는 일은 혈액 속의 유해물질을 제거하는 일이다. 자고로 사람은 피가 맑아야 건강 장수하는 법이다. 지방질과 콜레스테롤을 제거하여 피의 순환을 원활하게 해줌으로서 건강에 도움을 주는 차의 효능에 대해 살펴보자.

동맥경화 예방

부족한 것도 문제지만 넘치는 것도 문제다. 오늘날은 식생활이 풍부하고 다양해지면서 육식 중심의 고칼로리·고지방 음식 섭취 때문에 영양 과다로 고민하고 있다. 이로 인해 비만이나 동맥경화, 고혈압, 당뇨병 등의 각종 성인병이 급속히 증가되고 있다.

차에 함유돼 있는 카테킨, 비타민C, 엽록소 등의 성분은 고혈압 및 동맥경화를 억제한다. 또한 폴리페놀 성분이 혈액의 응고도를 높이는 섬유 단백원을 낮추고 응어리진 혈액을 묽게 하여 동맥경화 증상을 억제한다.

노화 억제 효과

차에 함유된 폴리페놀 성분은 노화의 원인인 과산화지질 생성도 줄여준다. 차의 노화 방지 효과는 대표적인 노화 방지 성분인 비타민 E(토코페롤)보다 18배나 높게 발표되고 있다.

찻잎에는 노인들 몸에 부족한 미네랄도 풍부하게 함유되어 있다. 특히 음식물만으로 섭취하기 어려운 동, 불소, 철, 망간, 아연, 칼슘 등이 함유되어 있어 건강 유지에 도움을 준다. 인체의 콜레스테롤이 증가하는 것을 방지하기 때문에 성인병도 예방한다. 그 밖에 세포의 면역 기능을 증강시켜 암을 이길 수 있도록 돕는다.

당뇨 예방 및 치료 효과

찻잎에는 다당류가 함유되어 있어 혈당치를 감소시킨다. 뿐만 아니라 인슐린에 가까운 효능도 있는 것으로 보고 되고 있다. 나 역시 그 효과를 직접 눈으로 확인한 바 있다. 그동안 여러 명의 당뇨 환자들에게 차를 권하며 실험해 보았는데, 본인들도 깜짝 놀랄 정도로 혈당치가 낮아져 있었다.

특히 고정차 종류와 국산 이슬차 혹은 감로차, 수국차로도 불리는 수국의 이파리차는 설탕 당분의 1천 배에 해당하는 당분을 가지고 있지만, 몸 안에 들어가서는 혈중의 당분을 배출시켜 주는 작용을 하는 것으로 알려져 있다. 특히 '일엽차'로 불리는 고정차는 냉수에서도 풀리는 대용차인데 확실한 효과를 볼 것이다. 이 차는 그 밖에도 무좀이나 여름철 땀띠에도 효과적이며, 아토피성 피부에는 발라 주기만 해도 효과가 있다.

🍃 비만 방지

녹차의 경우 열량을 지닌 성분이 거의 없는 저칼로리의 기호 음료로서, 마실 때도 커피와는 달리 설탕이나 크림을 전혀 사용하지 않고 그대로 우려 마시므로 체중 조절에 이상적인 음료라고 할 수 있다. 차에는 지방을 분해하는 성분이 있어서 제대로 마시기만 하면 절로 살이 빠지게 돼 있다. 중국 음식이 기름투성이지만 중국 사람 가운데 뚱뚱한 사람이나 고혈압·중풍 등의 환자가 적은 것은, 식전·식후에 밥 먹듯이 차를 마시기 때문이다. 녹차나 홍차도 다이어트 효과가 있지만 우롱차나, 보이차 등 발효시킨 차가 지방 분해력이 뛰어나기 때문에 살을 빼는 데는 더 탁월한 효과를 볼 수 있다. 차의 종주국이라는 중국은 발효차가 아주 발달되어 있다.

차가 체중 조절에 효과에 좋다고 알려지자 너도 나도 차를 남용·오용하는 경우들이 있는데, 반드시 알아야 할 것이 있다. 차 한두 잔에 살이 빠지는 것은 결코 아니라는 사실이다. 적어도 100일을 마셔야 한다. 무엇이든 우리 몸에 적응을 하려면 100일은 지나야 한다. 차도 꾸준히 마셔 봐야 차의 약리 작용에 대하여 내 몸이 반응을 할 것이다. 불과 며칠 사이에 살을 뺀다는 감비차가 한때 유행했지만 순수 찻잎으로는 그럴 수가 없다. 아마도 그 속에 어떤 화학 성분을 첨가하였을 것이라고 생각된다. 이런 것들은 오히려 신체의 균형을 무너뜨리게 하여 좋지 않은 결과를 낳기도 한다. 단시간 내에 차를 마셔서 건강해진다거나 지방을 제거한다는 것은 있을 수 없는 이야기니 특히 경계하여야 한다.

비만 방지용으로 차를 마실 때는 장기적인 계획 아래 식사 요법과 운동 요법을 병행하는 것이 좋다. 가령 매일 식사 뒤에 차를 마시고 일정 거리를 걷거나 각자의 신체 상태나 적성에 맞는 운동을 규칙적으로 하는 것이 가장 바람직할 것이다.

해독 작용

차의 주성분인 탄닌은 단백질을 침전시킨다. 많은 병원균은 단백질로 이루어졌기 때문에 탄닌의 침전 작용에 의하여 제거되고 만다. 의학적으로 소염 작용도 단백질의 침전 작용이다. 인체에 치명적인 독약 성분은 알카로이드에 속하는데, 이 역시 탄닌의 침전 작용에 의하여 해독이 된다.

니코틴 및 중금속 배출

담배에 들어 있는 니코틴도 알카로이드의 일종이다. 차를 마시면 탄닌에 의해 결합되기 때문에 몸에 흡수되지 않고 체외로 배출되어 버린다.

탄닌은 수은이나 납·카드뮴·크롬·구리 등 중금속과도 결합해 체외로 배출시키기 때문에, 각종 공해로 체내에 축적된 유해성 중금속의 해독 작용을 한다. 차도 잘못 마시면 약이 아니라 독이 되는 경우가 있으나, 잘 알아서 가려 마신다면 독도 해독할 수 있다.

충치 예방 및 구취 제거

역시 탄닌 성분이 충치 세균의 증식을 억제하며 구취를 없애 준다. 녹차에 있는 플라보노이드 성분은 입 냄새를 제거해 주는데, 이 성분을 이용한 입 냄새 제거용 껌이 나와 있다. 차에 들어 있는 불소는 가용성으로 다른 식물에 비해 풍부하게 들어 있어 치아 표면의 법랑질을 강화시켜 충치를 예방한다. 어린 아이들이 사탕을 먹고는 칫솔질을 하기 싫어하는데, 이때 차를 마시게 하거나 차 이파리를 씹는 것만으로도 충치 예방에 탁월한 효과가 있다. 이 밖에도 비린내를 제거하는 효과가 있다.

숙취 해소

숙취라 하면 간에 주독이 쌓인 것이다. 카페인 성분이 없는 고정차 등은 술을 금세 깨게 하는 효과가 있다. 고정차(일엽차)는 술의 맛을 배가시켜 주면서 두 시간 정도 지나면 술을 깨게 해준다.

항염 및 항균 작용

차의 폴리페놀 성분은 비교적 강한 바이러스 억제와 살균 작용이 있어 소염에도 뚜렷한 효과가 있다. 중국의 적지 않은 의료 약제사들은 찻잎으로 만든 약으로 급성과 만성 이질을 치료하는데, 완치율이 90% 이상이다.

피부 미용 효과

차 속에는 무기물과 레몬의 5배에 달하는 비타민C가 함유되어 있다. 이들이 피부가 거칠어지는 것을 억제하고, 피하조직에 탄력성을 부여하며, 보수성을 유지하도록 하고, 미백 효과까지 준다.

무좀 치료

좀처럼 뿌리 뽑기 어려운 것이 무좀이다. 차를 넉넉히 넣어 끓인 물을 40℃~45℃ 정도로 만들어 발을 담그면 무좀도 사라진다. 한 번에 20분씩 일주일에 2번 정도 몇 주간 반복한다. 특히 고정차(일엽차)를 미지근하게 식혀서 20여 분 발을 담갔다 뺀 다음, 찻잎을 펴서 환부에 붙여 보라. 며칠 만에 상당한 효과를 보게 될 것이다. 찻잎의 살균 작용 때문이다.

살균 작용

차에는 살균 작용과 항암 작용까지도 있다. 체내에 들어온 세균이 탄닌과 결합하여 세포가 응축돼 세균이 죽게 되는 것이다. 살균 작용은 홍차보다 탄닌이 많은 녹차가 훨씬 강하다. 이러한 이유로 차는 식중독 예방 효과가 있어, 식중독 증세가 있을 때 바로 차를 진하게 끓여 마시면 찻잎 성분 중의 폴리페놀과 식중독 세균 또는 독소 성분이 결합되어 해독 작용을 한다.

수렴 작용

탄닌은 혈관을 수축시키는 작용을 해 상처가 났을 때 가루차를 뿌려주면 쉽게 출혈이 멈춘다. 또한 탄닌은 위와 장의 점막을 보호하고 활동을 촉진시켜 설사를 쉽게 멈추게 하는 효과도 갖는다.

소염 작용

차의 탄닌은 염증의 원인이 되는 세균의 성장을 저지하는 작용을 한다. 독충에 물려 빨갛게 부어오르고 열이 날 때, 진하게 우려낸 찻물을 깨끗한 헝겊에 적셔 찜질을 하면 열도 내리고 부기도 빠진다.

기관지, 감기, 천식 해소

차의 특정한 성분들이 기관지를 확장시켜 호흡을 원활하게 해준다. 기관지를 막고 있는 담을 해소하기 때문에 심한 천식에도 도움이 되며, '청폐' 라 하여 폐까지도 깨끗하게 해주는 작용을 한다. 특별히 '청폐차' 라는 차가 별도로 있으니 구해서 마셔 보는 것도 좋을 것이다. 폐가 깨끗하지 못한 사람들과 공기가 좋지 않은 곳에서 장시간 일하시는 분들에게 권하고 싶은 차이다.

감기 예방 및 치료 효과

차를 장복하면 차에 들어 있는 비타민이라든가 활성물질들이 면역력을 높여 줘 감기를 사전에 예방하게 된다. 감기가 들어도 아주 쉽게 회복할 수 있게 해주는 것으로 알려져 있다. 차로 충분한 수분을 섭취하고 충분한 휴식을 취하면 감기 치료에 많은 도움이 된다.

천식에 대한 효과

감기에 의한 기침이나 천식에 의한 기침 등을 억제하는데, 차의 카페인 성분이 기관지의 수축을 억제하기 때문이다. 차는 담을 배출하는 효과도 있어서 기침을 멈추게 하며 천식을 풀어 준다. 특히 '고감로' 라는 차는 당장 눈에 띄게 효과를 나타낸다.

강심 작용 및 기억력·판단력 증진 효과

차에는 이뇨를 돕는 성분과 강심제인 안식향산, 소다, 카페인이 들어 있다. 차는 기억력과 판단력도 높여 주는데, 특히 노인성 기억력 감퇴에 좋다.

그것은 피를 맑게 하여 뇌 속을 깨끗하게 하고, 심장 활동에 무리를 주지 않고 혈관들이 깨끗해져 혈행에 무리가 없기 때문이다. 머리가 맑아지면서 기억력이 살아나는 것을 체험할 수 있을 것이다.

강심 작용

적당량의 카페인은 혈액순환을 돕기 때문에 심장 운동이 활발해 놀라거나 가슴 부위에 통증을 느끼는 사람, 매사에 자신감이 없고 수동적인 사람, 두려움을 자주 느끼는 사람이 오랫동안 차를 마시게 되면 약해진 심장이 정상적인 활동을 하게 된다.

각성 작용

차의 카페인은 대뇌피질의 감각중추를 흥분시키는 작용을 하여 정신을 맑게 하고 기억력, 판단력, 지구력을 증강시킨다. 차와 커피의 작용을 비교해 보면, 차는 마신 지 40분 후에 흥분되어 1시간 40분 정도 흥분 상태가 지속된다. 그러나 커피는 그보다 짧은 시간 안에 흥분 상태에 이른다. 커피보다 차에 카페인이 더 많이 있음에도 커피가 더 빨리 흥분되는 이유는, 차와 커피에 들어 있는 유효 성분이 서로 달라서 카페인이 흡수되는 속도에 차이가 나기 때문이다.

두통 치유

나처럼 두통약을 많이 복용한 사람도 드물 것이다. 1 년에 병원에서 MRI를 두 번이나 찍었고, C.T 촬영도 두 번이나 할 정도로 고생을 했었다. 무려 25년이 넘는 세월을 그렇게 보냈다. 그런데 차를 마시고 나서부터 그 증세가 호전되다가 1년 전부터는 진통제가 필요 없게 되었다. 곰곰이 생각해 보니 1년 전에 들여 놓은 차탁(茶卓)에서 나오는 '장향' 이라는 성분의 영향이 컸다는 것을 이 책을 쓰면서 알게 되었다.

차를 비빌 때 나는 향을 '장향', '장뇌향'이라 하는데, 언제나 사무실에 들어오면 장뇌향이 사람을 참 편안하게 해준다. 물론 차를 오랫동안 마시면서 피가 맑아져 증세가 호전되었음도 느낄 수가 있다.

카페인

카페인은 쓴맛을 나타내는 물질로서, 주로 이뇨·강심·각성·피로 회복 작용을 한다. 대뇌·심장·폐·신장 등의 기관을 자극하기 때문에 신경을 흥분시키고 근육과 피부를 느슨하게 하며, 피로와 졸음을 쫓아내기 때문에 기운이 나고 머리가 맑아진다. 또한 호흡기관이 확장되고 기관지가 이완되어서 기침·가래가 감소되며, 순환기관이 약해졌을 때는 기능을 원활히 촉진시키기도 한다.

흔히 커피에 많은 것으로 알려져 있는 카페인은 차에도 많이 함유되어 있다. 그러나 커피와는 달리 차를 마실 때는 카페인으로 인한 부작용이 거의 없다. 찻잎에 풍부한 폴리페놀과 비타민류의 성분들이 카페인과 결합을 해서 불용성 성분이 되거나 체내에 흡수되는 속도가 느려지기 때문이다.

녹차의 카페인은 서서히 몸 속에서 분해되기 때문에 천천히 흥분 작용을 하며, 실제 몸에 흡수되는 양은 별로 없이 대부분 배출된다. 커피가 일반적으로 혈청의 지질 농도를 증가시키고 동맥경화의 발병률을 높이는데 비해, 차는 오히려 혈청 중 지질농도를 낮추거나 동맥경화의 발병률을 낮추는 등 커피와 상반되는 작용을 나타낸다.

커피는 열매고 차는 잎이다. 대체로 식물을 보면 열매는 생명의 씨앗이기 때문에 자체 보호 기능으로 독성을 다 가지고 있다. 스스로를 방어하기 위해서다. 그러나 잎은 오로지 자기를 위하여 존재하지 않고, 아래에서 올라오는 수분 및 영양분과 태양빛을 다시 합성하여 열매와 뿌리로 보내주는 역할을 한다. 따라서 자기 방어를 위한 독성이 불필요하다. 이런 이유 때문에 열매의 카페인 성분과 잎의 카페인 성분이 다른 것이다.

일조량이 적을수록 찻잎의 카페인 함유량은 높아진다. 그래서 봄에 일찍 딴 차나 차광 재배한 차에 카페인이 많고, 찐 차보다는 볶은 차에 더 많다.

장을 튼튼하게 해준다

　사람은 장이 튼튼해야 한다. 대부분 장내 노폐물이 적체되고 장의 기능이 약해지면서 간이 영향을 받아 지방간이 된다. 차는 신장의 혈관을 확장시켜 소변을 촉진하며, 장의 활동을 도와 통변도 원활히 해준다. 장내 유해산소로 인해 가스가 차고 더부룩한 현상들은 하루 두 사발의 말차면 깨끗하게 해결된다. 그래서 결국 지방간이나 신장 기능 및 다른 장기들에도 영향을 미쳐 오장육부를 원활하게 해준다.

근육 수축력 강화

　근육조직이 약한 뇌수나 신장의 혈관과 심장의 관상동맥은 카페인 작용의 수동적인 영향을 받아 확장된다. 따라서 혈액이 잘 순환되고 심장에 좋은 영향을 주며, 뇌수의 연상 작용이 활발해져 감각기관이 예민해지고 사지의 근육도 강화된다.

피로 회복 작용

차를 많이 마시게 되면 소변과 함께 체내의 노폐물과 알코올 또는 니코틴 같은 유독 성분이 배출되어 사지 근육이 강화되고 피로가 쉽게 회복된다. 차에 풍부한 비타민C와 각종 유기물들도 피로 회복에 빠르게 작용한다.

차의 폴리페놀과 그 산화물질은 방사성 물질인 스트론튬 90과 코발트60의 해독 능력을 흡수하는 작용이 있다. 종양 환자가 방사선 치료를 받는 중 얻은 경미한 수준의 방사병의 경우, 찻잎 채취물로 치료하면 90% 이상 효과를 보며, 혈세포 감소증에 차의 채취물로 치료하면 유효율은 81.7% 이상이다. 백혈구 감소증 치료에는 효과가 더 좋다.

변비 치료

차의 폴리페놀 성분은 위장을 긴장시켜 운동을 활발히 하고 장의 긴장을 풀어 주며, 특히 말차의 경우 장내 유해 산소를 차단하여 장내 가스가 차는 것을 막아 준다. 이 유해 산소가 노화의 주범이라고 발표가 나올 정도이니, 장이 얼마나 중요한가. 처음 차를 마시는 분들은 배변을 통해 콜타르 같은 변이 나오는 것을 보게 되는데, 숙변이 배출되는 것이다. 장기 복용할 경우 배변색이 황금색이 되고, 끊어지지 않고 한 번에 배변되는 통변을 통해 쾌변을 경험하게 된다. 먹는 것도 중요하지만, 그에 못지않게 배출하는 것도 중요하다. 옛 선인들은 배변 색을 보고 건강을 짐작하지 않았는가? 왕궁에는 임금님의 배변색만 감식하는 사람이 있었다고 한다. 건강하면 배변도 좋다. 배변이 좋아지면 건강해진다.

🍃 이뇨 작용으로 인한 전립선질환의 치료 효과

차를 마시면 누구나 즉각 반응하는 것이 이뇨 효과일 것이다. 신장의 혈관이 확장돼 소변량이 많아지기 때문이다. 차를 장복하게 되면 전립선 비대증이라든가 하는 전립선 질환들이 호전을 보이게 된다. 신통할 정도이다. 그러므로 배뇨에 힘들어하시는 분들에게는 당장 차를 마시도록 권한다. 바로 효과를 볼 것이다.

기타 약리 작용

차 생활을 즐긴다는 것은 이미 마음의 여유가 있다는 것이다. 흔히들 생활의 여유가 있어야 차 생활을 하는 줄 아는데, 그 반대이다. 차를 즐기는 생활을 하게 되면 한결 마음이 넉넉해져 삶에도 여유를 찾을 수 있을 것이다.

앞에서 열거한 것 외에도 수많은 효과와 약리 성분들이 있지만 대표적인 것들만 정리하였다. 찻잎 속의 비타민C가 바쁜 현대 생활에서 쌓이기 쉬운 스트레스를 해소해 주고, 비타민C 결핍으로 인한 괴혈병의 예방과 치료도 해준다. 또한 차는 체질 개선 효과를 가져다준다. 냉한 사람을 따뜻하게 해주며, 냉에서 오는 질병을 예방 내지 치료해 준다. 또한 차를 상용하게 되면 산성체질을 알칼리성으로 개선하여 주는 효과가 뚜렷한 것으로 보고되고 있다. 차는 알칼리성 식품이며 인체의 산성화 방지에 적합한 미네랄을 많이 함유하고 있기 때문이다. 찻잎에 함유된 무기질은 물에 잘 녹아 우리 몸의 체액을 알칼리성으로 유지시켜 컨디션도 좋게 해준다.

현대인들과 뗄래야 뗄 수 없는 컴퓨터의 모니터나 TV 화면을 오래 보다 눈이 침침할 때, 중국인들은 대개 맑은 찻물로 눈을 가볍게 씻는다. 이렇게 하면 눈의 피로가 가신다.

이렇게 차는 백약이 부럽지 않게 우리 몸에 약이 되지만, 독이 될 수도 있다. 차를 잘못 마셨을 경우에 건강에 해가 되는 경우도 허다하다. 그렇기 때문에 차는 잘 알고 마셔야 한다. 차가 몸에 적응을 하려면 하루에 한두 잔으로는 부족하다. 적어도 하루에 1 l 정도는 꾸준하게 음용할 때 어떤 효과를 기대할 수 있을 것이다.

비타민 C (Ascorbate, ascorbic acid)

사람의 생체 기능을 활성화시켜 준다. 세포 내에서 산화 환원에 관여하며 병에 대한 저항력을 증강시켜 준다. 또한 콜라겐의 합성에도 필수적으로 요구되는데, 콜라겐은 '시멘트'처럼 작용해 조직세포를 서로 결합시키는 단백질로서, 뼈·연골·치아·피부 등에 많이 함유되어 있다. 따라서 비타민C가 결핍되면 성장이 지연되고, 괴혈병으로 치아나 뼈가 약해지며, 피부와 점막에 출혈을 일으키기 쉽다. 그 밖에도 비타민C는 콜레스테롤을 감소시켜 동맥경화·고혈압 등에 효과가 있으며, 알코올과 니코틴을 해독하는 효능도 있다.

비타민C는 체내에서 잘 생성되지 않기 때문에 항상 신선한 채소류 등을 통해 공급해 주어야 한다. 몽골인들이나 사막의 유목민들이 차를 즐겨 마시는 것을 볼 수 있다. 그들은 양젖과 고기만 먹고 야채를 먹지 못하기 때문에 비타민C를 차를 통해 얻고 있는 것이다.

찻잎 속의 비타민C는 일조량이 많을수록 함유량이 많아진다. 녹차에 들어 있는 비타민C는 찌거나 볶는 과정에서 효소의 작용을 불활성화시켜 건조시키게 된다. 따라서 매우 안정되어 있어 뜨거운 물을 부어도 잘 파괴되지 않으며, 카페인·탄닌·당질 등의 혼합물이 산화되는 것을 막아 그 효과를 높여준다. 그러나 홍차와 우롱차는 발효 과정에서 환원형의 비타민C가 산화형으로 변해 거의 없어진다.

차에 따른 약리 작용

차에는 많은 약리 성분들이 있다. 그러나 다양한 성분들이 다양한 찻잎에 들어 있기 때문에, 어떤 사람에게는 좋은 차가 어떤 사람에게는 나쁜 작용을 할 수도 있는 것이다. 자기에게 맞는 차의 성분들을 선택하여 즐거운 차 생활을 즐기기 바란다. 여기서는 차의 종류에 따라서 들어 있는 성질들을 밝혀 보고자 한다.

홍차(紅茶)

해독 작용을 하는 홍차는 인체의 뇌 부와 내장기관의 이물질을 제거하며, 소염 · 살균 작용을 한다.

청차(靑茶)

청차와 우롱차는 머리를 맑게 하고, 눈을 밝게 하며, 침이나 체액의 분비를 촉진시킨다. 또한 수면과 피곤함을 쫓으며, 인체의 각 타액을 자극시켜서 신진대사를 촉진시킨다.

녹차(綠茶)

녹차는 체액의 분비를 촉진하며, 정신과 마음을 안정시키고, 순환기관에 피의 흐름을 자극시키는 작용을 한다.

백차(白茶)

백차는 지방을 제거하고, 소변을 순조롭게 하며 장을 깨끗이 한다. 당뇨 환자에게는 더할 나위 없이 좋다.

흑차(黑茶)

혹차는 소화 작용을 돕고, 체한 것을 해소시키며, 위에 탈이 난 것을 돕는다. 콜레스테롤과 삼지감유산 작용을 하며, 당을 감소시키고 기름기를 분해한다.

기타(其他)

모든 차는 항산화, 항염성, 항암 효과를 가지고 있다.

제3편

차의 종류

차의 용어 해설

인류가 마시는 차의 종류를 모두 안다는 것은 불가능한 일일 것이다. 참으로 많은 민족이 나름대로 차를 마시고 있다. 여기에서는 중국차를 중심으로 그 종류를 살펴보기로 하겠다. 중국에만 해도 약 5천 종류의 차가 있다고 하니 아무리 차를 좋아하는 사람도 평생 다 맛보기는 어려울 것 같다. 정말 별의별 차가 다 있는데, 그중에서 역사성으로 인정받거나 유명세를 타고 있는 차, 대중적 인기를 얻고 있는 친근한 차들 위주로 소개하고자 한다.

차청

차를 만들기 위하여 1차 가공한 상태를 말한다. '모차'라고도 하며, 병차(평차)나 단차·긴차 등의 차를 만들기 전의 원료인 찻잎을 말한다.

장향

차를 비빌 때 나는 향을 장향이라 한다. 보이차의 고장 운남에서는 장수림이 차나무와 공생하는 지역이 많다. 장나무가 워낙 크고 차나무는 그 그늘에서 자라기 때문에 병충해도 이 장나무가 막아 주고 직사광선도 차단시켜 차나무 생장에 도움을 준다. 차나무의 뿌리와 장나무의 뿌리가 뒤엉켜 자라 장나무의 강한 향기를 차나무가 흡수하여 찻잎에서 장수의 향을 느끼게 한다.

교목

차나무의 종류 중 키가 크게 자라는 나무로, 재배형 야생 차나무이거나 그대로 자연 상태로 수백 년 이상 된 차나무이거나, 야생 차밭이나 산에서 야생으로 자라는 차나무를 일컫는 말이다.

관목

사람들이 찻잎을 얻기 위하여 재배하는 차나무다. 주로 작은 신차나무로, 대부분 재배차밭의 1m 안팎의 작은 차나무를 일컫는다.

매변

차를 저장하는 중에 습기로 인해 곰팡이가 많이 생겨 변질된 것을 매변이라 한다. 매변 현상이 너무 심한 것은 차를 우려 마실 수 없으나 적당한 매변 현상은 오히려 차의 맛을 상승시키며, 그 값 또한 대단하다.

습창

차를 건식이 아닌 습식 발효로 제작하는 것을 습창, 혹은 숙병이라 한다. 그리고 발효시 누룩균을 넣어 급발효시킨 차와 저장중 과다한 습기로 인해 변화된 차를 '습창 발효차' 라고 한다.

건창

건조한 곳에서 장기간 자연 발효된 차를 '건창 발효차' 라 하는데 찻잎에 약간의 윤기가 흐른다. 일단 눈으로도 습창과 건창은 쉽게 구별되는데, 차를 우려내면 습창은 좀 진하고 탁하며, 건창 혹은 청병(靑餠)은 맑고 연한 탕색을 나타낸다.

생차

발효시키지 않고 생엽을 살청 후 청엽 상태로 만든 차를 말한다.

숙차

누룩균과 습도를 공급해 급발효시킨 차를 익힌 차, 즉 '숙차' 라고 한다.

일조

차를 햇빛에 말리는 것을 일조라고 한다.

후발효

생차를 건창으로 오래 보관, 자연 발효시키는 것을 말한다. 현재는 누룩균
을 넣어 급발효시키는 것이 대부분이다. 원래 보이차는 모두가 후발효차다.

중국 차의 분류

차는 채엽하는 시기·산지·품질·제조 방법에 따라 여러 갈래로 분류할 수 있는데, 중국에서는 1980년대부터 차의 기본 명칭을 정리하여 녹색 색소에 대한 감소율과 탄닌(폴리페놀)의 함유량에 따라서 녹차·백차·황차·청차·홍차·흑차 등 '중국차 6대 분류법'으로 나누고 있다. 이를 크게 제배, 품질, 유통에 따라 나누어 보자면 대략 아래와 같이 분류할 수 있다.

채엽 시기에 따른 분류

납전차 | 동지 뒤의 셋째 무일(戊日)인 뇌일(臘日) 직전에 따서 만든다.

사전차 | 예기(禮記) 월령(月令)에 입춘 뒤의 다섯 번째 무일(戊日)을 춘사

(春社)라고 하였는데, 춘분(음력 2월) 전후의 무일(戊日) 이전에 따서 만든다.

화전차 | 금화(禁火) 이전에 따는 차. 금화일(禁火日)은 동짓날로부터 105일째 되는 날(양력 4월 5~6일경)이며, 금화 기간은 3일이다. 불을 끄고 찬밥을 먹는 금화한식(禁火寒食)을 말하는데, 우리나라에서는 한식일로 더 잘 알려져 있다.

기화차 | 한식의 금화가 청명(淸明)에 풀리고 불을 쓰도록 되어 있어 개화일(改火日)이라고도 하는데, 화전(火前)도 화후(火後)도 아닌 한식의 때를 타고 만든 차.

화후차 | 금화 뒤에 따서 만든 차.

우전차 | 곡우(양력 4월 20일경) 이전에 따서 만든 차.

우후차 | 곡우 지난 뒤에 따서 만든 차.

입하차 | 입하(양력 5월 6일경) 때 따서 만든 차. 대차(大茶)라고도 한다.

매차 | 망종(양력 6월 6일경) 뒤 임일(壬日)인 출매(出梅) 때 따서 만든 차.

추차 │ 입추(양력 8월 8일경)에서 상강(양력 10월 23일경) 사이에 따서 만든 차.

소춘차 │ 입동(양력 11월 7일경)에 따서 만든 차.

🍃 제다(製茶)별 분류

차를 만드는 산지와 만드는 방법에 따라 특징적인 이름을 붙인다.

불발효차 │ 녹차 계열로서, 크게 찐차와 덖음차로 나눈다.

- 찐차(증제차): 전차(煎茶), 옥로차(玉露茶), 반야차(般若茶), 가루차(末茶) 등.
- 덖음차(볶은차, 炒靑茶, 釜炒茶): 용정차(龍井茶), 벽라춘차(碧螺春茶), 주차(珠茶), 우레시노차 등.

녹차를 건조할 때 마지막으로 솥에서 덖음으로 건조시키면 초청녹차(炒靑綠茶)가 되고, 햇볕에 쬐어 건조시키면 쇄청녹차(殺靑綠茶)가 된다. 홍건(烘乾)기계를 사용하거나 밀폐된 방에 불을 때어 건조시키면 홍청녹차(烘靑綠茶)가 되며, 열증기 살청 방식으로 제조되어 건조된 녹차는 증청녹차(蒸靑綠茶)라 하여 분류한다.

반발효차 │ 백차와 우롱차(靑茶)로 나눈다.

- 백차: 백호은침(白毫銀針), 백모단(白牡丹) 등.
- 우롱차: 원래 우롱차는 50~70% 가량 발효 정도가 높은 차를 일컫지만, 지금은 발효 정도가 낮은 포종차류와 철관음차, 수선 등을 포함해서 모두 우롱차라 한다. 무이암차(武夷岩茶), 철관음차(鐵觀音茶), 수선(水仙), 문산포종차(文山包種茶＝淸茶), 동정우롱차(凍頂烏龍茶), 백호우롱(白毫烏龍) 등이 이에 해당한다. 포종차란 녹차·홍차 등에 말리화(쟈스민) 등의 꽃향을 흡착시켜 만든 화차를 말한다.

발효차 | 홍차 계열을 말하는데 기홍 공부차, 다즐링 홍차, 우바 홍차, 아샘 홍차 등이 있다.

후발효차 | 녹차의 제조 방법과 같이 효소를 파괴시킨 뒤 찻잎을 퇴적하여 공기 중에 있는 미생물의 번식을 유도해 다시 발효가 일어나게 만든 차를 말한다. 황차(黃茶)와 흑차(黑茶)로 나눈다.
- 황차: 군산은침(君山銀針), 몽정황아(蒙頂黃芽) 등.
- 흑차: 보이차(普洱茶), 육보차(六堡茶) 등.

제조 방법에 따른 분류

차를 제조 방법에 따라 엽차·말차·편차·병차로 나누기도 하는데, 이들에 대해서 알아 보면 다음과 같다.

엽차 | 차나무의 잎을 그대로 찌거나 덖거나 발효시키기도 하여 찻잎의 모양을 변형시키지 않고 원래대로 보전한 것을 말한다. 엽차는 조선시대부터 성행하던 것으로 지금은 거의 모두가 이 엽차를 애음하고 있다.

말차 | 말차는 엽차와 같은 방법으로 만든 찻잎을 옛날에는 맷돌에 갈았고, 지금은 기계로 갈아 분말로 만든 것이다. 말차는 삼국시대부터 애용해 오던 것으로 제조 방법이 복잡하고 까다로워 조선시대에 쇠퇴해 버렸으나, 현재는 엽차와 더불어 널리 보급되고 있다.

편차 | 편차에는 단차와 전차의 두 가지가 있으며, 찻잎을 시루에 5~6회 찐 다음 절구에 넣어 진이 생길 때까지 찧은 후 틀에 넣어 누른 다음, 둥글게 만든 것은 단차이고 모나게 만든 것은 전차이다.

병차 | 병차는 찻잎을 찹쌀과 함께 시루에 넣고 절구에 떡처럼 찧어서 틀에 박아낸 고형차이다.

🍃 구분에 따른 분류

원래 차라는 것은 차나무에서 채엽한 것을 말한다. 이 이파리의 따는 시기 · 제배 · 제조 방법에 따라서 그 종류를 구분한다. 이외의 차들은 대용차 즉 차 대신에 사용하는 차라는 말인데, 근(根) · 피(皮) · 엽(葉) · 화(花) · 과(果) · 균(菌)으로 구분하여 차라고 한다.

발효 정도에 따른 분류

중국 차는 주로 발효 정도에 따라 분류하는데, 녹차 · 백차 · 황차 · 청차 · 홍차 · 흑차 · 화차로 분류하고 있다.

녹차류의 분류

　최근 녹차의 성분이 암과 여타의 질병 치료, 예방에 효과적이라는 고무적인 발표들이 이어지면서 많은 사람들이 녹차에 대하여 관심을 갖게 되었다. 특히 직업 특성상 유독물질을 자주 접하는 사람들은 녹차 마시는 습관을 갖는 것이 좋다. 사유 능력, 판단 능력, 기억력을 증강하기 위해서도 양질의 녹차를 선택해 마시는 것이 좋겠다.

　녹차는 전혀 발효시키지 않은 차류인데, 중국에서 재배 지역이 가장 넓고 생산량이 가장 많으며 품질이 가장 좋은 찻잎이다. 전국 18개 산차구에서는 모두 녹차를 재배하는데, 매년 수만 톤씩 수출한다. 그 산량은 중국 차 총 산량의 70% 전후를 차지한다. 이 녹차 잎을 어떻게 가공하는가에 따라서 차 종류가 나뉜다. 녹차는 제조 과정에 따라 증제차, 옥록차, 덖음차, 말차, 주차, 현미녹차 등으로 나눈다.

증제차

찻잎을 100℃ 정도의 수증기로 30~40초 정도 찌면 찻잎 중의 산화효소가 파괴되어 녹색은 그대로 유지되고 부드러운 증제차가 된다. 증제차의 형상은 비늘과 같은 침상형으로 차의 맛이 담백하고 신선하며 녹색이 강하다.

증청 녹차 | 증기로 찻잎을 30초 사이에 데치고 신속하게 냉각시킨 다음 거칠게, 중간 정도, 정밀하게 비빈다. 그 다음 건조시키는데 수분은 4% 전후로 조절하여 제조한다.

초청 녹차 | 살청 건조하여 세 가지 가공 과정을 거치는데 장초청, 원초청, 편초청 등 3가지가 있어 건조 절차들도 각각이다. 서호 용정차, 천도 옥엽차, 대방차 같은 유명 차는 편초차이다. 원초청차는 대부분 수출한다.

홍청 녹차 | 주로 안휘성, 복건성, 절강성 등 3개 성에서 나는 고급 차다. 어린 차는 직접 마실 수도 있고, 대부분은 각종 화차를 만드는 재료로 사용한다. 이런 차의 특징은 외형이 완정하고 약간 굽었으며 뾰족한 싹이 말리며, 마른 다음 진푸른색을 띠고 찻물 빛깔은 황록색을 띠며 맑다.

말린 녹차 | 주로 사천성, 운남성, 광서성, 호북성과 섬서성 등에서 나는데 압축차를 만드는 원료로 쓴다. 그 기본 제조 과정은 살청, 유념, 말리는 것 등

세 가지가 있다.

옥록차

옥록차는 증제차와 마찬가지로 먼저 생잎을 수증기로 찐 다음 덖음차와 같이 구부러진 모양으로 만든 차다.

담백하고 구수한 맛과 향이 특징이며, 엽록소의 파괴가 적어 녹색이 강한 편이다.

덖음차

덖음차는 생잎 중의 산화효소를 파괴시키기 위해 솥에서 덖어서 만들기 때문에 풋내가 적고 구수한 맛이 특징이다.

특히 손으로 만든 차는 기계로 만든 차보다 녹색이 떨어지며, 열 처리 시간이 길기 때문에 수색이 황녹색을 띠고, 비비기가 부족해 고소한 향은 있으나 맛이 담백하다.

이에 반해 기계로 제조된 것은 위생적이고, 녹색이 강하며, 맛이 진한 특징이 있다.

🍃 말차

　말차는 찻잎을 채엽하기 전 3~4일 혹은 7~8일을 완전 차광하여 찻잎을 부드럽고 순하게 하여 채엽한다. 그 잎을 증기로 찐 다음 건조시켜 맷돌과 같은 말차 제조용 기계를 사용해 아주 미세한 가루로 만든 차다.

　떫은맛은 적고 아미노산과 엽록소가 많아 가루차 그대로를 물에 타서 마시거나 각종 음식이나 과자, 혹은 음료, 아이스크림 등에 첨가하여 이용한다. 말차의 성질은 특히 물에 녹지 않는 비타민A나 토코페롤, 섬유질 등을 그대로 섭취할 수 있어 영양가치가 아주 높다고 볼 수 있다.

🍃 주차

　차가 구슬처럼 말려져 있어 주차라고 불린다. 중국의 절강성, 안휘성, 강서성 등지에서 주로 생산되는 차인데, 차의 수색은 진한 황녹색이고 약간 떫은맛을 낸다.

녹차의 종류

전 세계적으로 '차를 마신다'고 할 때는 녹차가 60~70%를 차지할 만큼 녹차 소비가 가장 많은데, 중국뿐 아니라 차를 생산하는 모든 나라에서 가장 많이 생산되고 있다. 녹차류는 전체 차 생산량의 62%를 차지하고 있으며, 차의 종류에 있어서도 매우 많은 편이다. 중국의 경우는 대부분의 성에서 생산을 관장하고 있다. 서호 용정차, 항주 벽라춘차, 황산 모봉차, 군산 은침차, 노산 운무차 등이 명차로 꼽힌다.

용정차(龍井茶), 혹은 서호 용정차(西湖龍井茶)

용정차는 중국 녹차의 대명사다. '용정'이란 이름은 차의 명칭이기도 하고 지역 명칭이기도 하며, 그 지역 우물의 명칭이기도 하다. 중국 절강성 항주시의 아름다운 서호 남쪽에 용정촌이라는 마을이 있는데, 그 마을에 '용정'이란 우물이 있고, 그 우물로 인해 세워진 '용정사'라는 절에서 재배한 차를 '용정차'라 이름한 것이 시작이라고 알려지고 있다. 용정차는 꼭 눌러 놓은 듯한 찻잎과 신선한 난꽃 향기가 은은하게 나는 것이 특징이다.

동정 벽라춘(洞庭碧螺春)

벽라춘은 중국 강소성 남동부 태호에 위치한 지역으로, 역대에 걸쳐 행정 중심지로 알려진 곳이다. 벽라춘은 이 지역의 오흥현 동정호의 동산과 서산에서 나는 차를 말한다. 짙은 향기와 신선한 맛을 지니고 있으며, 탕색은 선명한 벽록색이고, 어린 차의 싹과 잎은 여린 비취빛이며, 잎의 모양은 소라고동처럼 구부러져 있다. 동정산 벽록봉 아래에서 난다고 하여 '벽라춘'이라 이름 붙었다. 동정 벽라춘의 산지는 중국에서 유명한 차와 과일나무를 겸작하는 산지다. 복숭아·배·자두·감귤·석류 등을 재배하는데, 이들의 향기를 빨아들여 벽라춘에는 차에서도 과일 냄새가 싱싱하게 전해진다.

옛 문헌에 보면 벽라춘를 가리켜 '하살인향차'라 하였는데, 말로 표현하기 어려운 신비한 향기에 취해 그만 의식을 잃어버렸다는 뜻이다.

이런 전설이 있다. 동정의 동산 벽라봉의 석벽에 야생 차나무가 자라고 있었는데, 어떤 여인이 이 찻잎을 따는 도중에 그만 찻잎이 앞가슴 속으로 들어가게 되었다. 신선한 어린 차싹이 앞가슴 속에서 열을 받게 되자 짙은 향기를

발산하게 되었는데, 그 신비한 향기에 취해 여인은 잠시 의식을 잃어버렸다고
한다. 그때부터 이 차를 '하살인향차' 라 부르게 되었는데, 청나라 초년에 무
신 송로구가 이 차를 황제에게 진상하자, 이때 강희 황제는 그 이름이 우아하
지 못하다고 하여 '벽라춘' 이라 고쳐 부르게 했다고 전해진다.

황산 모봉차(黃山毛峰茶)

황산 모봉차가 생산되는 황산은 중국 안휘성의 유명한 명승지로서 중국의
5대 명산 중 하나이다. 황산 모봉차는 작고 흰 은빛 털이 마치 여우털이나 밍
크를 온몸에 감고 있는 귀부인을 연상시킨다. 또 높은 향기와 신선하고 부드
러운 맛이 자랑이다. 어린 잎이 많은 백호를 가지고 있는 차이지만, 중국의 차
소개서에는 백차로 분류하지 않고 녹차로 분류하고 있다.

천목 청전차(天目天井茶)

이 차가 생산되는 천목산은 절강성 임안현에 있는데, 임안현은 천목산의 동
천목과 서천목 두 개의 주봉 사이에 있다. 동천목과 서천목은 각각 해발
1,500m미터가 넘는 정상에 못이 있는데, 거울처럼 맑은 못의 모습이 마치 두
개의 눈이 하늘을 담고 있는 듯하다고 하여 '천목산' 이라 불리게 되었다. 청

전차가 생산되는 지역은 천목산에서도 삼림이 무성한 지역이며, 부식토양으로 이루어져 검은색을 띤 기름진 약산성의 토양이다.

이 지역에서 나는 청전차의 잎은 두껍고 백호가 드러나며, 짙은 녹색이다. 우려내면 짙은 향기가 오래 지속되고, 탕색은 투명하고 맑은 비취빛이며, 우려낸 뒤의 찻잎의 빛깔은 연한 황록색이다.

몽정 감로차(蒙頂甘露茶)

중국의 명차 중에 예로부터 한국 사람들에게 가장 많이 언급되었던 차가 몽산차가 아닌가 싶다. 초의선사는 『동다송』에서 '중국의 육안차는 맛이 좋고 몽산차는 약효가 좋은데, 옛 사람은 동다가 두 품종을 겸했다고 높이 평판했다네' 라고 했고, 초의선사로부터 차 선물을 받았던 추사 김정희도 「명선(茗禪)」에서 몽정차를 언급했다.

'초의가 차를 보내 왔는데 그가 직접 만든 차의 품질은 몽정 감로에 비해 전혀 뒤떨어지지 않는다' 라는 내용을 보아, 몽산차는 조선시기에 꽤나 알려져 있는 중국 차인 듯하다.

둔록차(屯綠茶)

안휘성의 둔계에서 생산되는 녹차다. 둔계는 강서성의 무원과 흡현을 포함하기 때문에 둔록차를 '무록'이라고도 부른다. 그리고 기문의 호계에서 나는 둔록차의 맛이 가장 유명하여 '기홍 둔록'이라 부르기도 한다. 조춘차(早春茶)로 가장 좋은 둔록차는 외형이 길어서 '미차(眉茶)'로도 불린다. 미차는 진미·수미·봉미·아미 등으로 분류하며, 침미·희춘·공희·미희·미량·아미 등등 그 명칭이 여러 가지다.

🍃 태평후 괴차(太平候魁茶)

가장 널리 알려진 차로써 안휘성의 태평의성·남릉·경현·태평후 등지에서 생산되며, 산지가 황산 산맥에 분포되어 있다. 그 일대는 난 꽃이 들에 가득히 핀다. 차를 딸 때도 그 규칙이 매우 엄격해서 곡우를 전후해 찻잎을 많이 따는데, 이 시기가 태평후 괴차를 만드는 데 가장 적합한 시기이다.

🍃 금상 첨화차(錦上添花茶)

뜨거운 물을 부으면 찻잎 전체가 화사한 꽃으로 피어나며 안에 든 꽃들이 피어나 동동 뜨는 모양이 참으로 장관인 차다. 맛과 향도 좋은데 보기도 좋으니 그야말로 '금상첨화'다. 금상첨화, 해패토주 등 특이형 차들은 안휘성에서 만들어 낸다. 차를 마시기보다는 찻잎을 우리는 과정이 볼 만하여 유명세를 얻은 차다. 이 차들은 질 좋은 차나무의 여린 차싹을 원료로 하므로 맛과 향, 품질 면에서도 좋고, 꽃과 차를 함께 가공한 것으로 건강 음료로도 좋다.

내게는 금상첨화하면 떠오르는 일이 있다. 한번은 북경의 항주 찻집에 들어가 차를 고르고 있었는데, 중후한 신사가 차에 대한 설명을 자처하지 뭔가. 누구인가 하였더니 항주 시장이시란다. 깜짝 놀랐다. 출장차 북경에 온 항주 시장이 자기 지역에 와서 상업하는 주민을 찾아 격려할 뿐만 아니라, 자기 지역의 특산물에 대하여 직접 설명과 안내를 자처하고 있으니 말이다. 순간, 중국이 사회주의 국가가 맞나 싶었다.

야생 산차(野生散茶)

안휘성에서 나는 차로 산삼과 비길 만해 차중의 왕으로 꼽히는 차다. 은은한 국화 향기가 나며, 잣송이 비슷하게 생겼다. 자연생태 보호구 내의 깊은 산속 낭떠러지에서 채취한 천연 야생차인데, 청명 전 5일간만 채취가 가능하며 오래 저장할수록 맛과 향이 진해진다. 특히 이 차를 우린 물은 여러 날 두어도 변질되지 않으며 계속 마실 수 있다. 그러나 현재는 너도 나도 야생 산차라는 이름으로 시중에 내놓고 있어 진짜를 만나기가 쉽지 않다.

야생 산차는 야생 산삼처럼 오염 없는 깨끗한 지역에서 생장한다. 높은 산 낭떠러지, 구름 안개가 감도는 환경에서 자라기에 여러 야생 식물 · 약초들과 더불어 생존하면서 그들의 정화와 영양 성분을 섭취했기 때문에 다른 차들이 따르지 못하는 신비로움이 있다. 우물물이든, 호수의 혼탁하고 비린내 나는 생활용수든, 표백분으로 소독한 수돗물이든, 야생 산차를 우린 후 몇 분만 지나면 수질이 즉시 정화되며 이상한 물맛도 바로 달라진다는 것이 그 어떤 것도 따를 수 없는 이 차의 특징이다.

강이수 (降利水, 다이어트 차)

1998년 미국 FDA에서 승인을 받았고, 미국 · 일본 · 유럽 등지에서 선풍적인 인기를 모으고 있는 다이어트 차다. 영지 · 동충하초 · 복령 · 하수오 · 인삼 등 30여 종의 귀중한 약재가 들어 있어 지방간이나 고혈압 · 고지혈증에 대단한 효과를 가지고 있으며, 중국에서는 주로 약국에서 파는 차다.

이 차를 마시면 월 평균 6.4kg이나 체중을 줄일 수 있다니, 체중 감량에 관심 있는 사람이라면 시도해 볼 만하다. 상해 지역에서 구할 수 있다.

음용 시 주의사항 | 여성들은 생리 · 임신 기간에 피하도록 하며, 뇌질환을 앓는 환자는 음용하지 않는 것이 좋다. 그 밖에도 비만으로 인한 합병증이 심할 때에도 음용하지 말아야 한다.

청차류의 종류

청차의 대표적인 차를 들라면 우롱차를 들 수 있다. 한문을 그대로 읽으면 오룡차가 되고 중국 발음으로 읽으면 우롱차가 된다. 이런 청차류는 특유의 감미로운 향과 맛이 녹차의 맛도 함께 갖추고 있는데, 마신 후에는 뒷맛이 매우 독특하고 은은하다. 중국 대륙의 동남 해안가와 광주와 대만 일대가 주요 산지이며, 타이완에서 재배된 것이 특히 우수하다.

포종차도 청차에 속한다. 복건성의 무이암차와 수선 우롱차, 안계의 철관음차, 광동성의 봉황 단총차와 낭채차 등이 명차로 꼽힌다. 특히 사람이 접근하기 어려운 절벽 등지에서 자생하는 특이한 차인 대홍포차는 그 값이 대단하다. 물론 황제께서 홍포를 입혀주었다는 일곱 나무에서 딴 것이 그렇다. 몇 년 전에 20g에 한국 돈 2,400만원에 타이완 다인에게 낙찰된 적이 있을 정도의 대단한 차가 대홍포 차다. 백목단차, 반변요차 등이 유명하다.

각종 차 중에서 향은 청차가 제일이다. 청차는 녹차의 쓴맛을 제거하였으며, 홍차의 떫은 맛도 없애버렸다. 이에 맛은 순수하고 짙고 강하면서도 난향과 같아서 최상의 차로 평가받는다. 푸른 차싹의 가장자리에는 붉은 선이 있는 게 특징이며, 차향에 있어서도 칠포유여향(七泡有餘香: 일곱 번 끓여도 향이 남아 있다)이라 한다.

동정 오룡차(凍頂烏龍茶)

타이완에서 차를 생산하기 시작한 것은 청나라(1796~1890) 때라고 추정되는데, 그때 처음 생산하기 시작한 차가 우롱차다. 복건성 주민들이 이주해 살기 시작하면서부터 우롱차의 재배와 제다 기술이 유입된 것이다. 동정 우롱차는 청심 우롱의 품종으로 주로 만드는데, 다 만들어진 차의 차통을 개봉하면 강열한 향기가 나오고, 차를 우려내면 밝은 황금색을 띤다. 향기는 계수나무 꽃향기에 가깝고, 맛은 달고 부드러우며 목구멍 깊은 곳에서 치솟아오르는 향기가 일품이다. 우려낸 뒤 찻잎을 보면 가운데가 담녹색이며 가장자리가 붉은데, 이것은 우롱차의 특징이다.

우롱차(烏龍茶)

우롱차는 녹차의 청향(淸香)과 화향(花香)을 갖고 있으며, 때로는 홍차의 맛도 있다. 우롱차 종류는 차나무 품종에 따라 각각의 독특한 풍미를 형성하는데, 산지에 따라서도 향미에 차이가 있다.

주로 중국의 복건성 북부의 무이산에서 생산이 되며, ‘무이 암차’ 라고도 부른다. 찻잎의 절반만 발효된 차를 우롱차라고 하지만, 정확하게는 ‘우롱종’ 이라는 차나무의 이름이고, 대표적 산지는 복건·광동·타이완 세 지역이다. 복건성은 안계의 철관음차, 숭안현의 무이 암차와 더불어 전 세계 우롱차 시장의 약 70%를 점유하고 있다. 무이 암차의 특징은 자연적인 암벽 사이에서 자라기 때문에 진향 향기가 뛰어나다는 것이다.

우롱차는 불발효차와 완전 발효차 사이의 반발효차로 두 가지의 풍미를 함께 지니고 있는데, 겉모양의 색깔이 청갈색인 까닭에 ‘청차’ 라고 부르기도 한다.

물에 우려낸 찻잎을 보면 빨간색과 푸른색이 함께 나타나는데, 빨간색 부분은 발효가 된 것이고 푸른색 부분은 발효가 되지 않은 것이다. 따라서 빨간색에 가까울수록 많이 발효된 차다.

성분 | 탄닌·카페인·카테킨 등이 많고, 알칼리도가 강하며 이뇨와 해독 작용이 있다. 차의 카테킨류는 꽃가루 등에 의한 알레르기 증상을 억제한다는 연구가 보고되었는데, 최근의 연구에서 녹차나 홍차보다 우롱차가 그런 효과가 강하다고 밝혀졌다.

효과 | 차를 마시면 일단 근육 피로가 풀려 편안해진다. 따라서 잠도 잘 오게 된다. 피로 회복과 정신 안정에 도움을 주고, 소화를 촉진시키며, 해독 작

용을 한다. 체지방을 분해시키는 성분으로 여겨지는 '사포닌'이 우롱차에는 녹차의 절반 정도 들어 있다.

맛이 산뜻하고 개운하여 기름진 요리에 매우 적합하다. 중성지방 분해에 관여하는 성분은 녹차보다 월등히 많아 비만 예방에 큰 도움이 될 뿐 아니라, 입 안도 개운하고 상큼해지는 특징이 있다.

지역별

- 민남오룡 : 안계철관음, 황금계, 민남수선, 민남색종
- 민북오룡 : 민북수선, 무이수선, 무이암차(무이암차 4대 기종 : 백계관, 수 금귀, 대홍포, 철라한)
- 광동오룡 : 봉황단종 – 광동성 조안현 봉황산, 봉황수선, 광동색종
- 대만오룡 : 포종차, 고산오룡, 동정오룡 – 대만성 동정산, 백호오룡, 대만 철관음

품종별

- 수선 : 무이수선, 민북수선, 민남수선, 봉황수선
- 오룡 : 복건오룡, 대만오룡, 광동오룡
- 철관음 : 안계철관음, 대만철관음
- 기종 : 무이기종, 봉황단종
- 색 종 : 민남색종, 관동색종
- 포 종 : 대만포종

철관음차(鐵觀音茶)

중국 청나라 때 복건성 안계현에 살던 농부가 매일 관음상에 차를 공양하다가 우연히 관음상 옆의 바위 사이에 차나무가 있는 것을 발견했다고 한다. 뒤에서 태양이 비치자 차나무의 모양이 관음상과 같이 빛나고 있더란다. 농부가 이 나무를 집으로 옮겨 심은 뒤 찻잎을 따서 차를 만들었더니 차 맛이 진하면서 부드럽고 뒷맛이 달게 느껴지며 치자꽃과 같은 향기가 났다고 한다. 관음이 주신 차나무로서 잎이 철과 같이 검고 무겁다 하여 이 차를 '철관음' 이라 명명하게 되었다고 한다. 鐵＝쇠, 觀＝본다. 그러나 이 '觀' 은 '가볍다' 라는 의미도 있는 한자다. 즉 차 맛이 '무겁고 또는 가벼운' 이라는 뜻이다. 音은 소리이지만 '노래 소리' 를 뜻한다.

또 다른 전설로는, 예전에 차를 만드는 착하고 어진 '돈후' 란 사람이 있었는데 하루는 꿈에 관세음보살이 나타나서 "당신이 만들고 있는 그 차는 수많은 사람의 병을 고쳐주는 차이므로 '위음(魏蔭)' 이라 이름하라"고 현몽을 하였다. 그때부터 차의 이름을 '위음차' 라고도 부르게 되었다. 그래서 위음차, 또는 철관음이라 한다.

전해오는 말에 따르면, 차나무가 세 그루만이 있어도 사람의 손길이 미치지 못해서 평소에 훈련시킨 원숭이로 하여금 대신 채취하게 하였다고 한다. 향차 중에서는 최고품의 차이다.

철관음은 카페인 성분이 아주 높기 때문에 잠자리에 들기 전에는 마시지 않는 것이 좋고, 밤을 새우거나 졸음을 쫓아야 할 때에는 권할 만한 차이다. 머리를 아주 맑게 해주는데, 머리가 지끈거리고 아플 때 철관음을 마시면 곧 괜찮아지는 것을 느낄 것이다.

안계 철관음(安溪鐵觀音) | 철관음 중에서 제일 유명한 것이 안계 철관음인데, 오랜 역사를 가진 중국 차 가운데 하나이다. 복건성 안계현에서 생산되는데, 유명한 산지로는 안계현의 서평·장항·검덕 등이다. 이곳은 산이 많고 기후가 온화하며 강우량이 풍부하다. 특히 안계 지역에서 나는 철관음은 높은 향기가 있고 차 맛이 단데, 마신 후에는 입 안에 과일의 향이 남아돈다. 탕색은 선명한 등황색이고 잎은 두텁다. 철관음은 다 자란 잎으로 만드는데, 만들어진 찻잎은 가운데는 푸르고 가장자리는 붉은빛을 띤다. 그리고 여러 번 우려내어도 향기와 맛이 변하지 않는다. 찻잎은 4번 따는데 봄에 따는 춘차, 여름에 따는 하차, 더울 때 따는 서차, 가을에 따는 추차로 나눈다.

안계 수선차(安溪水仙茶)

복건성에서 생산된다. 철관음차와 견줄 만한 차다. 그러나 그 맛과 향이 비교적 순하고 온화하며 강렬하지 못하다. 엽편은 크고 짙은 녹색을 띠고 있다. 남방어에서 '수(水)'의 의미는 '미(美)'와 상통한다. 곧 '수선'이란 신선이 사는 아름다운 산으로부터 그 의미가 나온 것이지, 이른 봄에 연못에서 피는 수선화와는 아무런 관계가 없다. 수선차와 무이차는 같은 암차에 속한다. 안휘성의 우롱종과 무이의 수선종은 같은 종류이며, 오래전부터 이름이 있는 '철라한' 도 같은 종류의 차다.

무이 암차(武夷岩茶)

우롱차의 일종으로 민북 우롱에 속하며, 복건성 북부에 있는 무이산 일대에서 생산된다. 무이 암차의 종류로는 수선과 기종으로 나뉘며 기종은 명종과 단종으로 나뉘는데, 대표적인 무이 암차인 대홍포·철라한·백계관·수금귀를 4대 명종이라 일컫고, 육계는 단종에 속한다. 무이 암차는 과일처럼 단맛이 많이 나는 것이 특징이다. 대홍포는 암갈색 빛깔에 무거운 바위의 향기가 나며, 마시면 배가 따뜻해지고 소화가 잘되며 만병을 예방할 수 있다. 속이 냉한 사람이 마시면 몸에 매우 좋다. 황제가 마셨다는 유래가 있는 만큼 귀하고 몸에 좋은 차다.

무이 육차(武夷育茶)

무이 육차는 무이 암차의 일종인데, 무이 암차는 봄철 특정 시기에만 채취 가능한 차로 산량이 극히 적어 귀하다. 무이 육차는 무이 암차 중에서 대홍포란 가장 귀한 차와 맛이 비슷한데, 대홍포보다는 가격이 훨씬 싸다. 풍경이 수

려한 무이산에는 세 가지 보배가 있는데, 산이 기이하고, 물이 아름답고, 암차가 좋은 것이라고 한다. 당조 때부터 귀하게 여기던 차였다. 무이산을 예로부터 차나무 품종의 왕국이라 부르기도 했다.

🍃 무이차의 종류

자천 제일창차 모양이 금침과 같고 그 어떤 향으로도 대적할 수 없는 짙은 향을 낸다. 천심사 내에 한 그루의 천연산 큰 차나무가 있었는데 차나무가 너무 높아서 사람이 올라갈 수 없었다. 가람의 스님들은 센 바람이 불어서 찻잎이 떨어지기를 기다렸다가 찻잎이 떨어지면 그때 그 찻잎을 주워 모아 차를 만들었다고 전한다. 그런 연유로 이름을 '자천 제일차'로 부르게 된 것이다. 일명 '철라한(鐵羅漢)'이라 부른다.

대홍포차 대홍포차에는 여러 가지의 전설이 있다. 전설을 만드는데 중국인들을 따라가지 못할 것이다. 하여간 한 가지만 적어 보면, 어느 선비가 과거 시험을 치르기 위해 무이산을 지나다가 병이 생겨 사경을 헤매게 되었다. 그러자 근처 사찰의 한 스님이 원숭이를 시켜 절벽에 있는 찻잎을 따오게 해서 차를 달여서 먹이자 병이 완쾌돼 무사히 과거를 볼 수 있게 되었다. 선비는 과거에 장원을 하였을 뿐 아니라 왕의 부마로 책봉되어 공주와 결혼하게 되었는데, 은혜를 갚고자 스님을 찾아가 절을 새롭게 단장해 주었다. 어느 날 왕비가 병이 생겨 천하의 명의를 불러 치료를 했지만 차도가 없어서 부마가 스님에게 차를 부탁해 왕비에게 먹였더니 병이 깨끗이 나았더란다. 이에 왕은 자신의 홍포를 벗어 나무 위에 덮어 주었다. 그러나 한 나라의 왕이 둘이 될 수 없듯이, 왕의 옷을 입은 차나무는 점점 말라 죽게 되었다. 이 사실을 안 부마가 옷을 걷어내자 오색찬란한 빛이 생기고 차나무는 다시 살아났다고 한다.

마유멸차 무이산의 최고봉 암석 사이에 야생 차나무가 있었다. 하지만 암석이 깎아지른 듯이 기이하게 높고 험하여 사람이 올라갈 수가 없었다. 이때 훈련을 시킨 원숭이 몸에다 붉은 천을 두르게 하고서 몸에 밧줄을 매어 찻잎을 채취하게 했다. 원숭이의 모습이 붉은 팔이 손을 뻗어서 찻잎을 따는 모습과 같다 하여 사람들은 '마유멸'이라 이름하였다. 일명 '백계관'이라고도 부른다.

수금구차 차나무 한 그루가 험한 산봉우리 즉 산꼭대기에 자리 잡고 있었다. 험준한 산들과 굽이쳐 흐르는 계곡수가 있는 땅에서 자라고 있으니 산천의 빼어난 기운이 차나무에게로 모였다. 또한 품이 기이하고 암골화수의 빼어남을 머금고 있어 이 차나무의 차싹으로 만들어진 차에 물을 붓고 달이면 잎의 밑 부분이 뒤집어져서 거북 등처럼 되고 색 또한 금황색이 나타난다. 차향이 월등하고 뛰어나며 대단히 희귀하여 '수금구'라 이름하였다 한다.

백호 우롱 발효 정도가 65% 전후로 높기 때문에 수색이 홍차에 가까운 홍색을 띤다. 타이완의 신죽·묘율 지역에서 생산되며, 무농약·무비료 재배를 해서 일종의 벌레가 잎의 즙을 빨아 먹은 뒤 찻잎을 따서 만들기 때문에 벌꿀과 같은 향이 생긴다. '향빈 우롱' 또는 '동방미인' 이라 부르기도 한다.

문산 포종차 | 일명 '청차' 라고도 불리는 문산 포종차는 향이 강하고 맑으며 황금색의 수색을 나타낸다. 반발효차 중에서도 15~20% 정도로 낮게 발효를 시킨 관계로 찻잎은 녹색에 가까운 편이다. 찻잎 자체에 꽃 향기가 있어서 마신 뒤 입 안이 상쾌한 것이 아주 좋다.

백차류의 종류

차의 색깔이 하얗다 하여 '백차' 라고 부른다. 가장 어린 새싹이 올라올 때 솜털이 보송보송한 찻잎을 따서 만든 차를 백차라고 한다. 때로는 녹차로도 구분되고 색깔 때문에 백차로도 구분이 되는 차를 말한다. 구분하는 것은 발효에 따라서 혹은 품종으로 분류한다. 차호에 넣고 우려내면 담황색의 우아한 빛을 낸다. 향과 맛은 매우 단아하다. 주로 백호은침차, 육안, 백모단, 공미, 백모후, 백목단차가 명품으로 꼽힌다. 백차는 향기가 맑고 맛이 산뜻하며, 여름철에 열을 내려 주는 작용이 강하여 한약 재료도 많이 사용한다. 중국 복건성의 정화·복정 등이 주산지이지만 소량만 생산된다.

백차는 주로 청명 전후 2일 사이에 걸쳐 채엽한다. 백차는 특별한 가공 과정을 거치지 않고 그대로 건조시키면서 약간의 발효만 일어나도록 하기 때문에 가장 간단한 차다. 기본적인 제다 과정은 잎을 시들게 하여 볕을 쬐어 말리거나 불을 쬐어 말리는 것이다. 백차는 일반적으로 통통하고 잔털이 많은 복정대백차와 같이 갓 나온 잎에 하얀 솜털이 많은 품종을 골라서 사용하는데, 다 만들어진 완성품에는 하얀 잔털이 덮여 있어 아주 소박하고 단아하다. 찻물은 맑고 담담하며 그 맛이 깔끔하다.

🍃 백호은침(白毫銀鍼)

백호은침의 차 싹은 살찌고 바늘처럼 뾰족하고 길며 흰털이 전체를 덮고 있다. 싹이 두텁게 살지고 꼿꼿해 마치 작설과 같이 생겼다. 색의 명암은 은과 같고 향기가 청신하며 차물 빛깔은 옅으며 맛은 감미롭고 엽저(葉低)의 굵기가 고르다. 찻잔에 뜨거운 물을 부으면 찻잎이 하나씩 세워져 마치 꽃잎이 춤을 추듯 아래위로 움직이는 모양이 매우 우아하다. 또한 향기가 좋고, 단맛은 남고 떫은맛이 적어 녹차보다 오래 보관하여도 향미의 변화가 적은 것이 특징이다.

🍃 제운 육안차(齊雲六安茶)

제운 육안차는 안휘성 육안현 제운산(곽산과 금채에 걸쳐 자리 잡고 있다)에서 생산되는 차다. 제운 육안차의 차나무는 대엽종으로 키가 크고 잎이 무성하여 마치 큰 우산의 모양과 같다. 당분을 비교적 많이 포함하고 있어 단맛이 있다.

잎의 색은 엷은 황색을 띤 녹색으로, 흰털이 많고 기름기가 있어 매끄럽고 광택이 난다. 그 특색으로는 향과 맛이 진하며, 마신 후에도 담백함이 오래 가고 입이 개운하다. 시간이 지나도 그 향이 흩어지지 않고 단맛이 감돈다.

육안 과편차(六安瓜片茶)

육안 과편차는 유일하게 단편선엽(單片仙葉)으로 만들어진 것으로 차의 싹과 줄기를 포함하지 않는다. 육안 경경차라고도 부르는데. 차의 줄기와 잎을 분리하여 처리한 것이다. 맛은 짙고 값 또한 저렴하다. 잎이 열을 받으면 가장자리가 마르기 때문에 솔로 평평하게 만들고 부분적으로 나누어 압력을 가하면, 마치 씨의 형태처럼 만들어지므로 '육안 과편' 이라 부른다.

육안 과편차를 포장하는 방법은 특이하다. 대나무 잎으로 잘 포장하는 방법 외에 다시 타원형의 대나무 광주리에 저장하는데, 오래되면 될수록 맛과 향이 더욱 좋다. 그 예로서 원년 육안차와 원년 보이차 같은 것은 60년 이상 저장한 것으로서 오래된 것은 가치가 높고 귀중한 것이다.

육안 골차(六安骨茶)

이 차는 생산량이 아주 적은 편이다. 그러나 맛도 좋고 가격이 저렴하여 오랫동안 노년층 및 서민들로부터 사랑받아 온 차다.

백모수미차(白毛壽眉茶)

'복건성에서 생산되는 차로서 탕색이 옅으며 쓴맛이 난다. 노기를 진정시키고 가래를 녹이는 작용을 하며, 호흡기 계통의 기능을 도와주기 때문에 노인들이 마시기에 좋은 차다. 다른 차 종류보다 생산량이 적은 편이다. 품질이 우수해 명차로 명성을 크게 얻기도 했다.

백모단차(白牡丹茶)

우수한 등급의 수미과의 봄 차로서 싹의 꽃술로 만든 차다. 형태가 모란꽃처럼 아름답고, 차싹의 한 면은 흰색을 띠고 있으며 다른 한 면은 푸른색을 띤다. 그래서 '청천백지(靑天白地)'라 칭하기도 한다. 찻잎을 딴 후에 가공하지 않고 잎이 펼쳐지기를 기다리면서 바람으로 말린다.

황색을 띤 흰 녹색으로, 광택이 있으며 은백색의 털로 덮여 있다. 녹색 잎과 하얀 속 알맹이가 모란처럼 아름답다 하여 '백모단'이라 부르기도 하며, '백모수미(白毛壽眉)'라 부르기도 한다. 중교목(中喬木)의 백차종으로 향이 맑고 단맛이 약간 나며, 습기를 제거하고 열을 내리는 효과가 있다.

황차류의 종류

황차는 찻잎의 색상과 우려낸 수색(水色), 그리고 찻잎 찌꺼기의 세 가지 색이 모두 황색을 띤다고 하여 이름 지어졌다. 황차는 중국의 6대 차류 중의 하나로 그 역사가 매우 오래됐다. 녹차를 제조하는 과정에서 잘못 처리되어 황색으로 변화되면서 우연히 발견된 황차는, 송대에는 하등 제품으로 취급되었으나 연황색의 수색과 순한 맛 때문에 고유의 제품군을 형성하게 된 차다.

황차는 녹차와 달리 찻잎을 쌓아 두는 퇴적 과정을 거쳐 습열 상태에서 차엽의 성분 변화가 일어나, 특유의 품질을 나타내게 된다. 녹차와 우롱차의 중간에 해당되는 차로, 찻잎 중에 엽록소가 파괴되어 황색을 띠고, 쓰고 떫은 맛을 내는 카테킨 성분이 약 50~60% 감소되기 때문에 맛이 순하고 부드럽다.

황차는 노란 찻물에 노란 잎이 특징이다. 황차를 만들기 위한 원료로 황아차 · 황소차 · 황대차가 있는데, 황아차는 가늘고 여린 싹으로 싹 하나에 한 이파리를 말하며, 황소차는 가늘고 여린 싹잎이며, 황대차는 싹 하나에 두세 이파리나 싹 하나에 여러 잎을 말한다.

황차는 세 가지로 분류한다. 즉 찻잎은 황색이고 잎의 아래 부분은 황록색이며 탕색은 밝은 녹황색이다. 몽정아차와 군산은침(호남성·악양성·서동정호의 군산도에 있다), 안휘성의 곽산황아 등이 황차에 속한다. 찻잎이 황색이고 탕색 또한 황색이며 차나무 종류는 아차목류이다. 소엽 종류의 황차는 청록색의 찻잎이 누런빛의 청색으로 변한 것을 말한다.

예를 들면 짙은 황색으로 된 군산은침차와 은봉·악양 북해의 모첨차, 그리고 기춘의 단황차 등이다. 대엽 종류의 황차는 광동성의 곽산 황대차와 사천성·하남성·안휘성·호남성·복건성 등지에서 생산되는 황대차 등이다.

🌿 몽정 황아차

사천성 명산현의 몽산에서 나는 몽정황아차는, 외형이 납작하고 곧으며 솜털이 많다. 색깔은 미황색이고 향이 진하며, 찻물 빛은 노랗고 윤택이 난다. 맛이 진하고 뒷맛이 달며, 엽저가 여리고 노란 것이 고르다.

예전에는 많은 양을 생산했지만, 애석하게도 한차례 큰 전쟁을 치르고 난 후부터 생산량이 급격히 감소되었다. 그러던 것이 지금은 감로차·석화차·만춘은엽·옥엽장춘 등을 새로이 개발·생산하고 있으며, 널리 그 이름이 알려지고 있다.

곽산 황아차

안휘성에서 생산되는 차로서 고대부터 공차(貢茶:국가에서 직접 관리하여 만드는 차)로 많은 양이 생산되었으나, 지금은 생산량이 급격히 줄어들어 매출에 어려움이 많다. 곽산 황아차와 같은 곽산 과편차 역시 유명한 차다.

숭안 연예차

일명 '연심차(蓮心茶)'로, 복건성 숭안현에서 생산되는 차다. 연꽃의 꽃술로 만드는데 그 향과 맛이 짙고 오래 간다. 차를 만드는 꽃술은 가늘고 크기가 작으며, 단단하고 속이 가득 찬 것이다. 생산량도 비교적 많은 편이다.

은침차

관목본의 차나무로, 찻잎의 외형은 몸체가 길고 둥글며 작고 꾸불꾸불하다. 한쪽 끝은 뾰족하며, 두 잎이 안쪽으로 어린 찻잎을 감싸고 자란다.

호남성 덕정호의 군산도에서 나는데, 금아(金莪)형 차이며 싹이 굵고 곧다. 흰색 솜털을 쓰고, 색깔은 금황색이며 향기가 깨끗하다. 찻물 빛은 미황색으로 윤택이 나며, 맛은 감미롭다.

기춘 단황차

호복성 기춘현에서 생산된다. 일찍이 조정에서도 귀하게 여겨 조심스럽게 다루던 차였다. 송나라 중엽에 매요신(1002~1060)이란 사람이 기춘단황차를 황제에게 진상하였다. 황제께서 이 차 맛을 보고 나서 너무도 진귀한 차 맛에 기춘단황차를 진상한 매요신을 상서부 도태사로 삼았다고 전해지고 있다. 그 때부터 상서부 도태사에서는 기춘단황차를 진상하여 벼슬을 얻고 가문을 빛 내려는 사람들이 줄을 잇게 되었으며, 서로 차를 진상하려고 다툼까지 하였다 하니, 참으로 진귀한 차임에는 틀림없는 것 같다. 하지만 오늘날에는 찾아보 기가 어렵다. 또한 북항모첨과 귀주성의 도균모첨, 하남성의 신양모첨,등이 모두 황차에 속한다. 이외에 군산의 군산은침, 복건성의 건양은침, 태호의 군 산은침 등은 본래 백차류에 속한다. 다만 차 만드는 기술에 의하여 황차로 변 하였다. 군산의 은충포차는 황차 중에서는 제일 귀중한 차다. 은충포차의 특 징은 삼기삼락(三起三落)의 경관에 있다.

삼기삼락이란?

一 起 : 찻물을 따르면 찻잎이 물 위에 곧게 서듯 떠 있을 때에는 그 모양이 마치 대나무 밭에 죽순의 무리가 땅 속에서 나온 듯하다.

二 起 : 물을 머금고 아래로 가라앉을 때에는 마치 떨어지는 꽃봉오리와 같다.

三 起 : 찻잎이 찻잔 저 밑바닥에 가라앉아서 여전히 곧게 서 있을 때에는 마치 활과 창이 수풀을 이루고 서 있는 듯하다.

찻잎이 처음에는 떠 있으며, 다음에는 꼿꼿이 서 있고, 마지막은 가라앉는 다. 그리고 찻잎의 형상과 탕색이 변화하여 천변만화(千變萬化)하는 모양과, 향기로 화하여 일어나는 그 형형색색한 아름다운 모습이 사람들의 마음을 즐겁 게 해준다. 이것이 세 가지 기쁨을 준다는 삼기삼락(三起三落)이다.

 ## 군산 은침차

　군산은 중국 호남성 악양현의 동정호 가운데 있는 섬으로서 이 동정호 근처에서 생산되는 차가 군산 은침차이다. 이 차는 중국의 당대(唐代)에서 비롯되었고, 청대(淸代)에서는 황실에 상납되던 귀한 차이다. 군산에서는 원래 녹차를 생산하다가 후대로 가면서 황차로 바뀌었다.

　군산 은침은 살이 찌고 솜털이 많으며 미황색을 띤다. 향이 맑고 맛은 달고 시원하며 탕색은 노란색을 띤다. 유리컵에 우리면 차싹이 수면에 뜨는데 '만필서천' 이라고 한다. 그 다음 싹들이 물기를 흡수하면 각각의 싹들이 물방울을 머금는데 '작설함주' 라고 하며, 부분적으로 싹들이 아래 위로 오르내리는데 '삼기삼락' 이라고 한다. 계속해서 천천히 컵 아래로 가라앉는데, 죽순들이 땅을 뚫고 올라오는 것 같고 또 총과 칼들이 세워진 것 같기도 해서 여러 가지로 아름다운 이름들이 많다.

　청나라 때 건륭 황제가 강남을 유람할 적에 악양에 도착한 후 강남의 아름다운 풍경을 구경하고 천고에 유명한 악양루에 올라서 즉흥시를 읊었다. 그때 류의정 우물물로 끓인 군산 은침에서 향기가 사방으로 퍼지는 것을 본 후 찬탄을 금치 못하며 군산 은침을 어용차로 정했다고 한다.

 ## 몽정 감로차

오랜 역사와 전통을 가진 차로서 당나라 때부터 널리 알려진 차다. 몽정차라고도 부른다. 중국의 사천성 몽산의 정상에서 생산된다. 당대의 문헌인 『국사보』에서는 몽정차를 '황차 중에서 가장 뛰어난 차' 라 손꼽았다.

몽정차의 맛은 달고 신선하며 우려낸 찻물은 밝은 황금색을 띤 녹색이다. 차의 외형은 잎 하나가 완전한 모양을 하고 있는데, 고산차의 특징인 가는 바늘 같은 모양의 잎이 벽록색의 백호를 가지고 있다.

녹원 모견차

호북성 원안 녹원 일대에서 나며, 고리 모양이고 솜털이 금황색이다. 향기가 높고 오래 가며, 찻물 빛이 노랗고 윤택이 있다. 맛이 진하고 뒷맛이 달며, 엽저가 여리고 노란 것이 좋은 차다.

온주 황탕차

절강성 태순·평양 등지에서 난다. 모양이 가늘고 수려하며 황록색의 솜털을 뒤집어쓰고 있다. 향기가 높고, 찻물 빛은 오렌지색으로 윤택이 난다. 맛은 진하고 시원하며, 엽저가 고르게 송이를 이루었다.

화차류의 분류

꽃과 잎을 합하여 만든 차가 화차다. 꽃의 향이 찻잎에 흡수되도록 한 차로서, 좋은 차는 찻잎이 향기롭기보다 꽃 향기가 짙다.

꽃과 잎을 함께 건조시켜 제조한 것이다. 따라서 향이 다른 차들보다 진하며 맛도 강한 편이다. 일반적으로 양자강 이북 지역에서 주로 마신다.

쟈스민으로 알고 있는 향편 중 말리화차가 대표격이다. 이외에도 거의 독성이 없는 모든 꽃을 화차로 사용하고 있다. 그중에 특히 장미, 매화, 유자, 옥란, 주란 등의 꽃을 사용한다. 화차는 여름차로서, 보기가 아름답고 차가 가벼워 누구나 쉽게 접할 수 있어 좋다.

화차는 가공차로 종류에 따라 다음과 같이 나눌 수 있다.

녹차류의 화차

야말리화차(野茉莉花茶), 미란화차(米蘭花茶), 계화차(桂花茶), 백란화차
(白蘭花茶), 대대화차(玳玳花茶) 등이 있다.

홍차류의 화차

매괴홍화차(梅塊紅花茶), 여지홍화차(如枝紅花茶), 말리홍화차(茉莉紅花
茶) 등이 있다.

청차류의 화차

계화철관음차(桂花鐵觀音茶), 말리오룡화차(茉莉烏龍花茶), 수란색종화차
(樹蘭色種花茶)등이 있다.

홍차류의 분류

차를 우리면 붉은 선홍색의 멋진 찻물이 우러나오는 차가 홍차이다. 이 차는 발효차이면서 그 독특한 향과 맛이 많은 사람들의 입맛을 사로잡았다. 중국에서 시작된 홍차는 이제는 전 세계적인 기호 음료가 되었다. 한때 유럽에서는 홍차를 모르면 상류사회에 끼지 못하던 시절도 있었다. 홍차는 차의 한 세계를 열어 갈 정도로 많은 자료들이 있고 역사를 가지고 있다. 여기서는 일반적으로 기본적인 것들을 다루도록 하겠다.

차에 대한 이야기만큼 속설이 많은 것도 드물 것이다. 차마다 가지고 있는 속설이 아주 많기 때문에 어떤 것이 정설이라고 할 수 없다.

차는 인류와 역사를 같이하는 가장 오래된 기호 식품이다. 중국 고대 신농씨가 지금부터 5천년 전에 차를 처음 마셨다는 이야기가 있고, 이미 3천년 전에 차를 재배하기 시작했다는 기록이 있으므로 대단히 오래된 것을 알 수 있다. 차가 어찌나 인기 있던지 이를 구하기 위해서 수많은 사람들이 노력을 했고, 밀수와 위조가 끊이지 않았으며 전쟁이 일어나기도 했다.

차의 종주국은 중국이다. 그러나 오늘날 차를 마시는 대표적인 나라는 영국으로 알려져 있다. 영국인들은 아침에 일어나서 마시는 Breakfast tea부터 시작해서 Afternoon tea, High tea 등 하루 4~5 잔을 마신다. 그렇지만 이렇게 홍차를 마시는 관습은 불과 약 100년 전에야 퍼진 것인데, 19세기 중엽까지는 영국인들조차 차보다는 커피를 훨씬 많이 마셨다. 아마도 영국은 정부에서 정책적으로 커피에서 홍차로 국민들의 기호를 유도한 것 같다. 반면 미국인들은 차를 즐겨 마시다 보스톤 차 사건 이후 차에 대한 감정이 좋지 않게 되면서 커피 문화로 바꾸었다.

중국에서 유럽에 처음 수입된 차는 녹차였다. 따라서 유럽인들이 처음 마신 차는 녹차나 약간 발효된 녹차에 설탕이나 우유를 넣은 것이다. 홍차가 본격적으로 나오게 된 것은 19세기의 일인데, 이러한 차의 역사적 배경을 홍차를 중심으로 간단히 정리한다면 다음과 같으나 정설이 아님을 밝힌다. 수많은 '설' 들이 따르는 차의 세계에 있어서 어떤 면에서는 정설이 있을 수 없을 것이라고도 생각되니 재미와 상식 정도로 즐기면 좋겠다.

홍차의 유래에 대해서는 유명한 이야기가 있다.

중국에서 녹차를 배에 싣고 유럽에 도착해 보니, 적도의 뜨거운 태양열을 받아서 찻잎이 발효돼 상자를 열어 보니 찻잎 색깔이 까맣게 변해 있었다. 버리기도 아까워서 한번 마셔 보니까 녹차보다도 훨씬 맛이 있어서 모두 이 차를 마시게 되었다는 것이다.

그러나 현실적으로 보자면, 중국에서는 찻잎을 따자마자 가열해서 말리기 때문에 이렇게 발효되기 어려우며, 또한 홍차의 발효는 찻잎 자체의 산화 효소에 의한 것이므로 이렇게 발효된 것은 곰팡이의 썩은 차가 되어서 마실 수가 없을 것이다.

찻잎에는 산화 효소가 있어서 그대로 놓아 두면 자연 발효가 일어난다. 중국에서는 잎을 딴 즉시 가열하여 효소를 불활성화시켜 녹차를 만들었다. 그렇지만 제조 과정 중 우연히 잘못돼 발효된 차가 만들어지기도 했던 것이다. 이러한 과정에서 우롱차 등 반 발효차와 완전 발효차인 홍차가 태어난 것으로 보인다.

최초의 홍차는 17세기 초에 복건성 숭안에서 만들어진 것으로 보인다. 또는 1839년부터 들어오기 시작한 인도의 아삼 지방의 차가 발효된 차였는데, 이것이 인기를 끌어서 홍차가 퍼졌다는 이야기도 있다.

홍차는 품종에 따라서 대엽홍차·소엽홍차로 구분하며, 형태에 따라서는 조장홍차·쇄소홍차·전홍차 등 세 가지로 분류한다.

어쨌든 영국에서 홍차를 마시기 시작한 것이 중국에서 넘어간 것만은 사실이다. 홍차 중 엽차형으로 된 것이 중국 특산품이다.

차 이름 중 맨 마지막 글자가 '홍' 자인 경우, 이것은 곧 홍차의 계열에 속한다는 뜻이다. 안휘성 기문의 기홍차와 운남성 맹해차창의 진홍차가 명품으로 꼽힌다.

홍차나 녹차나 이름은 다르지만 모두 동일한 차나무 잎을 가공해 만든 것이다. 홍차는 완전 발효된 차로서 찻잎이 산화 효소에 의해서 자연적으로 발효되어 검붉게 변할 때까지 건조시켜 만든 차이며, 녹차는 전혀 발효가 안 된 차로서 찻잎을 딴 즉시 쪄서 효소를 죽여 만든 차이다. 이런 제조 방법의 차이 때문에 홍차는 녹차와 다르게 검붉은색을 띠는데, 동양 사람들은 차의 빛깔이 붉다고 하여 '홍차'라고 하지만 영어로는 찻잎이 검다고 하여 '블랙 티(black tea)'라고 한다. 붉다고 '레드 티(red tea)'라고 말하는 실수를 범하지 말기를!

그렇다면 효능에도 차이가 있을까? 일반적으로 차의 효능은 비슷하지만 노화 방지에 대한 효과는 녹차가 홍차보다 효력이 크고, 충치 예방이나 치석 억제에는 홍차가 녹차보다 효력이 강하다고 한다.

홍차의 종류

커피에 많은 브랜드가 있는 것처럼 홍차에도 수많은 브랜드가 있다. 다 기록할 수 없을 정도로 많은 홍차들이 각 나라들에서, 혹은 기호하는 사람들을 통해서 만들어지고 있기 때문이다. 홍차에 무엇인가를 가미하여 자기 나름대로의 맛을 만들어 마시기도 하기 때문이다. 여기에서는 대표적인 몇 가지를 소개하겠다.

홍차는 발효 정도가 85% 이상으로 떫은 맛이 강하고 등홍색의 수색을 나타내는 차로서, 세계 전체 차 소비량의 75%를 차지하고 있다. 인도·스리랑카·중국·케냐·인도네시아가 주생산국이며, 영국과 영국 식민지였던 영연방국가들에서 많이 소비된다.

홍차도 처음에는 녹차나 우롱차와 같이 잎차 형태로 생산되었으나 티백의 수요가 늘어남에 따라 티백용의 파쇄형 홍차가 주류를 이루게 되었다. 그렇지만 고급 차종은 여전히 정통 잎차 형으로 생산되고 있다. 영국 할머니들이 티백 차를 마시는 젊은이들을 보며 "저것도 차라고 ……" 하며 혀를 차는 모습은 지금도 흔히 볼 수 있는 풍경이다.

국제 찻잎 시장에서 홍차 무역량은 세계 찻잎 무역량의 90% 이상을 차지한다. 발효는 홍차 품질을 결정하는 관건이다. 홍차의 공통점은 찻잎이 붉고 찻물이 붉다는 것이다. 찻물도 빨갛고 잎도 빨간 홍차의 주요 품질의 특징은 발효를 거친 후에 형성된다. 발효란 찻잎 성분 가운데 원래 무색이던 폴리페놀이 폴레놀옥사이데이즈의 촉매 작용으로 옥시데이전이 되어 홍색의 폴리옥시데이즈(홍차 색소)를 형성해 변하는 것이다.

이런 종류의 색소는 일부분은 물에 녹아서 빨간색 찻물이 되고 일부분은 물에 녹지 않고 잎 속에 누적되어 잎을 빨갛게 변화시키는데, 홍차의 홍탕홍엽(紅湯紅葉)은 이렇게 해서 이루어진다.

가장 일찍 나타난 중국 홍차는 복건성 일대의 소종 홍차(小種紅茶)로 이것이 발전하고 변화하여 공부 홍차(工夫紅茶: 제조 과정이 정교하고 섬세하며 모든 정성이 들어 있기에 붙은 이름으로 중국 전통의 수출용 차)가 생산되었다. 1875년 전후해서 공부 홍차의 제다 방법이 안휘성 기문 일대로 전해져서 대대적인 발전을 이루었다. 19세기경에 이러한 홍차 제다 방법이 인도·스리랑카 등의 나라들에 전해지면서 홍차의 제다 방법도 점차 발전을 이루게 되는데, 다시 재발효시켜 말린 홍쇄차를 만들어 내게 되었다.

홍차 산지는 중원의 각 성마다 고르게 분포되어 있다. 운남성 맹해의 천홍·전홍·민홍·대홍·선홍·호홍·상홍, 강서성 순양의 순홍·영홍과 광동성의 영덕·청원·해남 홍차, 그리고 홍콩의 신계·소종·미전 홍차 등이 그것이다. 홍차를 마시는 방법도 다양해졌다. 홍차의 맛이 약간 달고 향이 강하기 때문이다.

기문 홍차(祁門紅茶) │ 중국 전통 공부 홍차의 진귀한 품종인데, 100여 년의 생산 역사를 갖고 있다. 기문 홍차는 외형이 아름답고 '보석광'이 있는 이름 있는 명차로, 안휘성 기문현에서 난다. 주로 안휘성에서 재배되나 그 주위의 성에서도 소량으로 재배되고 있다.

기문 홍차의 채엽 과정은 아주 까다롭다. 여러 차례에 나눠 잎을 남겨 두면서 채집하며, 춘차의 채집은 6~7차로 나누고, 하차는 6차로 나누어서 채집하며, 추차는 적게 하거나 아예 채집을 하지 않는다.

기문 홍차는 잎이 세밀히 연결되며, 향기가 진하고 오래 가며, 가늘고 수려하다. 뾰족한 싹에 색깔이 검고 윤택이 나며, 찻물 빛은 붉고 윤택이 난다. 맛이 짙고 꿀 사탕 같은 냄새가 있다. 난초 향도 약간 있고, 뒷맛이 달며 감칠맛이 오래 간다. 잎 바탕이 연하며 엽저가 고르게 붉고 윤택이 난다. 품질이 뛰어나다.

진홍 공부차(眞紅工夫茶) │ 운남성 맹해·풍경·임창·보문 등지에서 나며, 운남이 주요 산지인데 북위 23도에서만 생산된다. 운남은 세계 찻잎의 원산지로써 차엽의 시발점 지역이다. 진홍 공부차의 품질은 계절에 따라 다르다. 보통 춘자는 하차나 추차보다 좋다. 보드러운 털이 돌출한 것이 품질의 특징 중 하나이며, 털색은 담황·국황·금황으로 나눈다. 봄철에 채집해 제작한 것은 색이 연하고 담황색을 띠지만, 하차는 대부분이 국황색이고, 추차는 금황색이다.

홍쇄차(紅碎茶)　운남·광동·광서·사천·귀주·해남성 등에서 나는데, 운남·해남·광동·광서의 제품이 질이 좋다. 홍쇄차는 네 가지 종류로 나누는데, 그중 운남에서 나는 것이 실하고 고르다. 또한 금황색 호첨이 많고, 찻물 빛이 붉으며 향과 맛이 진하고 자극성이 강하다. 엽저가 실하고 여리며 붉고 윤택이 난다. 광동·광서·해남·귀주 등지에서 나는 대엽종지구의 홍쇄차는 인도 홍쇄차의 품격과 비슷하다.

🌿 영국의 홍차

차의 시작은 중국이지만 실크로드를 통하여 아시아 서역 그리고 유럽 쪽으로 차 문화가 흘러갔고, 중국의 차 문화를 세계화시킨 것이 바로 영국이다. 영국인이 차를 받아들인 시기는 비교적 늦었지만, 짧은 동안 훌륭한 차 문화를 꽃피웠다. 영국의 홍차 소비량은 한때는 1인당 연간 4.5kg에 이르렀으나 현재는 많이 줄어서 2.6kg 정도이다.

그러나 이것만으로도 80%의 영국인이 매일 홍차 5~6잔을 마신다는 계산이 나오니, 그것만도 대단하다. 영국은 차 생산국이 아님에도 자국의 식민지에서

생산한 차들로 세계적인 차 문화 국가가 되었다. 영국인들이 즐기는 홍차를
알아보자.

다즐링(Darjeeling) | 세계 3대 명차의 하나로 북동 인도 히말라야 산맥의
고지대인 다즐링 지역에서 생산된 홍차다. 보통 3~11월이 수확기이며, 3월
중순에서 4월에 첫물 차가 생산되나 향기는 6~7월의 두물 차가 가장 강하다.
차의 수색은 다른 홍차에 비해 엷은 오렌지색을 띠고, 맛이 부드러우며 달다.

우바(Uva) | 인도 다즐링, 중국의 기문과 더불어 세계 3대 명차의 하나로
꼽힌다. 스리랑카 중부 산악지대인 우바에서 생산된 하이그론티(High
Grown Tea: 해발 1,200m 이상에서 생산된 홍차)에 해당되는 고급 차다. 7
월~8월에 생산된 홍차의 품질이 가장 뛰어나며, 꽃 향기와 산뜻한 떫은 맛,
그리고 밝은 수색이 상쾌함을 더해 주는 차다.

기문(祈門) | 홍차의 원산지인 중국에서 생산된 세계 3대 명차 중의 하나
로, 중국 안휘성의 기문에서 생산된 홍차다. 수확기는 6월~8월로 비교적 짧
으며, 8월에 생산된 것이 품질이 가장 뛰어나다. 수색은 밝은 오렌지색으로,
훈연한 것과 같은 향기가 있다.

아삼(Assam) | 세계 최대의 생산량을 자랑하는 인도 북동부의 아삼 평원
에서 생산된 홍차로, 주로 브렌딩용 원료로 많이 사용되고 있다. 보통 3월~11

월에 걸쳐 수확을 하며, 맛은 농후하고 수색은 진한 적갈색을 띤다. 밀크를 첨가하여 마시는 밀크 티도 제격이다.

· 스트레이트 티(Straight tea)

원산지에 따른 이름으로 구분할 수 있다. 스트레이트 티는 100% 원산지의 차로 만든 것으로 전문점이 아니면 구하기 어렵다. 대부분의 차들은 원산지의 차를 바탕으로 블렌드(섞다)하여 만든 것이다. 홍차를 만드는 회사에서 이렇게 하는 이유는 원산지 차를 100% 쓰면 비용이 많이 들고, 또 차는 농산물이므로 해마다 풍미가 조금씩 달라지기 때문에 품질을 일정하게 유지하기 위한 것이다. 스트레이트 티는 산지에 따라 인도, 실론(스리랑카), 중국, 그 밖의 나라 등으로 구분한다.

- 인도: 다즐링(Darjeeling), 아삼(Assam), 닐기리(Nilgiri)
- 실론: 우바(Uva), 딤블라(Dimbula), 누와라엘리야(Nuwara Eliya)
- 중국: 기문(Keemun), 랩상 소우총(Lapsang Souchong)

그 밖의 홍차를 생산하는 나라는 케냐(Kenya)와 자바(Java) 등이 있다.

· 블렌드 티(Blended tea)

블렌드의 이름으로 구별하는 방법이다. 차를 블렌드하여 만든 고급 차인데, 잉글리시 브랙퍼스트(English Breakfast), 오렌지 페코(Orange Pekoe) 등이 있다.

· 플레이버리 티(Flavery tea)

원래의 홍차에 가미된 향의 이름으로 구별하는 방법이다. 아주 유명한 차로는 얼그레이(Earl Grey), 애플(Apple) 등이 있다.

인도의 홍차

인도는 세계 최대의 차 생산국이자 소비국이기도 하다. 영국에 의하여 차 재배가 시작되어서 처음에는 거의 대부분 영국으로 수출하였지만, 인도인들도 차를 마시게 되자 국내 소비량이 수출량보다 훨씬 많게 되었다.

인도식 차는 밀크 티이며 이를 '차이(chai)'라고 한다. 인도에 가면 길거리에서 냄비로 차이를 끓여서 파는 광경을 흔히 볼 수 있다. 냄비에 물을 끓이고 찻잎을 넣고 나서 다시 같은 양의 우유를 붓고 끓인 후 거르면 바로 이것이 '차이'가 된다. 인도는 커리(Curry)의 나라답게 여러 가지 스파이스(향료)를 넣어 마시기도 한다.

북동 지방의 다즐링 (Darjeeling)과 아삼 (Assam), 남인도 지방의 닐기리 (Nilgiri)가 유명한 홍차의 산지다.

다즐링(Darjeeling)

다즐링은 생산량이 적어 비싼 차이며, 등급도 다른 홍차와는 다른 기준으로 매겨진다. 최고급품은 '머스캣' 향이라는 야생화와 같은 향기를 내며 홍차의 샴페인이라고 불리지만, 실제로 보기는 대단히 어렵다. 우리가 시중에서 접하는 대부분의 다즐링 차는 다른 차와 블렌드한 것이다.

다즐링 지방은 해발 1,200m 이상의 골짜기이며, 밤낮의 기온 차가 심하여 안개가 자주 낀다. 다즐링의 독특한 맛과 향기는 이러한 기후에 의한 것이다. 이곳은 추운 지역이므로 인도의 다른 지역과 달리 내한성이 있는 중국종 차나무가 잘 자란다.

다즐링은 1년에 세 번 수확되며, 이에 따라 퍼스트 플러시(First flush, 첫물), 세컨 플러시(Second flush, 두물), 오토멀(Autumnal, 추차)로 불린다.

· First flush : 3~4월에 수확한 차로 가장 비싸며, 찻물 색이 연하고 독특한
   풀잎 향기가 있다.

· Second flush : 5~6월에 수확한 차로 맛과 색이 좀더 강하다.

· Autumnal : 우기인 10월 이후에 수확한 차로 맛과 색은 더 진해지지만 향은 약해진다.

아삼(Assam) 아삼 홍차는 햇볕이 강렬하고 비가 자주 내리는 아삼 지방의 기후에서 나오는 차답게 뚜렷하고 강한 맛과 몰트(Malt: 맥아)의 향기와 색깔이 조화된 차다. 블렌드 티의 베이스로 널리 쓰이나 단독으로 마셔도 좋다. 예를 들면 아이리시 브랙퍼스트 (Irish Breakfast) 같은 것은 거의 100% 아삼 홍차다.

닐기리(Nilgiri) 국내에는 잘 알려지지 않은 닐기리 홍차는 스리랑카와 기후가 비슷한 인도의 남부지방에서 나므로 여러 면에서 실론 티와 비슷하며 색이 선명하다. 다른 인도산 차보다 개성이 뚜렷하지 않으므로 주로 블렌드 재료로 쓰이고 있다.

시킴(Sikim) 이 차도 국내에는 잘 알려지지 않은 홍차다. 다즐링 티와 아삼 티의 향미가 이 차에 잘 어울린다고 한다. 다즐링만큼 유명하지 않아서 다즐링보다는 값이 저렴하게 거래되고 있다.

실론(스리랑카)의 홍차

왜 이렇게 인도와 스리랑카를 구분하게 되었을까. 그것은 강대국들에 의하여 인도가 나누어졌기 때문이다. 스리랑카 역시 옛날에는 인도였으나 지금은 어엿한 독립국가이니 그 나라 이름으로 차 이름이 붙여진 것이다.

인도 남쪽의 작은 섬인 스리랑카는 세계 2위의 홍차 생산국이다. 여기서 나는 차는 옛 이름대로 실론 티(Ceylon tea)라고 불리며, 이 지역의 고산지대에서 나는 우바(Uva)·딤불라(Dimbula)·누와라 엘리아(Nuwara Eliya) 등이 대표적인 실론 티(Ceylon tea)다. 가장 흔히 볼 수 있는 홍차인 오렌지 페코(Orange Pekoe)는 실론 티와 인도 티를 블렌드한 것이다.

실론 티는 차 농장의 위치에 따라서 하이 그로운(high grown), 미디엄 그로운(medium grown), 로우 그로운(low grown)의 세 가지로 나뉘며, 표고 1,200m 이상의 고지대에서 생산되는 하이 그로운(high grown)이 고급품으로 구분된다. 우바·딤불라·누와라 엘리야는 모두 하이 그로운이다. 미디엄 그로운, 로우 그로운으로 갈수록 쓴맛은 약해지고 색은 진해지며, 이들은 주로 블렌드 베이스로 쓰인다.

우바(Uva)   스리랑카의 대표적 홍차의 하나로, 색깔은 약하나 맛과 향이 강한 대표적인 실론 티(Ceylon tea) 다.

딤불라(Dimbula)   이 차도 우리에게 잘 알려지지 않은 차이지만 우바보다 맛과 향이 얌전한 부드러운 차이다. 색은 '홍차' 하면 떠올리게 되는 진한 홍색을 가지고 있다.

누와라 엘리야 (Nuwara Eliya) | 아주 높은 고산지대인 실론섬 중앙산맥 남서부, 표고 1,800m 이상의 고산지대에서 채엽하는 차다. 차색은 푸른색을 띤 연한 색이 나온다. 이 차는 다즐링 (Darjeeling)과 같이 고산지대에서 나는 차답게 야생 화초와 같은 향기와 맛을 지닌다. 립톤(Lipton)의 푸른 색 포장인 엑스트라 퀄리티(extra quality)는 바로 이 차가 주재료이다.

중국의 홍차

서양에서 흔히 말하는 티는 홍차(Black Tea)를 가리킨다. 세계 각지의 홍차 생산은 모두 중국에서 그 제조 방법이나 묘목이 전래되었고, 오늘날 약 50여 개국에서 홍차가 생산되고 있다. 일반인에게 홍차는 서양차라고 인식되어 있어서인지, 홍차의 종주국이 중국이라는 사실은 잘 알지 못하다.

역시 세계 제일 가는 중국의 차 문화는 역사도 가장 깊으며, 홍차 역시 빠질 수 없는 세계 명차가 있다.

기문(祁門) | 중국의 안휘성이라 하면 상해 근처이며, 인류 역사에 맨 처음 홍차가 만들어진 곳이라고 알려져 있다. 기문 홍차는 포도나 사과의 향기가 나지만 랩상 소우총 같은 그을음 향이 나기도 한다. 중국 차의 부르고뉴(프랑스 와인 명산지) 와인이라 불린다.

잉글리시 브랙퍼스트(English Breakfast) 와 얼 그레이(Earl Grey) 의 베이

스 티로 많이 쓰이는 홍차다.

기문 홍차는 중국 홍차의 대표 주자이다. 흔히 '기홍'이라고 불리는데, 향기가 넘치고 단맛이 나며 신선한 맛을 자랑한다. 외관은 끝이 뾰족하고 가늘며, 탕색은 불타는 듯한 선명한 붉은색이다. 안미성 황산에서 생산되는 기문 홍차의 특성은, 장미꽃의 달콤한 향기가 오랫동안 지속되며 짙은 선홍색의 탕색을 가지고 있다는 것이다.

기문 일대는 오랜 역사가 있는 차밭으로, 당나라 때부터 그 명성이 자자했으며 청나라 때까지도 녹차를 생산했던 곳이다. 이때 생산된 녹차의 외형이 육안 녹차와 흡사하여 '안록'이라 불렀다. 기문에서 생산된 안록 녹차가 기홍 홍차로 변천된 것이다.

기문 홍차는 차나무 품종 중에서 가장 우수한 것이 '기문종' 차나무의 잎인데, 저엽종·유엽종·자아엽·율칠종 등 향기가 높은 여덟 가지가 여기에 속한다. 기홍의 특성은 맛이 달콤할 뿐만 아니라 사과 향과 같은 향기가 오랫동안 입 안에 지속되는데, 이 향을 가리켜 '기홍향'이라고도 한다.

랩상 소우총(正山小種) │ 이 역시 중국 차 대열에서 빠질 수 없는 차다. 이 차는 아주 독특한 특징이 있는데, 그것은 차를 제다할 때에 솔잎을 태워서 그 연기에 찻잎을 그을려 만들기 때문에 소나무 향이 난다는 것이다. '정산'은 우리말로는 '진품'이라는 뜻이다. '소종'은 다소 큰 찻잎을 의미하며, 때로는 차의 등급에도 이 명칭이 쓰인다. 러시아 캐러번 (Russian Caravan)에 베이스로 쓰이는 차다.

운남(雲南) | 차를 말하면서 운남이 빠지면 안 될 것이다. 운남은 보이차로도 유명하지만 홍차 역시 명성을 가지고 있다. 운남의 홍차는 맛이 진한 밀크 티에 어울리는 차다. 홍차종인 운남은 운남을 중심으로 사천·귀주 일대의 지역에서 나는데, 이곳은 차나무의 원산지로 생각되는 곳이기도 하다. 그러나 재배되는 것은 아삼 계통의 차나무다.

이 밖에도 홍차의 생산지로는 아프리카의 케냐, 인도의 자바섬, 네팔의 크남, 태국의 라밍, 러시아의 조지, 터키의 리제 등이 있다. 이중에 리제는 매우 귀한 차로 구하기가 쉽지 않다.

블렌드 홍차(Blended tea)

여기에서는 주로 영국 홍차 문화를 중심으로 소개하겠다. 홍차는 거의가 만들어지는 지역이나 만드는 사람이 붙이는 이름으로 불리고 있거나 지역 이름을 따르고 있다.

유명한 잉글리시 브랙퍼스트(English Breakfast), 오렌지 페코(Orange Pekoe) 등이 블렌드 차에 속하는데, 차를 만드는 회사에서 여러 산지의 찻잎을 블렌드하여 만든 차다. (blend는 블렌드라고 읽거나 표기하며 '섞다'의 의미다. brand는 브랜드로 읽거나 표기하며 '상표'라는 의미다. 두 가지에 혼돈이 없기를 바란다.)

홍차가 영국에서 발달하였기 때문에 로얄 블렌드(Royal Blend), 프린스 오
브 웨일즈(Prince of Wales) 등 영국 왕실과 관련된 이름이 많다.

앙글리시 브랙퍼스트(English Breakfast) | 실론 차와 인도 차, 중국의

기문을 블렌드한 것이다. 밀크 티로 향과 맛이 강하고 카페인이 많으며, 가는
찻잎을 써서 빨리 우러나오는 모닝 티(morning Tea)다. 잠에서 번쩍 깨어나
게 하기 위해 아침에는 주로 카페인이 많은 차를 마신다.

아이리시 브랙퍼스트(Irish Breakfast) | 거의 100% 아삼 티로, 우유와

설탕을 듬뿍 넣어서 마시는 대단히 강렬한 차다. 아삼 100% 인 경우가 많다.

오렌지 페코(Orange Pekoe) | 실론 차와 인도 차의 블렌드로, 다양한

방법으로 마실 수 있다. 홍차 하면 연상되는 전형적인 색과 맛, 그리고 향기를
내는 가장 대중적인 홍차이다, 명칭은 홍차 등급 (OP)을 의미하기도 한다.

로얄 블랜드(Royal Blend) | 영국 왕실에 납품되는 블렌드된 차다.

애프터눈 티(Afrernoon Tea) | 부드러운 맛과 향이 특징이다.

러시안 캐러반(Russian Caravan) | 랩상 소우총이나 기문 등 중국차와

인도 차로 블렌딩한 홍차이다. 밀크 티로, 러시아인들은 잼이나 꿀을 넣어 매

우 달게 해서 마신다. 바닷길이 열리기 전에는 중국 차가 육로로 러시아를 통해서 유럽으로 들어온 것에서 유래되었다.

향을 첨가한 홍차(Flavery Tea)

찻잎에 베르가못, 정향나무, 사과, 복숭아 등의 향을 첨가하여 향긋하게 만들어 즐기게 한 차다.

대체적으로 블렌딩하거나 향을 첨가한 차들은 스트레이트나 아이스 티 용이라는 것을 알아 두면 차 마시기에 좋을 것이다.

얼 그레이(Earl Grey) │ 우리에게 아주 친근한 홍차다. 기문이나 실론 홍차에 베르가못(Bergamot) 향을 첨가하여 스트레이트나 아이스 티로 마시게 만든 차다. 베르가못이라는 과실의 즙을 찻잎에 섞은 차로, 처음에 영국의 수상이었던 그레이 백작에게 진상된 것이 그 이름이 되었다.

애플 티(Apple tea) │ 사과 향을 첨가하여 만든 홍차로, 스트레이트 또는 아이스 티로 만들어 마시면 그 향을 즐길 수 있다.

랩상 소우총(Lapsang Souchong) │ 중국 복건성에서 난 차에 소나무 향을 섞어 블렌딩한 차다.

음차 문화(飮茶文化)

각 나라마다 차를 마시는 문화가 있다. 대부분 그 지역의 자연적인 환경과 음차 문화도 매우 가까운 것을 보게 된다. 다른 민족들은 어떻게 차를 즐기고 있는지 잠깐 들여다보기로 하자.

영국인의 음차 문화

얼리 티(Early tea) | 영국인들은 얼리 티를 '베드 티(Bed tea)'라고도 하는데, 그것은 아침에 잠자리에서 일어나 침대에서 나오기 전에 침대에서 마시는 차이기 때문이다. 영국에서는 남편이 부인에게 만들어 주는 것으로 되어 있고, 이것으로 애정의 정도를 가늠한다고 한다.

브랙퍼스트(Breakfast) 브랙퍼스트, 즉 아침 식사와 같이 마시는 차로서, 영국식 아침 식사는 홍차와 토스트, 달걀, 베이컨, 과일 등이다. 아침 식사에 차가운 우유는 미국식이다.

일레븐시스(Elevenses) 일레븐시스는 11시를 기억하면 되겠다. 오전에 바쁘게 일하는 도중 잠시 쉬면서 마시는 차다. 간단하게 15분 정도로 마친다. 옛날에는 회사에 이를 전문으로 하는 티 레이디(Tea lady)가 있어서 왜건(Wagon)으로 차 서비스를 했던 시절도 있었다.

미디 티 브레이크(Middy tea break) 미디 티 브레이크는 오후에 간식을 먹으면서 마시는 차다.

애프터눈 티(Afternoon tea) 사교를 목적으로 하는 특별한 미디 티 브레이크라고 생각하면 되겠다. 주로 휴일 오후 4시경에 한다. 멋있게 자리를 마련하고, 샌드위치·스콘·케이크 등을 준비한다. 19세기 중엽에 영국의 베드포드 백작부인이 배고픔을 참지 못하고(당시 영국인들은 점심식사를 하지 않았다) 오후에 차와 과자를 준비해 친구들을 부른 것이 시초라고 한다. 이후에 영국에서는 "오후에 차 마시러 오세요" 하면 친구가 되자는 뜻이 되었다.

하이 티(High tea) 하이 티는 본래 영국의 노동자들이 일을 마치고 집에 돌아와서 오후 6시경에 고기나 샌드위치 등의 식사와 같이 마시는 차를 가리킨다. 하이(High)는 'High part of afternoon(늦은 오후)'에서 유래되었다는 이야기도 있고, 어린이용 의자인 'Highback chair'에서 유래되었다는 이야기도 있다. 또는 이것을 '미트 티(Meat tea)'라고도 부른다.

이와 반대되는 의미로, 상류 계층에서 '이른 오후(low part of afternoon)'에 이야기를 나누면서 차와 가벼운 음식을 드는 것을 가리켜 로우 티(low tea)라고 하는데, '하이 티'는 이에 대한 반발에서 생긴 말이라고도 한다.

애프터 디너 티(After dinner tea)

저녁식사를 마치고 느긋하게 마시는 차인데, 초콜릿 등 단 과자와 같이 마시는 경우가 많고 위스키나 브랜디를 타서 마시기도 한다.

나이트 티(Night tea)

잠자리에 들기 전에 마시는 차다.

이렇듯 영국인들은 하루 일과를 차로 시작해서 차로 마칠 정도이니 세계적인 차 문화 국가가 아니 될 수가 없겠다.

미국인의 음차 문화

미국은 식민지 시절에 차에 부과되는 세금에 반발해서 차를 상자째 바다에 집어던지기도 했지만, 차의 발전에 중요한 공헌을 한 나라이기도 하다. 티백

(Tea bag)과 아이스 티(Iced tea)를 처음 만들었으며, 차 무역에 혁명을 일으킨 고속 범선(Tea clipper)도 미국에서 처음 만들어졌다.

다른 나라에서는 뜨거운 차를 마시지만 미국에서는 아이스 티가 많다. 아이스 티의 발상국이기 때문인지 사람들이 즐기는 차의 70%가 아이스 티다. 시원한 아이스 티에는 으레 레몬을 넣어서 상큼한 맛을 내곤 하는데, 이 때문인지 뜨거운 차에도 레몬을 넣는 습관이 생겼다. 우리나라에서 홍차 하면 레몬티를 연상하는 것은 이러한 미국의 영향에 의한 것이다.

중국의 식당들에서 으레 차가 나오는 것처럼 미국의 식당에서는 으레 아이스 티가 나올 정도다. 대부분 요금을 지불해야 하지만 무료로 주는 경우도 있다. 대체로 리필은 무제한이다.

러시아인의 음차 문화

러시아에는 17세기에 중국에서 차가 전래되었으며, 영국처럼 러시아도 중국에서 대량의 차를 수입하였다. 러시아같이 추운 나라에는 차가 이상적인 음료였던 것이다. 러시아는 영국과 달리 바다가 아닌 육지로 중국과 이어져 있으므로 배 대신 수백 마리의 낙타 떼를 모는 캐러반(Caravan)이 차를 운반하였다. 러시아 차 문화의 상징은 사모바르(Samovar)이다. 이는 티벳 지방의 찻주전자에서 유래된 것으로서, 작은 난로 위에 물통과 찻주전자가 올라가 있는 모양이며 우아한 장식이 많다.

춥고 건조한 러시아에서 사모바르는 방 안을 덥히는 난방기구일 뿐 아니라 건조함을 막는 가습기이기도 하며, 또한 뜨거운 차를 계속 마실 수 있는 티 서버(Tea server)의 역할을 하고 있다.

러시아식 차는 진하게 타서 설탕이나 꿀, 잼을 넣어서 달게 마신다. 러시아의 2대 국민적 음료는 러시아식 차와 보드카라고 할 수 있다.

터키인의 음차 문화

차하면 터키도 빼놓을 수 없다. 터키도 주요 홍차 소비국 중의 하나이며, 1인당 연간 차 소비량만도 2kg에 달한다. 터키는 차를 재배하기도 하지만 거의 국내용으로 소비되기 때문에 외국인이 맛볼 기회는 매우 적다.

터키어로 차는 '차이(Chay)' 라고 하며, 일단 진하게 졸이듯이 끓여낸 다음 다시 뜨거운 물로 희석해서 마시는 것이 특징이다. 밀크 등은 타지 않고 설탕만을 넣고 '차이바르닥' 이라는 작은 호리병 모양의 유리잔에 넣어서 마신다. 그리고 마치 러시아 찻주전자처럼 생긴 아주 예쁜 모양의 차 우리는 주전자를 사용하는데, 이를 '차이단륵' 이라고 한다.

'터키' 하면 이전에는 커피로 유명했지만, 현재는 커피는 별로 마시지 않고 주로 홍차를 마신다. 좀 의아하지만 이런 현상은 터키뿐 아니라 중동과 북아프리카의 여러 나라들에서 일어나고 있다.

이들 나라에서도 최근에는 차를 많이 마신다. 아라비아에서 태어난 커피가

정작 원산지 근처에서는 홍차에 밀리는 것을 보면 격세지감을 느끼게 된다.

터키 지도를 보면 반도 모양으로 생긴 소아시아 지역과 유럽의 동쪽 끝인 이스탄불 사이에 좁은 해협이 보이는데, 바로 흑해와 지중해를 잇는 보스포루스 해협이다.

이 해협은 유럽과 아시아의 접점, 기독교 세력과 이슬람 세력의 접점이었으며, 또한 커피 문화와 홍차 문화가 함께 들어온 곳이기도 하다. 한때는 커피가 이슬람 세력의 승리의 상징으로 간주되기도 하였지만, 오늘날 그 후손들은 주로 차를 마시고 있다.

터키에는 길거리 카페가 많다. 가만 지켜보면, 주로 남자들이 나무그늘 아래 하루 종일 차를 마시고 있고 여자들은 들에 나가서 일하는 이상한 풍경을 목격하게 된다. 카페에서 차를 나르는 사람도 당연히 남자다.

거리에서는 우리나라의 1960년대에나 봄직한 풍경도 눈에 띄는데, 차이 상인들이 등에 차 물통을 지고 다니면서 등을 기울여 홍차를 파는 장면이 그것이다. 여행자의 눈에는 참 낭만적으로 비쳤다.

몽골인의 음차 문화

몽골인은 유목민족이다. 춥고 건조한 풀밭에서 가축을 몰고 다니기 때문에 이들의 음식은 거의 고기나 유제품이다. 과일이나 야채는 거의 먹지 못하는 그들은, 부족한 비타민이나 미네랄을 대신 차에서 보충하기 때문에 몽골인들에게 있어서 차는 매우 중요한 영양 공급원이다. 워낙 많이 마셔서 1인당 연간 차 소비량은 영국인들의 약 4배인 9kg에 이를 정도다.

몽골인들은 '삼차일반' 이라고 해서 하루 세 번 차를 마시고, 저녁에 집에서 한 번 식사를 한다. 주로 차는 밀크 티이며 볶은 쌀이나 치즈, 밀가루 튀김 등을 같이 먹는다.

🍃 티벳인의 음차 문화

세계에서 차를 가장 많이 마시는 민족은 중국인도 아니고 영국인도 아니라 바로 티벳인들이다. 티벳 지방도 몽골과 마찬가지로 춥고 건조한 고원지대이며 음식도 대부분 육류다. 따라서 차가 매우 중요하며 '하루 양식은 없어도 되지만 차 없이는 못산다' 라는 말을 할 정도로 많이 마신다. 실제 연간 1인당 차 소비량도 대표적인 차 소비국인 영국보다 6배나 많은 15kg이다. 현재 가장 차를 많이 마시는 민족이다.

적어도 한 사람이 매일 20잔 정도 차를 마시고 있다. 티벳의 대표적인 차는 '수유차' 이다. 당나라의 문성 공주가 티벳 왕에게 시집 와서 손님 접대용으로 만들기 시작한 것이 차라고 한다. 주로 찻잎(주로 떡차 등 덩어리 차)을 주전자에 넣고 끓인 후에 버터, 소금, 참깨, 땅콩, 수박씨, 잣, 호두 등 재료를 넣은 긴 나무통에 찻물을 붓고 막대기로 잘 섞어서 만들어 마신다.

🍃 모로코인의 음차 문화

모로코는 북아프리카의 사막지대에 위치하여 덥고 건조한 데다 육류를 주식으로 하고 있다. 역시 야채나 과일이 부족하므로 차를 많이 마시는데, 중국산 녹차를 주로 마시며, 1인당 연간 차 소비량은 10kg 정도이다. 모로코에서는 차에 설탕과 박하 잎을 넣어 상쾌한 맛을 내는 박하차를 주로 마신다.

이렇게 몽고인, 티벳인, 모로코인 등 신선한 야채나 과일을 얻기 어려운 사람들이 많은 양의 차를 마시는 것은 그만큼 차에 영양분이 많다는 것을 시사하고 있는 것이다. 차에서 몸에 필요한 비타민 종류와 육류에 없는 기타 영양분들을 공급받는 것이다.

흑차류의 분류

흑차라고 하면 홍차까지도 들어갈 수 있지만, 여기에서의 흑차란 보이차를 설명하기 위한 것이다. 이 책의 독자들 가운데도 이미 많은 정보를 가지고 있는 분이 있겠지만, 보이차처럼 오해가 많은 차도 드문 것 같아 한번 짚어 보고자 한다. 이미 보이차에 대한 여러 권의 책이 출간되어 있으니, 자세한 것은 전문 서적을 참고할 수 있을 것이다. 이 책에서는 보이차의 약리 효과를 중심으로 중요한 부분만 설명하도록 하겠다.

흑차류

흑차(黑茶 Hei-cha)는 일반적으로 원료가 비교적 큰 야생의 쇤 잎으로 차를 만든다. 차를 만드는 과정에서 쌓아 놓기 때문에 발효 시간이 비교적 길어져서, 잎 색깔이 까맣거나 흑갈색으로 변한다. 흑차는 주로 변방 지구의 소수민족들에게 음용으로 공급되는데, '변차'라고도 부를 정도로 배변 활동을 확실히 도와준다. 실제로 차를 마시면 콜타르 같은 숙변이 끈적끈적하게 빠져나오는 것을 확인할 수 있을 정도다.

흑모차(黑毛茶)는 각종 긴압차(緊壓茶)를 눌러 만드는 주요 원료로써, 각종 흑차로 된 긴압차는 티벳·몽고·위구르 등의 지역에서는 일상생활의 필수품으로, 하루 식사는 걸러도 차는 거를 수 없다고 할 만큼 음용이 생활화되어 있다. 흑차는 그 색이 눈썹처럼 검다. 호남성의 흑전차(黑塼茶)·화전차(花塼茶)·복전차(伏塼茶), 호북성의 청전차(青塼茶)·단결차(團抉茶), 광서성의 육보차(六堡茶)가 있는데 모두 가공된 것이며, 변소차(邊銷茶)는 잎의 색이 황갈색 또는 붉은 갈색으로 굵고 크며 향이 순정하다. 주로 중국의 운남성·사천성·광서성 등지에서 생산되는 후발효차로, 찻잎이 흑갈색을 나타내고 수색은 갈황색이나 갈홍색을 띤다.

이 차는 차가 완전히 건조되기 전에 퇴적하여 곰팡이가 번식하도록 함으로써 곰팡이에 의해 자연히 후발효가 일어나도록 만든 차다. 처음 마실 때는 곰팡이 냄새로 인해 약간 이질감을 느끼기도 하지만, 몇 번 마시다 보면 독특한 풍미와 부드러운 차 맛을 느낄 수 있다. 중국에서는 잎차류보다 차를 압착하여 덩어리로 만든 고형차가 주로 생산되며, 저장 기간이 오래될수록 고급 차로 간주된다. 옛날에는 보이차로 대변되는 이런 전차 종류들이 약용으로 많이 이용되어, 『운남성지』, 『백화경』, 『물리소지』 등의 기록에 의하면 '보이차는 장을 이롭게 씻어내고, 술을 깨게 하며, 소화를 돕고, 진액을 생기게 하며, 목의 통증을 다스린다.' 또 '생강과 같이 쓰면 간 기능을 좋게 하고, 피부의 출혈을 멈추게 한다' 라고도 하였다. 체내의 기름기를 제거하는 효과도 강하여 기름진 음식과 잘 어울린다.

보이차

'보이차' 하면 중국의 운남성이 떠오를 정도로 운남성에서 생산되는 후발효차이다. 대엽종 찻잎으로 만드는 차로서, 보이현에서 모아서 출하하기 때문에 보이차라고도 한다. 알칼리도가 높고 속을 편하게 해주며, 숙취 제거와 소화를 도와주는 작용을 한다. 기름기가 많은 음식에 잘 어울리며, 곰팡이 균을 번식시켜 만들기 때문에 특유의 곰팡이 냄새가 있다. 홍콩이나 싱가포르, 광동지방에서 주로 많이 소비되고 있으며, 오래 숙성시킬수록 가격이 비싸다. 최근에 한국에서 50~60년 된 보이차라고 유통되는 경우들이 있는데, 일단은 진품이 아니라고 봐야 할 것이다. 그런 차가 분명히 존재하기는 하지만, 중국에서도 경매시장에서나 나옴직한 아주 비싼 차들이기 때문이다.

보이긴압차

보이차는 운반의 편의와 장기간 저장을 위해 찻잎에 수증기를 가한 다음 틀에 넣고 압착하여 일정한 형태의 덩어리로 만든 차 제품이다. 보이차는 그 생긴 모양이나 만든 이들에 따라서 차 이름이 붙여진다. 긴차는 원형의 병차, 방괴형의 흑전차·청전차·화전차·미전차·방포차, 탁구공 형태의 구차, 고형의 보이차, 그리고 큰 사발 모양의 육보단차, 송곳처럼 끝이 뾰족한 타차 등 여러 가지 모양의 차가 있다.

🍃 보이차의 음차 문화

보이차만큼 어지러운 차 시장이 없을 듯하다. 자칭 타칭 보이차의 전문가들이 많고, 20~30년간 보이차를 마셨다는 사람들이 많은데, 중국과의 교류가 시작된 것이 1992년이니 그것을 어떻게 받아들여야 할지 모르겠다.

보이차는 신비로운 차의 고향 운남에서 탄생되었다. 운남은 풍부한 대엽종 차나무 자원과 다민족 음차 습관 및 민족 풍정을 가지고 있다.

보이차를 마실 때에는 중국의 다구라면 자사호나 한국에서 생산되는 다구라면 천목다관을 이용하는 것이 맛이 제일 좋다. 보이차만큼 변덕스러운 차도 드물 것이다. 좋은 차호에, 좋은 자리에서, 좋은 사람들과 함께 어울려 차를 즐긴다면 건강에 많은 도움을 받을 수 있을 것이다. 자세한 것은 보이차의 약리 성분에서 기술하겠다.

보이차에 대한 대단한 오해

보이차를 음용하는 사람들이 늘어나면서 각기 어설픈 지식이나 잘못 얻어 들은 것으로 잘못 설명되어지는 상식이 난무하는 경우들을 적지 않게 본다. 그중의 대부분은 보이차의 균(곰팡이)에 대한 것이다. 자칭 보이차의 전문가 라는 사람 중에도 보이차가 가지고 있는 곰팡이에 대하여 상당히 잘못된 지식 들을 가진 사람이 많다. 이를 바로 알려야겠다는 생각으로, 여기 운남성에서 발행되는 『운남 푸얼차』라는 책에서 〈균에 대한 약리 효과〉에 대한 부분을 발췌하여 강원대학 미생물학 교수의 감수를 받아 소개한다.

보이차에는 여러 가지 곰팡이들이 발효된다. 어느 색은 좋고, 어느 색은 해 가 된다며 나름대로 말하는 사람들이 있는데, 미생물(곰팡이)은 보이차 품질 형성 중 중요한 작용을 한다. 산화 발효에 의해 만들어지는 다른 차와는 달리 미생물에 의해 발효되는 보이차는 진정한 의미의 발효차라고 할 수 있다. 몇 가지 진균과 세균이 보이차에 발효를 일으키는데, 이들 미생물은 인체에 대한 병원성이 거의 없지만, 이들의 발효 산물은 인간에게 여러 가지로 유익하게 작용하는 것으로 알려지고 있다. 보이차 발효에 관여하는 진균에 대해서는 다음과 같다.

생물계는 동물계, 식물계와 미생물계 세 가지로 구성되어 있다. 일상생활에서 사람들은 미생물계에 대해 별로 관심을 갖지 않지만, 미생물이 사람의 생활에 주는 영향은 막대하다. 찻잎 중에서 제일 기이하고 특이하게 미생물과 관계가 밀접한 것이 바로 보이차다. 미생물이 없으면 보이차도 없다. 보이차의 유익한 미생물이 인체에 대해 어떤 작용을 하는지는 주로 두 개 방면으로 나타난다.

첫째, 달고 매끄럽고 순하고 진한 것과 진한 향기 등 보이차의 양호한 품질 특성을 형성시킨다.

둘째, 대사에 유익한 물질이 보이차의 건강 효과를 증강시켜, 차종 중에서 특색 차를 형성시킨다.

여기에서 미생물의 세계에 들어가 새롭게 보이차를 인식하자. 보이차를 띄우는 과정에서 주요한 미생물에는 검정곰팡이, 푸른곰팡이, 뿌리곰팡이, 회록곰팡이, 효모속, 세균류가 있다. 세균 수는 극히 적고 병을 일으키는 세균은 발견되지 않았다. 이러한 미생물 중에서 검정곰팡이·효모균·뿌리곰팡와 같이 서로 다른 환경 조건 하에서, 혹은 가공 과정 중에서 우세 위치가 서로 바뀌기도 한다. 또한 우세균 군이 서로 다른 단계에 작용을 하면서 최종으로 서로 다른 다양한 보이차가 형성되는 것이다.

검정곰팡이와 보이차

검정곰팡이는 일종의 하등진행생물이며, 세계에서 공인하는 안전 가용성으로, 공업 생산과 학술 연구에서 중요한 위치를 차지하고 있다. 보이차 품질 형성에 참여하는 중요한 균종이다.

보이차를 띄워 발효하여 대량 생산하는 과정에서 검정곰팡이는 시종 우세한 위치에 있다. 검정곰팡이는 포내·포외 두 종류 효소를 산생시키는데, 20개 정도의 가수분해 효소가 있다. 그 가운데서 포도당전분 효소, 섬유소 효소와 펙틴 효소는 다당·지방·단백질·천연섬유·과질과 비가용성 화합물 등을 포함한 유기물들을 분해할 수 있다. 가수분해 산물들은 대부분이 단당·아미노산·수화펙틴과 가용성 탄수화물이므로, 찻잎에 함유된 유효 성분이 쉽게 빠져나오고 확산되어 찻물의 맛을 높인다. 때문에 보이차를 띄워 발효하는 과정에서 검정곰팡이가 대사되며, 발생되는 유기산과 효소는 보이차 품질의 형성에 중요한 작용을 한다. 또한 보이차를 띄우는 과정에서 검정곰팡이는 시종일관 보이차에 대해 우세한 균군 작용을 한다.

푸른곰팡이와 보이차

보이차를 띄우는 과정에서 푸른곰팡이는 여러 가지 효소 및 유기산을 산생시킨다. 동시에 황청곰팡이(푸른곰팡이) 대사에서 산생하는 페니실린은 잡균·부패균의 제거와 생장 억제 작용이 있을 수 있다. 때문에 황청곰팡이의 생성은 보이차의 순수함과 품질의 형성에 보조 작용을 한다고 사료된다.

뿌리곰팡이와 보이차

뿌리곰팡이는 전분효소 활성이 비교적 높고, 푸마르산·젖산·호박산과 같은 유기산을 산생시키며, 또한 방향성 에스테르 물질도 산생시킨다. 그리고 스테로이드 알코올족 화합물을 진화시키는 중요한 균류로, 펙틴효소를 분비하는 능력이 강해서 보이차를 띄우는 과정에 찻잎을 연화시킨다. 띄우는 매 단계에서 적당한 온도와 습도를 조절하고 뿌리곰팡이 균의 비례를 높이면, 보이차가 매끄럽고 순하며 진한 품질을 형성하는 데 유리하다.

회록곰팡이와 보이차

이 균종은 식품을 부식·변질하게 한다. 생산 과정에서 될 수 있는 한 균균의 자생을 피해야 한다. 대량 생산 과정에서는 비교적 많이 나타나지만, 모의(시뮬레이션)로 멸균하고 띄워서 시험 가공한 보이차에서는 적게 나타나며, 후기에 소실된다. 때문에 적정한 온도로 조절하고 차를 만드는 환경 위생을 개선하는 것이 순정한 보이차의 품질 형성에 유리하다.

효모속과 보이차

효모속은 보이차의 품질 형성에 중요한 균종이다. 보이차를 띄우는 과정에서, 습열 작용으로 인하여 효모균의 대사 활동에 양호한 환경을 만들어 효소의 활성을 높이며, 동시에 찻잎의 화학 성분 변화에 열에너지를 제공한다. 게다가 곰팡이균은 여러 가지 다당을 탄소원으로 이용하여 당대사를 진행하며, 또한 대량의 다당과 단당을 생성하여, 효모에 충족한 영양을 공급해 급속하게 번식한다.

효모균의 자생 환경에 유리하게 공급되었을 때 신속하게 번식되는데, 가공되는 찻잎의 품질은 향기롭고 달며 순하고 매끄러운 특징을 나타낸다. 따라서 보이차의 감미롭고 순하고 진한 품질의 특징의 형성은 효모균의 증감과 상관이 있다는 것을 알 수 있다. 다시 말하면, 보이차가 나타내는 향기롭고, 순하고, 달고, 매끄러운 품질 특성과 발효 과정에서의 우세균종(효모균)은 갈라놓을 수 없다는 얘기다.

발효 과정에서 고분자 탄수화물은 저분자의 당 및 가용성 당으로 분해되는데, 가용성 당은 보이차 물의 맛과 점조도를 구성하는 중요한 물질이며, 동시에 감관상에서 소위 '달다'로 표현된다.

찻잎에 함유된 단백질은 마른 상태에서 15~30%를 차지하는데, 가공을 거친 후에 여러 가지 아미노산으로 분해되어, 찻물에 영양과 신선한 맛도 내게 된다. 또한 방향물질 및 당류는 복잡한 생물화학반응을 거쳐 불포화 알코올류 화합물을 만들어 진한 향기를 나타내며, 발효 후 형성된 차의 색소는 찻물의 독특한 색깔과 보이차의 소박한 홍갈색을 나타낸다.

이로 알 수 있는 것은, 효모균은 보이차의 품질 형성 과정 중에서 중요한 작용을 한다는 것이다.

만약 보이차를 띄우는 과정에서 수량 조절이 적당하면, 보이차 중의 유효영양물질 및 인체에 보건 작용이 있는 물질을 증가시켜, 보이차가 다른 차들과 구별되는 독특한 치료 효과의 품질 특성을 갖게 할 수 있다.

또한 보이차의 달고, 순하고, 향기로운 등의 품질 품격 형성에 유리하다. 그러나 조절이 잘 안 되면, 맵고 자극적이고 쏘고 얼얼하고 시큼한 등의 불리한 물질들이 생길 수 있어, 보이차의 품질에 나쁜 영향을 미쳐 품질을 저하시킨다. 때문에 양호한 보이차의 달고 매끄러우며, 순하고 진하며, 진한 향 등의 품질 특성과 효모가 보이차를 띄우는 과정에서의 작용은 밀접한 관계가 있다고 사료된다.

세균과 보이차

보이차를 띄우는 과정에서, 세균 수는 극히 적고, 병을 일으키는 세균을 발견되지 않는데, 이것은 여러 가지 미생물 사이의 결항 작용의 결과이다. 효모와 곰팡이 균과 같은 대량 번식은 세균의 생장을 억제한다. 동시에, 국내외 연구에 따르면, 찻잎 중의 차 페놀도 사람 혹은 동물의 병을 일으키는 세균의 생장 번식을 억제시킨다고 한다.

보이차를 띄우는 과정에서 위에 소개한 몇 가지 미생물 외에 소량과 극소량의 미검출 미생물이 더 있다. 보이차를 띄우는 과정에서 결합되는 주요한 미생물의 증감 변화와 품질의 관계 결과를 알 수 있다시피, 보이차 제작 과정에서 미생물의 균종 변화는 아주 복잡하다.

검정곰팡이 수량은 시종 우세한 위치에 있고, 효모균의 총수는 그 다음이며, 세균의 수는 극히 적으며, 병을 일으키는 세균은 발견되지 않았다. 보이차를 띄우는 과정에서, 이러한 미생물들은 보이차의 품질 형성에 작용한다.

어떠한 미생물은 시작부터 마지막까지 보이차 품질 형성에 적극적인 작용을 하고, 어떤 미생물은 보이차 가공의 일정 단계에서 보이차의 독특한 품격에 작용을 한다. 또한 어떠한 미생물은 보이차 품질의 형성에 불리하다. 때문에 보이차를 가공하는 과정에서 원료의 입수로부터, 보이차 품질 형성의 수열 조건을 연구하고, 보이차를 띄우는 과정 중에서 미생물의 생리 특성을 분석하는 것은 보이차 품질 형성 메커니즘의 핵심 내용을 명시하는 것이다.

결과적으로, 미생물 작용, 효소 촉매 작용과 습열 작용 하에서, 차 페놀의 산화·축합, 단백질과 아미노산의 분해·강해, 탄수화물의 소모와 분해 및 각 산물 사이의 중합 축합 등 일련의 반응은 색을 황록색으로부터 홍갈색으로, 맛은 순하고 달게, 향기가 진한 보이차로 만들어 준다. 따라서 미생물은 보이차 품질 형성 중에서 결정성 작용을 일으키는 중요한 인자다. 이것은 보이차의 독특한 품질 형성과 보건 효과는 미생물과 갈라놓을 수 없다는 것을 과학적으로 증명한 것이다.

제 4 편
중국 차 약방

중국 차 약방

세계는 이제 동양에 주목하고 있다. 의학에 있어서도 서양 의학이 주류를 이루다가 최근 들어서 대체의학 쪽이 각광을 받고 있다. 이미 서양에서조차 동양 의학이, 특히 대체의학 쪽이 많은 관심을 받고 있으며, 의료 선진국들이 앞다투어 대체의학을 계발·발전시키고 있는 추세다. 미국만 해도 침과 한약을 이용하는 사람들이 점차 늘고 있다.

우리는 예로부터 좋은 차를 가지고 있었다. 단지 차라는 생각보다는 약이라는 의미로 사용돼 오던 것들을 최근에는 차로서 즐기기도 하고, 건강생활에도 도움을 받고 있다. 여기 우리가 익히 잘 아는 차들로 도움이 되는 차 약방 내지 차 처방에 대하여 소개하겠다.

중국은 워낙 땅덩어리가 크고 넓어 중국인들도 중국을 잘 알지 못할 정도이다 보니, 알지 못할 차들도 많다.

수천 종에 이르는 중국 차를 다 다룰 수도 없으니, 그중에 전통적으로 가장 많이 음차되고 있는 차들을 중심으로 알아 보겠다.

고감로차(苦甘露茶)

고감로차는 해발 2000~3000m 높이의 일반 식물들이 생존하기 어려운 조건 속에서 생존하는, 일종의 바위이끼다. 이 차를 마시면 어지간한 초기 감기는 뚝 떨어진다. 특히 기관지 천식으로 고통당하는 분들에게는 특출한 약효가 있다. 인후염증, 편도선염증, 호흡기관염증에 해열·해독·소염·속열을 낮추는 작용을 하여 아주 좋은 효과를 본다. 또한 백국화, 진피(귤껍질 말린 것)와 함께 넣어서 식후 1~2컵을 마시면 강압 및 감기를 예방할 수 있다.

고정차(苦丁茶)

'일엽차(一葉茶)'라는 별칭으로 더 잘 알려져 있다. 고정차는 찻잎의 채엽하는 장소와 순서, 시기에 따라서 별칭들이 다 다르다. 또한 생긴 모양에 따라서도 별칭을 가지고 있다. 그러나 크게는 고정차가 정식 명칭이다.

새봄이 오면 가장 먼저 찻잎을 딸 수 있는 것이 바로 고정차의 첫 순인데,

중국인들이 별칭으로 '청산녹수'라 한다. 봄에 채집하는 어린 잎을 하나하나 채엽하여 말아 놓은 것이 '일엽'이며, 늦은 봄 혹은 여름에 줄기째 채엽하여 말아 놓으면 그것 역시 '일엽' 혹은 '고정차'라 한다. 잎이 보통은 4~5개가 말려 있어 좀 도톰하다. 이것을 꽈배기처럼 비틀어 놓은 것도 있는데, 그 이름은 '불수차'다. 지역에 따라서, 만든 이들에 따라서 다른 것이다. 가을에 채엽한 것은 억세다. 한 잎으로 말면 너무 커서 둥글게 말아 버렸는데, 이것은 '고정주차'라고 한다. 엄밀하게 청산녹수는 여정과(女貞科)의 소엽순(小葉純)이다.

고정차인 일엽차는 '선차'라고도 하며, 특이한 향기와 맛이 있다. 해열, 해독, 갈증을 신속히 제거하여 여름차로서는 참 좋은 차이다. 특히 목을 많이 쓰는 사람과 기관지염, 후두염, 임후염, 때로는 치염에 물고 있으면 진통과 치료 효과를 바로 볼 수 있다. 또 비뇨기계통을 잘 조절해 부종 현상에 도움을 주어 신장(콩팥)에 도움을 주는 차다. 흔히 그 쓴맛 때문에 '웅담에 적셔서 차를 만든다'라고도 하는 속설을 가지고 있으며, 때로는 잎을 말아 긴 차 모양을 만들 때 '열여섯 살 처녀(월경을 막 시작하고 남자를 알지 못하는)의 침으로 마름한 것을 가장 상품으로 친다'는 속설도 가지고 있으니, 그저 이야기 감으로 알아 두면 좋을 것이다.

한약재로도 잘 알려진 교목나무인 동청과에 속한 동청목, 고로의 잎으로 만들어진 일종의 대용차다. 고정차는 고정차동청과 대엽동청 두 종류로 나눈다. 대엽동 청수는 옛날 문헌에도 고로, 고정차라고 기록되어 있다. 또 고정차를 '고등차'라고도 부른다.

맛은 쓴 음식 중에서도 으뜸으로 아주 쓰다. 등소평이 즐겼다고 해서 일명 '등소평 차'로도 알려져 있는 이 차는, 고대로부터 약재로 사용하던 것이다. 생산지는 광서 계림의 서남부인 대신·무오·광동의 영덕·해남도와 복건성·귀주 등지이다. 고정차는 지금부터 1천년 전의 동한시대부터 음용되어지기 시작한 것으로 알려지고 있다. 원·명·청 때까지도 공품으로 알려져 왔으며, 고대 상인들의 휴대품 중의 하나이다. 약으로 사용되어졌다는 증거다.

이러한 고정차는 쓴맛 뒤 단맛의 여운이 강하게 남는 차인데, 참고로 천안문 광장 옆에 있는 중국 최고의 한방병원 〈동인당〉에서 처방으로 팔고 있는 차이면서 약이기도 하다.

1998년 중국의 중앙 제2TV의 성화과기칼럼에서 국가 과학위원회 주관으로 〈신기적 고정차〉라는 제목으로 고정차의 효능에 대해 방영도 하였다.

중국 광서성의 전통 중국의학연구소에 의하면, 고정차는 비타민이나 미네랄 등과 같은 풍부한 영양소와 250여 가지 다양한 의학적 물질로 구성되어 있다고 한다. 고정차 속의 황색 색소 함유량은 일반 녹차의 함유량보다 최고 15배 가량 되고, 카페인은 녹차 속의 카페인 함유량에 1/100에도 미치지 못한다.

의학계에서는 쓴맛이 심장이나 두뇌, 그리고 혈관을 보호·강화한다고 밝히고 있지만, 쓴맛은 사람들에게 그렇게 선호되지 않는다. 고정차를 우려 마실 때 뜨거운 물에 찻잎이 한 장이면 족하다는 의미에서 주로 광동지방에서는 '일엽차'라고도 부르는 것이다. 고정차는 독성이 없고, 갈증을 해소하며, 눈을 밝게 해준다. 또 가래를 멎게 하고, 열병에 좋고, 장운동을 원활히 하여 변비·치질에 효과가 있으며, 두통·기관지에 좋고, 구토를 멎게 한다. 비염·통증을 동반한 충혈된 눈, 골절 후 부은 상처에 좋으며, 혈중 지방을 감소시키고 혈압을 낮추며 노화를 막는다. 장수차, 미용차, 감비차, 노화 방지에 고정차만큼 좋은 차는 없다.

흔히 고정차를 "어디 어디서 나는 것이 고정차다" 또는 "몇 군데서 난다"는 등의 말들을 하는데, 중국의 남쪽 지역 거의 모든 곳에서 난다고 보면 될 것이다. 자기들의 차를 선전하기 위해서 자기 지역의 차가 최고라는 말들과 어디서만 난다는 말들을 흔히 듣게 되는데, 그래도 자기들끼리 고정차의 산지를 몇 군데로 소개하고 있다. 우리나라에 사과나무가 어디든 있지만 대구 사과, 예산 사과 하는 것과도 같다고 생각하면 무리가 없을 것이다.

성분 │ 약리 효과가 매우 뛰어난 고정차는, 절강성 농업대학의 분석 결과에 의하면, 잎에 대량의 고정조감·아미노산·비타민C·폴리페놀·칼륨·마그네슘·아연·셀레늄 등 250여 가지의 성분이 들어 있는 것으로 알려져 있다. 고정차를 마실 때 곰 쓸개의 맛을 느낄 수 있는 물질이 바로 성분비의 22%를 차지하고 있는 고정조감의 특유한 맛이다.

효과 │ 이러한 성분들은 바이러스에 의한 암 발생과 자연 발생적인 암을 예방하는 효과가 있어 항암 작용에 이용되며, 또한 고혈압의 원인인 LDL 콜레스테롤, 즉 동맥혈관 벽에 부착되어 혈관 구멍이 좁아지게 하고 혈액의 순환을 힘들게 하는 나쁜 콜레스테롤을 저하시키는 작용을 해서, 동맥경화의 위험

인자를 제거하는 효과 및 혈압 상승 억제 효과가 뛰어나다. 특히 뇌 혈전 등을 제어하는데 특별한 효과가 있다.

이외에 해열, 해독, 소염, 진통, 두통, 심장, 감비 등 보건 질병에도 일정한 효과가 있다. 야생 고정차는 기관지와 천식에 아주 좋다. 풍을 제거하고 혈액 순환을 도우며, 근육을 풀어 주고 통증을 완화시켜 준다. 피로 회복에 좋고, 몸에 열을 내려 주며, 갈증에 좋다. 자양강장, 류머티즘, 타박상, 중이염, 결막염 등에도 도움이 된다. 위를 보호해 주며, 변비에 탁월한 효과가 있다.

찻잎에 뜨거운 물을 부으면 검푸르던 잎들이 마치 마술처럼 푸른 새싹이 돋아나듯 복원된다. 그 모습 또한 많은 사람들에게 호감을 받고 있다. 신장을 튼튼하게 하고, 이뇨 작용을 하며, 신수를 조절해 주므로 당뇨·결석에 좋고, 염증에 좋으며, 지방간에 좋고, 지방질을 분해시키므로 변비나 무좀에도 좋다. 특히 무좀에는 일엽차 마신 잎을 우린 물에 20분 정도 발을 담갔다가 사용하고 난 찻잎을 환부에 바르면 좋다.

중국의 고대 문헌 『본초습유』와 『본초강목』은 고정차가 인체의 순환계를 활성화시켜 혈압을 낮추고 혈당을 감소시키는 작용을 한다고 기록하고 있다. 또한 『중약대사전』의 기록에는 장기간 복용하면 열을 내려 주고, 인체의 독을 제거해 주며, 눈을 맑게 해주고, 간을 깨끗하게 해주며, 인후에도 좋고, 폐에도 아주 좋다고 돼 있다. 콜레스테롤을 분해·배출하는 기능 때문에 다이어트에도 효과가 있는 것으로 알려지고 있다.

우리말에 약은 입에 쓰다고 했던가? 차도 몸에 좋은 차는 입에 쓰다는 설을 간직하고 있다. 쓴맛은 빼는 맛이며 검은색이다. 단맛은 백색이며 더하는 맛이다. 그러기에 몸 안의 독소를 제거하며 필요하지 않는 지방질을 분해·제거하는 것이 쓴맛, 검은색의 식품이다. 특히 고정차는 날씨가 더워지는 여름차로 제격이다.

차의 성인 다성 육우의 『다경』에 의하면 '맛은 쓰나 단맛이 숨겨져 있고, 수명을 연장하는 효능이 있다'고 기록돼 있다. 일설에 중국의 운동선수들이 저녁이면 으레 이 차를 마셔서 피로물질을 배출한다고 한다. 낮 동안 쓰고 남았던 에너지가 몸 안에 남게 되면 그것이 젖산이 되어 피로물질이 되는데, 이것을 배출시켜 준다는 것이다. 국가에서 의무적으로 마시게 한다나?

이 차는 스트레스 해소에도 그만이다. 체내 독소를 해소하는 효과도 있어서 술독을 풀어 주고, 눈을 맑게 해준다.

나는 운전하면서 생수 병에 한 잎 넣어 마시는데, 그 지독한 쓴맛 때문에 졸음을 쫓는 효과도 있는 것 같다. 참고로 나는 일옆이 아니라 보통 5옆 정도는 넣어서 마시기 때문에 무지하게 쓰다.

그런데 그 뒤의 묘한 맛 때문에 일엽차를 즐기고 있다. 일엽차는 쓴맛 때문에 짠 음식을 먹고 난 다음 마시면 더욱 좋다. 맛에는 서로 상응, 상충, 상쇄하는 특징이 있기 때문이다.

마시는 방법 │ 어디라도 좋다. 찻잔에 변화를 덜 받는 것으로 알려지고 있는 일엽차는, 특히 유리그릇에 마시면 관상적인 멋 때문에 더욱 좋다. 뜨거운 물로 우려 마셔도 좋고, 생수에 담가 우려 냉장시켜 마셔도 더운 여름의 갈증 해소에 더없이 좋은 차다. 보통 5~6번 우려 마실 수 있다. 생수 병에 그냥 담가 우려진 후 마셔도 좋다. 냉장고에 그대로 넣어 두었다가 마셔도 좋다. 특히 저혈압에 마시면 효과가 있는 차다.

보이차를 즐기는 사람들이라면 보이차 차후에 일엽 반 토막을 넣어서 마시면 보이차의 맛이 상승하는 효과도 있다.

쟈스민 구슬

쟈스민 구슬은 피부와 폐를 맑게 한다. 매번 3~4입을 끓인 물에 우려 마시되 차 맛이 없어질 때까지 마시면 좋다.

차 찌꺼기는 건져서 얼굴에 약 20분 정도 붙이면 얼굴의 주름살과 여드름을 방지할 수 있다. 쟈스민은 전 중국인들이 음식을 먹은 후 필수적으로 마시는 차다.

흔히 한국의 중국 음식점에서 나오는 차들의 대부분이 바로 쟈스민이다.

란귀인(蘭貴人)

란귀인은 특별한 차로 아무데서나 구하기가 어렵고, 가격도 만만치 않다. 이 차는 다른 차들에 속칭 칵테일용으로 사용하면 다른 차의 맛을 아주 좋게 해주고 그 향이 일품이다. 특히 차를 마신 후의 뒷맛이 달콤하고 향기롭다. 차를 처음 대하는 분들에게 적극 추천하고 싶은 차지만, 쉽게 구할 수 없다. 대신 대용품으로 진생 우롱차를 권한다.

란귀인, 란계천, 란계황으로 급수가 있다. 이 차는 대춧잎 7~8장에 찻잎을 조금 넣어서 30분 정도 끓인 후 마시면, 피부가 깨끗해지고 안색이 좋아지며 내분비를 조절한다. 흑설탕을 적당히 넣어서 자주 마시면, 위액 분비와 위장 활동을 촉진하고 냉한 위를 덥혀 주어 위장을 보호한다.

🍃 생능보건충차(生態保健蟲茶)

일설에 벌레가 찻잎을 먹고 독하여 토한 것이라고 하기도 한다. 어찌되었든 독특한 약효를 지니고 있는 이 충차는, 특히 장이 약한 사람들에게 그만이다. 벌레가 한번 먹어 효소에 발효되었기 때문이라고 하는데, 믿어야 될지는 모르겠다. 하여간 장이 약해 배가 살살 아픈 증상에 이 차를 우려 마시면 두세 잔에 그만 웃는 얼굴이 된다.

효과 | 충차의 생산지는 계림 용성 대요산이며, 찻잎을 알맞게 분쇄하여 볶아내면 고아하고 깊은 향이 난다. 맛이 진하면서도 약간의 단맛이 뚜렷하게 느껴지는데, 꼭 탕약을 마시는 것 같다. 이 차는 특히 간을 맑게 해서 눈을 밝게 해주며, 폐를 윤택하게 하여 가래를 삭이게 해준다. 다이어트에 효과가 있으며, 특히 당뇨병 환자에게 특별한 치료 효과가 있다. 우려낸 찻물의 색깔은

커피색이며, 독특한 맛을 가지고 있는 차다. 건강에 이상적인 차다.

마시는 법 │ 과립으로 되어 있는 차인데, 티 스푼 한 개 정도를 찻잔에 넣고 100 의 물에 우려내어 첫번째 우려낸 물은 따라 버리고 두 번째부터 충분히 우려낸 후 마신다.

전칠삼차(田七蔘茶)

전칠삼은 다년생 초목으로 중국 운남성 문산현의 특산품이다. '전칠' 혹은 '삼칠' 이란 이름이 이상하게 들릴 수 있지만, 중요한 뜻을 지니고 있다. 즉, 뿌리가 자라는 데 7년의 세월이 필요하며, 수확한 후 10년 정도는 토지를 휴경해야 할 정도로 토지의 양분을 모조리 흡수하기 때문에 '전칠' 이란 이름이 붙었다고 한다.

인삼이라면 고려인삼이 첫손에 꼽혀 왔지만, 최근의 여러 연구에서 고려인삼을 능가하는 전칠삼의 수많은 약효가 입증되고 있다. 일본 암학회는 전칠의 폐암 억제 효과를, 그리고 일본 약학회는 전칠의 간암 억제 효과를 쥐 실험을 통해 입증하였고, 일본의 영양식량학회에서는 전칠의 고지혈증 개선 작용을 확인하였다.

또 일본 동양의학회는 전칠을 C형 간염과 망막증 환자의 치료제로 발표하여 화제가 되었다. 이처럼 전칠삼은 각종 질병으로 고통받는 현대인들을 위한 좋은 약재이며, 이 전칠삼을 차로 해서 상용하게 되면 건강에 많은 도움을 받을 수 있다.

성분 │ 전칠삼은 『본초강목』에 기록되기를 주요 효능이 지혈·청혈 작용으로 기술되어 있으며, 주요 성분은 사포닌을 비롯하여 지용성성분, 비타민류 및 무기성분 등으로 구성되어 있다고 밝히고 있다. 사포닌은 어느 삼 종류보다도 높게 나오고 있다.

사포닌 (Saponin)

식물의 뿌리, 줄기, 잎, 껍질, 씨 등에 있는데, 강심제나 이뇨제로서 강한 작용이 있어 옛날부터 한방약으로 사용되어 왔다. 어느 것이나 세포에 대해서는 표면 활성제로서 작용하여, 세포막의 구조를 파괴하거나, 물질의 투과성을 높이기도 한다. 적혈구에 대하여 용혈 작용을 보이는 것은, 적혈구 막 속의 콜레스테린이 사포닌과 강하게 결합하여 막 구조가 파괴되기 때문이다. 사포닌 하면 인삼을 생각한다. 그러나 실상은 어린 식물에 있는 물질인데, 잔대의 뿌리 또는 더덕·도라지 등이나 두릅나무 순에도 이 사포닌 성분이 적지 않게 있어 이를 차(茶)로 해서 마시면 건강에 많은 도움을 얻을 것이다. 어느 삼보다도 중국의 전칠삼에 풍부하다고 알려져 있다.

효과 │ 주로 청열 해독(淸熱解毒)에 좋다. 참고로 중국의 세계적인 간 치료제의 명약인 편자환의 원료 70%가 바로 전칠삼인 것을 감안할 때, 그 대단한 약효를 짐작할 수 있다. 고지혈증, 간염 치료, 주로 암 억제 또는 예방 및 치료 용도로 사용되고 있다.

마시는 법 │ 꼭 생강처럼 생긴 삼인데, 잘 우러나오질 않으니 몇 번을 끓여야 한다. 주전자에 한 개 내지 두 개를 넣어 팔팔 끓인다. 며칠을 끓여도 차 성분이 계속 나오는 것으로 알려져 있다. 전칠삼의 꽃차는 우려 마신다. 간에 좋은 것으로 알려지고 있다.

우롱차(烏龍茶)

중국 차를 이야기하라고 하면 일단 생각나는 것이 우롱차일 것이다. 아니면 '용정차'와 '쟈스민' '철관음' 하면, 일반적으로 중국 차의 대명사처럼 되어 버렸다. 또한 실제로도 가장 많은 종류와 양을 차지하고 있기도 하다.

이 우롱차는 일반적으로 중국인들이 가장 많이 마시는 차 중의 하나이다. 녹차와 홍차와 흑차를 제외하고는, 찻잎으로 만드는 차의 대부분은 우롱차라고 볼 수 있을 것이다.

효과   현대인의 무서운 적 콜레스테롤 제거에는 이만한 차도 없을 것이다. 우롱차의 효과는 특히 면역 기능 강화에 있다. 현대인들에게 아주 걸맞는 차다. 홍차와 녹차에도 감염에 대항하는 면역세포의 반응을 촉진시키는 물질이 들어 있는 것으로 밝혀졌다.

우롱차는 혈중 콜레스테롤과 중성지방을 줄이는데 효과를 볼 수 있다. 하버드대학 의과대학 브리검 부인병원의 잭 부코프스키 박사는 국립과학원 회보 최신호에 발표한 연구보고서에서 홍차에 들어 있는 'L-테아닌'이라는 물질이 박테리아와 바이러스, 진균류의 침입에 대한 면역 체계의 반응을 촉진시킨다고 주장했다. L-테아닌은 우롱차에도 풍부하다. 주로 홍차, 녹차, 우롱차 등에 들어 있는 것으로 밝혀졌다.

보이차

최근 들어 우리나라에 보이차의 열풍이 불고 있다. 알고 마시든 모르고 마시든 유행처럼 번져서 오히려 차를 사랑하고 아끼는 사람들이 우려하고 있다. 그것은 차 인구가 늘어나는데 비해서 차가 잘못 오도되고 있기 때문이다.

또 하나 들려오는 말 중에 한국에서 제일 비싸게 팔렸다는 천량차에 관한 것이 있다. 50년 넘은 것이라 수천만원까지 하였던 모양인데, 그 시대에는 그런(제다 방법) 천량차는 생산하지 않았다고 한다. 그러므로 자신이 수십년된 보이차를 갖고 있다는 사람들을 보면 다시 한 번 보게 된다. 이미 다른 정보들이 많이 있기 때문에 여기서는 보이차에 대하여 조금만 소개하겠다. 그리고 보이차의 약리 효과에 대하여 정리하도록 하겠다.

또한 보이차를 우려내는 차호에 대하여서도 자신이 700년, 1천년 전의 보이 차 다구들을 가지고 있다는 사람을 보면 참으로 한심한 생각이 든다. 그저 내 입에 맞고 건강에 좋은 차를 구별 내지 선별하여 차 생활을 즐기면 좋을 것이라고 생각된다.

보이차의 유래 | 중국의 의서 『본초강목』에는, 보이차의 쓴맛은 소·양 고기의 기름을 분해하고, 떫은맛은 장의 운동을 도와 통변을 부드럽게 한다고 하였다. 원래 청나라 황족은 만주의 유목민들로서 육식을 위주로 하였기 때문에 특히 보이차의 이 특성을 잘 알아 즐겨 마셨다. 이로 인하여 보이차 이름이 천하에 알려지게 되었고, 특히 자희 태후는 이 차를 즐겨 마셔 여름에는 용정차, 겨울에는 보이차를 마시도록 궁중에 차 마시는 규범을 만들기도 하였다고 전해지고 있다. 우리가 '오룡차'(烏龍茶＝우롱차) 하면 못 알아듣듯이 보이차도 그들의 발음으로는 '푸얼차'라고 한다. 여기에선 우리가 많이 알고 있는 보이차, 즉 한자어 우리 발음으로 사용하겠다.

- **본초강목** : 보이차는 유락·혁등·의방·망지·만전·만산 등 6대 차산에서 나고, 이중 의방·만전의 차 맛이 우수하다.

- **전해유형지** : 옛 보이 소속 6차산인 유락·혁등·의방·망지·만전·만산으로, 주위 8백리 산에 들어가 차를 따는 사람이 수십만에 이르렀다.

- **보이차기** : 보이차는 보이부 경계 내가 아닌 사모현 관내의 6개 차산으로, 유락·혁등·의방·망지·만전·만산 등이다. 또 이들 6대 차산의 차의 기미 등이 토질에 따라 다르다. 붉은 흙에 잡석이 섞인 곳이 보이차 산지로 제일이다. 보이차는 음식을 잘 소화하고, 냉 해독에 좋고, 2월 중에 따는 차순은 여리고 가늘고 희다. 이를 '모첨'이라 하고 조정에 공차 후 시판한다. 의방·만전 차산의 차는 소엽종 청향으로 햇차로 마시기에 적합하고, 신선감이 충분하고 찻물이 짙고 텁텁한 맛이 궁정 내의 입맛에

적합하여 공차로 썼다.

보이차는 1729년 옹정제 10년부터 1908년 광서 30년간 보이 공차가 계속 진상되었다. 그러다 청나라 말기 지방 치안이 불안하여 공차가 강도에게 강탈당하자 공차를 중지하게 된다.

1963년 북경 고궁 수리중 공차 저장 창고에서 약 2톤의 차가 발견되었다. 그중에는 5근 반(半) 크기의 서양 참외와 같이 생긴 큰 차와 탁구공처럼 생긴 작은 차에 이르기까지 보관이 아주 잘된 것이 발견되었다. 차의 표면에는 천의 비틀어진 형태로 눌린 자국이 그대로 남아 있었다. 중화차인 연합회 비서장 왕욱봉 선생이 일차 시음한 후 평가한 말이 "탕색이 있고 차 맛이 오래된 맛이고 담백"했다고 했다. 추측컨대 보이 공차로서 오랜 진화된 차의 맛을 표현한 말이리라. 자희 태후 시대의 유품이거나 혹자는 그 이전 것으로 추정했는데, 최고 오래된 것은 150년 이상 된 것으로 추정하였다. 북경 고궁 노차(老茶) 전문가 단사원 선생의 말을 빌리면, 현재 국보급 '금과공차'는 단차형으로 사람의 머리 크기와 같다고 하여 '인두 금과공차'라 한다. 연구와 보존 방편으로 1980년대 북경 고궁에서 항주시 중국농업과학원 차엽 연구소로 이전 보관중이다.

청나라 중기인 1660년~1870년 사이가 보이차의 최 전성기로, 6대 차산에서 최고로 많은 양의 차가 생산되었다. 중국과 〈미얀마 조약〉에 의거 광서 23년에는 프랑스 세관이 사모에 세워졌고, 광서 28년에는 영국 세관도 사모에 세워 보이차와 홍차의 수출이 본격화되었다. 광서 말년 차세가 증과하자 차 농민이 피폐되어 차 생산이 급강하하여 쇠퇴의 길을 걸었다.

중국인들도 몰랐던 보이차

옛날 보이차는 주로 덩어리 차인 단병차로 제조하였다. 가장 좋은 품질의 차를 '아차'라고 불렀고, 3~4월 채집한 차를 '소만차', 6~7월 것을 '곡화차'라고 불렀다. 큰 덩어리 차를 '긴단차'라고 하였고, 작은 덩어리차를 '여아차'라고 하였다.

청대 조학민이 쓴 『본초강목습유』에 의하면, 가장 큰 보이차는 한 덩어리에 5근으로 사람 머리만하다고 하여 '인두차'라고 불렀다는 기록이 있다.

이러한 보이차는 생산지를 통해서도 알 수 있듯이 처음부터 중국인들이 생산한 것이 아니다. 오히려 중국인들은 남송시대에 이르기까지 보이차의 존재조차 모르고 있었다. 남송시대 사람 이석이 쓴 『속 박물지』에 보면 다음과 같은 기록이 남아 있다.

'서남이는 보이차를 음용하였는데 이는 당대부터이고, 매병 40냥의 가격으로 판매되었다. 당항에서 이를 귀하게 여겼다. 이러한 사실을 송나라 사람들은 알지 못하였다.'

서남지역의 소수 민족들은 보이차를 즐겨 마셨는데 이는 이미 당나라 때부터이고, 덩어리 차로 만든 이 차를 한 덩어리에 40냥의 가격으로 서번(西蕃), 즉 토번(吐蕃)에게 판매하였다는 것이다. 게다가 이러한 사실을 당시 송나라 사람들이 알지 못하고 있었다니, 차가 문화의 종주인 한족만의 것이라고 자부할 것은 아니라고 하겠다.

중국 차의 원산지가 사천·운남·귀주 등 서남지역에 치우쳐 있는 것을 보아도 차 문화가 처음부터 중원의 문화가 아닌 지방 문화로서 발전되었으며, 이중 소수 민족 내지 주변 이민족들의 차 문화는 중국 차 문화의 발전에 기여한 바가 컸다는 것을 알 수 있다.

보이차의 명성은 명·청 시대에 이르러 중국 전역에 자자해졌다. 명대에 보이차가 두루 애음되는 차로 성장하였고, 청대에 이르면 그 명성이 더하여 『전해우형지』에는 '보이차의 명성은 천하에 알려졌다. 산에 들어가 차를 재배하는 사람이 수만 인이고, 차 상인이 차를 매입하여 각처에 운반하느라 길에 가득 찼다' 라고 하였다. 완복이 쓴 『보이차기』에는 '보이차의 명성은 천하에 두루 퍼졌고, 맛이 가장 진하다. 경사에서 더욱 귀중히 여긴다. 2월에 딴 섬세한 잎으로 만든 것을 모첨이라고 하였고, 이를 진공하였다. 진공한 후에야 민간으로의 판매가 허가되었다' 라고 기록되어 있다.

이와 같이 보이차의 명성은 '명차 중의 명차' 라는 반열에 올랐는데, 이러한 명성을 얻기까지 어떤 요인들이 작용하였을까? 물론 앞에서 언급한 바와 같이 중국인들에게 알려지기 이전부터 보이차는 귀한 차로 여겨진 것이 사실이다.

이것은 제조 방식과 개성 있는 맛, 생산량 등 여러 요인들이 있었을 것이다. 그렇다고 중국 내지에서도 똑같은 명성을 얻게 된 것이 자연스러웠다고 할 수는 없다. 독특한 제조 방식과 개성 있는 맛은 자칫 새로운 것에 대한 거부감과 같이 부정적으로 받아들여질 수도 있는 것이기 때문이다.

그렇다면 무엇이 운남 등 주변 지역에서의 명성이 그대로 중국 전역에까지 이어지게 하였을까. 여기에는 개성 있는 맛과 제조 기술의 특징, 효능 등 여러 요인들이 있었을 것이다. 그런데 무엇보다도 보이차에게 명차 중의 명차라는 명성을 얻게 해준 것은 만주족이었다고 해도 과언이 아니다.

만주족은 본래 중국 동북지역에서 유목과 수렵을 하던 민족으로, 이들의 식습관은 육류가 주류를 차지하고 있었다. 이들이 중국의 통치자로서 북경을 중심으로 한 내지 지배생활을 하면서 풍부해진 식문화로 인해 소화 작용이 강한 음료가 요구되었다. 여기에 적합했던 음료가 바로 보이차였던 것이다.

보이차의 효능 | 보이차의 효능에 관해서는 이미 명·청 시대에 많은 기록이 남아 있는데, 조학민은 『본초강목습유』에서 '육식의 독을 해소시키는 능력이 강하고, 소화와 담즙을 활성화하며 위를 깨끗하게 해준다' 고 하였다.

이 밖에도 음차 방식의 변화에 따른 영향이 보이차가 자연스럽게 알려지는 데 커다란 영향을 미쳤다고 생각된다. 주지하다시피 송대까지는 덩어리 차를 갈아서 마시는 '점차법' 이 주류를 이루고 있었다. 이는 차의 약용적인 인식에 다른 영향이 크게 작용하였기 때문이다. 그러나 점차법은 원대를 거치면서 거의 소멸되고, 명대에 이르면 '포차법' 이라고 하여 찻잎을 그대로 넣고 우려 마시는 방식이 정착되었다. 이는 음료로서 기호적인 측면에 대한 관심이 높아진 것이라고 하겠다.

즉, 소금 등 인공적인 맛을 가미하거나 진한 맛을 즐기던 것에서 차 그대로의 맛을 즐기려는 경향이 높아진 것이라고 하겠다. 이러한 경향은 보이차와 같이 개성 있는 맛을 가지고 있는 차에 대한 관심의 고조로 이어졌고, 보이차는 운남과 토번에서의 명성 그대로 자연스레 중국 내지에 알려졌던 것이다.

보이차의 약리 작용

· 보이차는 소·양 고기의 기름기를 분해하며 장의 활동을 돕고, 통변에 좋다《본초강목》.

· 장기간 보이차를 마신 사람 40%이상이 체중이 감량되고, 지방질이 분해되어 신진대사가 원활하여 30%이상이 지방질과 체중이 감소되었다(운남 차엽 진출구공사).

· 55명의 고혈압 환자에게 보이차를 마시게 한 결과, 31명이 치료되고 콜레스테롤과 고혈압이 현저히 감소되었다(곤명의학원 임상실험 증명).

· 40~50대 환자에게 운남 보이차를 마시게 한 결과, 체중이 내리고 지방질의 감소가 30%, 효과가 보통인 사람이 33% 등으로 혈뇨·당뇨·콜레스테롤·지방질 등에 효과가 있다(미국의 성 안토니오 병원).

· 20명의 혈액지방과다 환자에게 1일 3사발씩 마시게 한 결과, 1개월 후 25%가 지방이 감소되었고, 정상인에게는 변화가 없었다(파리, 병원).

· 고혈압, 거담, 지방간 등에 현저한 효과가 있다(대만대학 식품과기연구소).

· 흰쥐에게 보이차를 먹여 본 결과, 9주 후 30%의 지방질이 감소되고, 신진대사의 원활과 콜레스테롤에 특효가 있다.

· 보이차 중 누룩균은 지방질 분해력이 좋아 학자들이 쥐에게 실험해 본 결과 중성지방과 콜레스테롤이 감소되었다(일본의. 중국차예입문).

· 보이차의 누룩균은 체중 증가 억제 작용과 혈액 중 콜레스테롤을 감소시킨다(《건강》 일본 잡지).

· 보이차는 암세포를 죽이는 항 돌변, 방암 효능 및 감비, 지방혈 강하 작용

을 한다(운남곤명의학원).

보이차의 향 │ 보이차가 갖고 있는 독특한 향을 소개하겠다.

· **진향** : 우선 차의 향이라고 하면 넓은 뜻에서는 포괄적으로 보이차의 차
운, 차향, 차자, 차기 등의 풍미를 말한다. 그리고 차청(차를 만들기 전 상
태, 즉 찻잎을 말리고 찐 제차(製茶) 직전 상태)의 어린 잎과 센 잎의 등급,
제작시 생차와 숙차, 저장시 습창과 건창, 보존시 장기와 단기 이상의 모
든 조건에 따라 차의 향이 다르다. 보통 어린 햇싹은 산차, 센 잎은 긴차
를 만든다. 같은 차라도 우려내는 방법과 마시는 방법에 따라 찻물의 변
화가 다양하고, 차를 다루는 사람에 따라 다르다.

· **월진월향** : 보이차의 월진월향적(오래된 차) 문헌 자료는 『차 고향 운남』
에 보이차 위주의 정부 자료로 '운남 대엽 차종을 햇빛에 말려 일정 경과
발효 후 정제 성형하면, 그 외형의 색깔이 흑색 또는 갈색으로 윤택하고,
맛과 향이 순하고 우수하며, 능히 장기간 보존 음료로 사용한다' 고 하였
다.

· **보이차의 맛** : 흔히 5미를 말하는데 단맛, 쓴맛, 신맛, 떫은 맛, 무미의 맛
등이다.

제5편
한국 차 약방

모든 식물이 특정한 나라에만 국한되어 있지는 않다.

그러나 중국 차의 범위가 워낙 커서 따로 기술하였고, 여기에는 우리나라에서 많이 생산되고, 오래전부터 우리 민족에게 전래되어 오며 약용으로 쓰이던 차들을 중심으로 정리해 보았다.

본디 차는 차나무의 어린 잎을 말려서 우려내거나, 찐 잎을 우려낸 것을 일컫는다. 엄격한 의미에서는 카테킨이나 알카로이드 성분이 있어 기호 음료로써의 성분을 구성하고 있어야 차라고 할 수 있다. 그 이외의 것들은 '대용차'라고 해야 한다. 나무의 잎이나 열매, 혹은 나무의 뿌리나 껍질 등을 우려내서 마시는 것은 '건강 음료'로 구분 지어야 할 것이다. 그러나 차를 하다 보면 굴이 가리지 않게 된다. 차인의 눈에는 모든 것이 차의 재료로 보이기 때문이다.

여기 소개하는 것들은 우리나라 야생 약초, 특히 주변에서 흔히 구할 수 있는 약초 가운데 달여 마실 수 있는 것들이며, 혹은 전래되어 온 민간요법들 중에서 선택하여 기록하기도 하였음을 밝혀 둔다.

혹시 차를 전문으로 하시는 분들은 '이것이 무슨 차인가' 하실지도 모르지만, 건강 음료 정도로 보아 주시며 참고하여 주기를 바라는 마음으로 남긴다.

사실은 차라기보다는 약초 달인 물, 또는 약초 우려낸 물이라고 해야 옳을 것이다. 내용

은 여러 자료들에서 발췌하였으며, 대부분 오래전부터 널리 사용되어져 온 것들이다. 참
고하여 건강 생활에 도움이 되었으면 한다.

근(根)

모든 식물은 뿌리 없이는 생존할 수 없다. 인류는 처음에 식용으로 열매를 먹기 시작했고, 다음으로 반찬으로 잎을 먹었다. 꽃은 모양으로 즐겼으며, 줄기는 각종 생활에 이용하였다. 그리고 뿌리는 고대로부터 약용으로 사용해 왔다. 그만큼 뛰어난 약효가 있다는 것을 체험적으로 알게 되었던 것이다.

갈근

우리 산천 어디서나 흔하게 만날 수 있는 칡뿌리를 약명으로 '갈근' 이라 한다. 칡뿌리는 녹말이 많아 흉년에는 식량 대용의 구황식물로도 쓰였던 고마운 식품이다. 잎과 줄기는 가축의 사료로, 뿌리는 한방에서 한약재와 차의 원료로, 꽃은 약용으로, 줄기의 껍질은 갈포로, 줄기는 끈의 대용으로 그 쓰임새와 용도가 다양하다.

효과 | 갈근은 발한 작용과 해열 작용이 뛰어나 감기 예방과 치료에 으뜸으로 쓰인다. 두통, 소화 불량, 하혈, 구토 등에 효과가 크다. 특히 과음하여 머리가 아프고 갈증이 날 때 마시면 술독이 풀리고 컨디션도 회복된다. 그 밖에도 축농증·비염 등에 좋은 효과를 볼 수 있으며, 날씨가 추워서 코가 막히고 재채기가 멎지 않을 때에도 유용하게 사용되어 왔다. 최근에는 당뇨에 특효가 있는 것으로 알려지면서 많은 관심을 얻고 있다.

조제 | 갈근탕에는 굵은 뿌리의 껍질을 벗기고 약 5㎜ 입방의 각두기 모양으로 썰어 말려서 쓴다. 갈근 8g, 마황 4g, 생강 4g, 대추 4g, 겨자 3g, 작약 3g, 감초 2g을 넣어 달여 마신다. 갈근탕은 땀이 많이 나는 체질이 아닌 사람과 오한이 나는 감기에 효과가 있다.

인삼

외국에서도 한국을 대표하는 약재로 소개돼 있는 인삼은 거의 약용으로 사용하며, 차로 마셔도 약용 효과는 여전하다. 우리나라 깊은 산의 수림 속에 야생하는 것을 '산삼'이라 하며, 인공 재배한 것을 '인삼'이라 한다.

성분 │ 인삼은 연수에 따라 성분의 차이가 다르다. 5~6년생이 열량이 높은데, 주로 단백질과 탄수화물의 배당체, 무기질의 인·철·칼슘이 많이 함유되어 있다.

효과 │ 『신농본초경』이나 『본초강목』에는 인삼의 약효가 광범위하게 열거돼 있는데, '만병을 다스리는 예방제로 효험이 높다'고 기록되어 있다. 특히 심장 근육의 수축 작용을 높여 주고, 전신의 혈액 순환 부진에 좋으며, 안면 창백, 호흡 미약, 기력 감퇴, 수족 냉감을 다스린다.

원기를 회복시켜 기운을 솟게 하며, 병을 앓은 후 회복력을 높이고, 피로를 잊게 한다. 또 정신을 안정시키고 황홀 상태에서 회복하게 하며, 식욕 감퇴, 설사, 구토 및 만성 위염과 소화성 궤양, 그리고 간 기능을 다스리는 데에도 유효하다. 만성 기관지염, 기관지 천식 등에 효과가 있으며 당뇨병에는 혈당을 내려 주고 전신 쇠약을 경감시킨다.

성 신경을 흥분시켜 조루, 발기 부진에도 좋다. 특히 현대 의학으로서의 난치병인 암 예방에 효과가 높은 것으로 알려지고 있다.

생강

생강은 음식의 양념으로만 알기 쉬운데, 약리 성분 또한 참으로 풍부한 약재이기도 하다. 최근에는 생강과 홍차의 배합으로 체온을

올리는 차가 질병 치료용으로 일본에서 선풍적 인기를 끌고 있다. 생강은 특히 목에 통증이 있는 감기나 덜덜 떨리는 오한에 좋다. 양약과 함께 복용해도 부작용이 없다. 생강은 향긋하고 매콤한 맛이 특징인데, 그 자체가 열성이 있어 몸이 찬 겨울철에 좋은 한방차로 쓰인다. 식욕을 돋우고 소화를 돕고, 장의 연동운동을 순조롭게 하여 가스를 풀어 주는 효과도 있다.

성분 │ 무기질이 많이 함유하고 있고, 탄수화물, 단백질, 지질과 비타민A의 베타카로틴, 비타민 B, 니아신이 풍부하다. 방향성 향신제로 식품에 많이 넣어 먹는다. 생강의 독특한 매운 맛과 향기는 정유 성분 때문이다.

정유 (Essential oil)

어떤 식물에서 채취하여 정제한, 향기를 지닌 휘발성 기름을 말하는 것으로 식물의 꽃이나 꽃봉오리, 잎, 줄기, 뿌리, 천연수지 등에서 얻는 향기가 강한 휘발성 기름(레몬유, 박유 따위)이다. 식물의 종류, 부위, 생육도 등에 따라 성분이 다르다. 현재 알려져 있는 정유는 아니스유 · 시트로넬라유 · 테레빈유 · 박하유 · 로즈마리유 등 1,500종 이상에 이르며, 그중 약 100종이 천연 향료 및 합성 향료의 원료로 사용된다.

정유는 식물에서 증류 압착, 추출, 냉침 조작으로 단리하는데, 바닐라 등은 발효시켜 추출한다. 추출한 정유를 그대로 향료로 사용하는 일도 있으나, 장뇌유 등과 같이 증류하거나 박하와 같이 승화 재결 정법 등으로 정제하여 사용하는 경우도 있다. 정유의 주성분 중 중요한 게라니올, 리날로올, 멘톨 등은 현재 합성이 공업화되고 있는 실정이다. 아로마테라피(Aromatherapy)라는 향기 치료로도 이용되고 있다.

효과 │ 최근에 일본을 중심으로 생강의 효능에 대한 연구가 활발한데, 생강은 생리활성물질을 갖고 있다고 한다. 그래서 온몸의 통증을 완화해 주는데, 특히 50세가 가까운 여성들이 호소하는 온몸의 통증, 여기저기 쑤시고 아픈 증상에 바로 이 생강이 즉효약이다. 근육 뭉친 것이나 아픈 것을 풀어 준다.

생강은 간장의 활동을 원활하게 하고 이뇨 작용을 하며, 발한을 촉진시키고, 종기를 제거한다. 신진대사, 기능 촉진, 수독 제거 및 교미, 교취, 식용 항진, 건위, 감기, 해열 작용, 살균 작용 등 약리 작용이 뛰어나 약으로 널리 이용되어 좋은 효과를 나타낸다. 숙취 제거에 도움을 주므로 술 마신 다음날 아침에 마시는 것도 좋다. 몸을 덥게 하는 성분이 있으니 추운 겨울밤에 마시는 것도 좋다.

· 생강 홍차: 생강의 즙을 내어 홍차에 넣은 뒤, 반드시 흑설탕으로 맛을 가미해 준다. 하루에 수차례 마시게 되면 몸의 온도가 올라간다. 혹시 체온계가 있다면 자신의 체온을 재보기 바란다.

체온이 36.5℃ 이하가 되면 온갖 질병에 시달리게 된다는데, 암세포는 34℃ 이하일 때 발생한다고 한다. 그러므로 체온을 높이기 위하여 꾸준한 운동을 하는 것이 좋겠고, 그렇지 못할 때에는 생강 홍차를 음용하여 건강에 도움을 받아도 좋겠다.

마

우리나라 전역의 어느 산에서나 흔하게 만날 수 있었던 다년생 덩굴식물로, 그 뿌리를 '마' 라고 한다. 어렵던 시절 칡과 더불어 구황

식물로 가난한 자들의 배고픔을 면하게 해주었다. 최근에는 건강과 스태미나 식품으로 차가 개발되어 호평을 받고 있다.

성분 │ 정력식품으로 이름이 높은 참마는 탄수화물과 단백질, 칼슘과 인, 그리고 비타민 C·D 등이 풍부하다.

효과 │ 마에 들어 있는 성분들은 신경 장애와 당뇨병에 좋고, 뇌를 튼튼하게 한다. 강장, 소화 촉진, 위장과 신장의 기능 향상 효과가 있고, 동상, 화상, 유종, 갑상선종, 심장염 등에도 좋다.

맥문동

기관지나 기침 치료에 없어서는 안 될 약재가 바로 맥문동이다. 맥문동은 상록 다년생 숙근초로, 음지를 좋아하기 때문에 나무 아래 조경에 필요한 식물로 많이 이용하고, 잎이나 열매가 아름다워 정원이나 공원에 관상용으로도 많이 심는다.

성분 │ 점액질과 당분이 다량 함유돼 있어 한약방에서 약재로 괴근(덩어리 모양의 뿌리)을 많이 사용하고 있다.

 폐를 튼튼하게 하고, 원기를 돋우며, 겨울철 체력을 증진시켜 주고, 기침과 천식을 예방하는 데 뛰어난 효과가 있다. 해수 천식이 있는 노인이나 폐 수술을 받은 사람이 겨울을 이기기 위한 처방으로 사용되며, 신경통·류머티즘에도 효과가 있을 뿐 아니라 산모가 아이를 낳고 젖이 잘 안 나올 때 차로 다려 마시면 탁월한 효과를 볼 수 있다. 갈증 해소는 물론 겨울철 감기 피로를 회복시켜 준다.

· 맥문동 + 오미자 : 여름철에 지나친 냉방으로 폐와 기관지의 기능이 약해지기 쉬울 때, 맥문동과 오미자를 달인 차를 마시면 좋다. 폐를 보하고 윤기 있게 하며, 진액을 생기게 한다. 특히 갈증을 없애고, 기침·해수를 없애 준다. 오미자는 시력을 개선하고 남자의 정액을 보충하고, 음위(발기 불능)를 낫게 해 성 기능을 향상시켜 주기도 하는 약재이다. 음료로 상용하여도 좋은 대용차이다.

도라지

도라지, 더덕, 잔대 등은 우리나라 사람들이 즐기는 약용 고급 식품이다. 도라지는 인삼 못지않은 사포닌 성분을 가지고 있어 예로부터 고급 식품과 약용으로 애용되어 왔다.

야생 산도라지는 삼에 버금가는 훌륭한 약재로 사용된다. 한방에서는 '길경'이라는 이름으로 많이 쓰여지고 있다. 생약의 길경은 뿌리의 껍질을 벗기거나 그대로 말린 것을 사용한다.

성분 │ 도라지의 주요 성분은 인삼과 같은 사포닌이다. 도라지 뿌리에는 당질과 섬유질이 많고, 칼슘·철분·비타민B의 함량이 많은 우수한 식품이다.

효과 │ 도라지는 반찬으로도, 약용으로도, 차로도 좋은 재료이다. 건위·정장·강장의 효과도 있지만, 진해·거담의 효능이 더 잘 알려져 있다. 도라지에 들어 있는 성분인 사포닌이 가래를 삭히고 기침을 멈추게 하는 효능이 있기 때문이다.

목구멍이 불쾌하거나 아플 때 마셔도 좋다. 도라지에 감초 적당량을 더해 끓여 마시면 호흡기 계통 질환에 효과가 좋은데, 거담·진해·해열·천식·폐결핵에 효험이 있다. 또한 식독과 주독을 풀어 주고, ·치통·설사·복통·토혈·하혈 등에도 좋다.

더덕

더덕은 우리 민족 전래의 고급 반찬이며, 동시에 귀한 약재로도 사용돼 왔다. 다년생 만초로 약용·식용으로 재배해 이용하며, 주로 뿌리를 이용한다. 뿌리에서 특유의 진한 향기가 나는데, 신록이 우거진 산속에서도 그 냄새를 찾아낼 수 있을 만큼 독특하다.

성분 | 단백질·지방·탄수화물 등이 골고루 들어 있으며, 특히 칼륨이나 칼슘, 비타민 B가 많이 함유돼 있다.

효과 | 더덕은 인삼·현삼·고삼·단삼과 더불어 오삼이라 불리는데, 그 형태와 효능이 비슷하여 '삼'이라는 명칭이 붙은 것이다. 원기를 보하고 열을 제거하며, 간을 이롭게 하고 위장을 튼튼하게 하여 소화 기능을 촉진하며, 강장 식품으로도 좋아 폐장과 신장의 기능도 돕는 효과가 있다.

열이 나 입이 마르는 증상, 폐의 음기가 부족하거나 열이 날 때, 심한 기침·가래 등 기관지염과 결핵에도 치료 효과가 있으며, 몸이 허약해 졸리는 증상, 잘 놀래고 가슴이 답답한 경우, 가려운 피부병 등에는 사포닌의 성분이 효과를 내준다. 혈액 속에 콜레스테롤치를 낮추며, 혈전증·중풍·심로경색증·협심증 등을 치료 내지 예방할 수 있는 것은 더덕에 함유돼 있는 리놀산 때문이다.

그 외에도 '산증'이라 하여 고환이나 음낭이 커지면서 통증을 느끼는 증상이나 뱃속의 장이 복벽을 통하여 겉으로 출장하는 탈장 증세, 여성의 냉 대하증으로 인한 외음부의 냄새·통증·가려움증에 효과가 좋다.

잔대

잔대는 뿌리만 보면 더덕과 거의 구분이 가지 않는다. 그러나 향은 더덕을 따라가지 못한다. 도라지나 더덕, 잔대는 모두 거담제로 귀한 한약재들이다. 잔대는 모든 풀 종류 가운데 가장 오래 사는 식물 중 하나이다. 딱주, 사삼, 남사삼, 조선제니, 박마육잔다, 잔다구 등의 여러 이름으로 불려진다. 예로부터 인삼, 현삼, 단삼, 고삼과 함께 다섯 가지 삼의 하나로 꼽아 왔으며(더덕과 마찬가지로) 민간 보약으로 널리 썼다. 잔대는 산삼처럼 간혹 수백 년 묵은 것도 발견된다.

성분 | 도라지나 더덕과 비슷한 성분들을 지닌다.

효과 | 잔대는 산삼처럼 해마다 뇌두가 생기며, 주변 여건이 생장 조건에 맞지 않으면 생장을 멈추고 잠을 잔다. 그래서 뇌두의 수를 세어 보고 나이를 가늠한다. 오래 묵은 잔대의 약효는 산삼만큼이나 신비로우며 대단하다. 잔대를 오래 복용하면 살결이 깨끗해지고 엄청난 힘이 생긴다. 장기 복용할 경우, 폐·기관지·위·장이 튼튼해지고 변비가 없어지며 근육과 힘줄이 튼튼해진다. 가래가 나오면서 기침을 하거나 열이 나면서 갈증이 있을 때, 갖가지 중금속 중독과 약물 중독, 식중독, 독사 중독, 벌레 독, 종기 등의 치료에도 쓴다.

잔대는 산후풍으로 온몸의 뼈마디가 쑤시고 아픈 데에도 매우 좋다. 산후풍에는 잉어 한 마리에 잔대 2kg을 넣고 푹 고아서 건더기는 버리고 국물만 마신다. 또 늙은 호박의 속을 파내고 그 속에 잔대를 가득 채워 황토로 옷을 입힌 뒤 왕겨를 덮어서 불을 해놓은 다음, 10시간 가량 지난 뒤에 황토를 벗겨 버리고 짜서 국물을 마시면 웬만한 산후풍은 완전히 치유되며, 자궁염·생리 불순·자궁 출혈 등 온갖 부인병에도 매우 좋다. 잔대를 밥 먹듯이 매일 복용 하면 잠을 안 자도 피곤하지 않고, 근력이 강해진다고 한다. 재배 잔대는 약효 면에서 자연산을 따라가지 못하므로 될 수 있으면 자연산을 쓰는 것이 좋다.

당귀

도라지나 더덕, 잔대에 못지않은 산약초가 당귀이다. 당귀는 미나리과의 다년초로서 뿌리를 쓰는데, 여성을 위한 약초라고 할 만큼 각종 부인병에 효과적이다. 각종 여성 질환, 생리 불순, 생리통, 빈혈, 자궁 발육 부진, 산후 혈액 부족, 갱년기 장애 등에 두루 효과가 있고, 여성 호르몬 분비를 원활하게 도와주는 작용을 한다. 달인 물을 차처럼 복용하는 것 외에 도 목욕물에 넣으면 하반신의 혈액 순환을 순조롭게 해주고, 히스테리에도 효 과가 있다.

효과 조혈 기관을 활발하게 하여 빈혈과 재생 불량성 빈혈, 산후 출혈, 외 상 출혈에 효과가 있다. 심장의 허혈성으로 인한 가슴 두근거림, 건망, 불면, 정신불안증에 보혈·진정 효과를 가져와 치유시킨다. 부인들의 생리 장애와 타박상 ·어혈 ·내출혈로 인한 동통도 다스리고 혈액 순환을 개선시킨다. 또한 산후 복통, 변비, 빈혈, 두통, 혈액 장애에 특효하다. 특히 피를 맑게 한다. 당귀 삶은 물은 예로부터 여성의 피부를 희게 하는 약제로 유명하며, 당귀차는 향과 맛이 일품이어서 손님 접대용으로도 손색이 없다.

둥굴레

한때 당뇨병에 효험이 있다고 알려지면서 씨가 마를 정도로 인기를 끌었던 것이 둥굴레차다. 그러다 누가 퍼뜨렸는지 모르지만 정력을 감퇴시킨다는 속설로 인해 그 인기를 한번에 잃고 만 '비운의 차' 이기도 하다.

산행을 하다 보면 예쁜 초롱꽃이 보이는데, 바로 둥굴레이다. 좀 큰 것으로 캐 두었다가 조제하여 차로 음용하면 그 구수함이 참 좋다.

성분 | 뿌리는 영양가 높은 자양 식품으로 단맛이 있고, 전분이 40~60% 이상 함유돼 있어 흉년에는 구황식품으로 이용된 귀중한 식물이다.

효과 | 강장 ·강정 ·치한 ·해열에 효험이 있으며, 혈압 ·혈당을 낮추는 작용을 한다. 장기간 복용하면 안색과 혈색을 좋게 한다.

감초

우리말에 '약방의 감초'란 말이 있다. 모든 약재에 들어가 성분을 중화시키는 역할을 하기 때문이다. 그런데 감초만으로도 훌륭한 약리적 성분의 약차가 된다. 감초는 시베리아, 몽고 및 중국 북부지방에서 자라는 콩과 다년초이며, 뿌리에 단맛이 있으므로 감초라 부르고 있다. 감초는 한약재뿐 아니라 감미료로도 사용된다.

성분 | 칼슘·칼륨 등의 무기질과 탄수화물의 당질과 섬유소, 회분 콜로이드가 많다. 특히 트리트펜계의 사포닌, 글리시리닌이 포함되어 있어 진정 및 해독 작용에 효과가 있다.

효과 | 근육의 급격한 긴장으로 아플 때나 진해·거담에 좋으며, 비위를 보한다. 오한, 위궤양, 해독, 식중독, 보혈, 인후통 등에 효험이 있다고 알려져 있다. 부신피질 호르몬과 유사한 글리시리닌 배당체인 글루크론산이 함유돼 있어 장을 조절하고 대사를 완만하게 하며, 신경을 편안하게 한다.

· **길경＋감초차** : 길경에는 사포닌 성분이 있어 가래를 삭이는 작용을 한다. 폐에 작용하여 담을 삭이고 기침을 멈추며, 폐기를 잘 통하게 하고, 고름을 빼는 역할을 한다.

느릅

느릅나무는 꾸지뽕나무와 같이 각종 암에 효과가 있다
는 민간 속설로 인해 멸종 위기에 처할 만큼 수난을 당하는 나무다. 나무의 뿌
리와 껍질을 상용하는 것인데, 그 안에 포함된 탄닌 성분 때문이 아닌가 생각
된다. 그렇다면 일반 녹차에도 그보다 많은 탄닌이 들어 있으니 이제 그만 나
무를 수난시키고 좋은 차를 구해 마시는 것이 좋지 않을까. 안타까운 마음에
권해 본다.

성분 | 나무 껍질에 전분, 점액질, 탄닌이 들어 있다.

효과 | 창종·이뇨에 특효하며, 등창 등의 치료 및 악성 종양에도 좋은 약재
로 알려지고 있다. 그 외 완화제, 치습, 작은 종독, 방광, 간에도 좋다.

드릅

드릅 역시 우리에게는 도라지나, 더덕, 잔대와 같은 고
급 식품으로 알려져 있다. 드릅의 싹을 먹기도 하지만, 약재로 사용할 경우에
는 그 나무의 뿌리를 사용한다. 번식력이 좋아 아무데서나 잘 자란다. 새싹은
고급 식품으로 사용하고, 뿌리와 줄기의 껍질을 차로 이용한다.

 강심배당체, 사포닌, 정유 및 미량의 알카로이드가 함유되어 있다.

 체력과 지력의 활동을 증진시키고, 당뇨병에 특효하다. 그 외 간경
변, 관절염, 위장병, 신경쇠약, 보기, 보혈에 좋은 것으로 알려지고 있다.

 어린 싹은 생식으로 먹거나 데쳐서 나물로 먹고, 근피나 수피를 차로
만들어 마신다. 잎을 차로 하지는 않는다. 맛은 쓰며 독이 조금 있기 때문에
아주 어린 잎이 아니면 생식은 피하도록 하며, 조금 자란 정도는 데쳐서 먹어
야 한다.

삼백초

삼백초는 우리 민족 전래의 약재이다. 주로 산속의 저
습지 주변에 자생하며, 최근에는 재배도 하고 있다. 잎, 뿌리, 꽃이 희기 때문
에 세 가지가 희다 하여 삼백초라 한다.

 전체적으로 정유가 들어 있고, 줄기에는 탄닌, 잎에는 루틴, 뿌리에
는 아미노산과 유기산, 당류 등이 함유되어 있다.

 | 종기나 부스럼, 여드름, 백선 등의 피부병과 변비, 축농증, 타박상, 치질 등에 효과가 있다. 특히 살결이 검은 여성은 잎을 다린 차를 장복하면 희고 아름다운 살결로 바뀐다. 그 외 각기, 부종, 황달에 좋은 약재로 쓰인다.

모란

목단, 목단피, 단피, 고왕, 고상, 백양금, 목작약 등의 다양한 이름은 모두 모란을 일컫는 말이다. 모란은 미나리제비과에 속하는 낙엽활엽관목으로, 주로 민가에서 관상용으로 재배하고 있다.

한방에서는 모란의 뿌리 껍질을 이용해 생약으로 쓰고 있으며, 모란차도 뿌리 껍질을 사용한다.

효과 | 모란의 뿌리 껍질은 혈액을 맑게 해주며, 월경 불순에 효과가 있다. 또한 위를 보호하며, 소염 작용을 하기 때문에 지혈에도 좋을 뿐 아니라 요통에 진통 효과가 있다. 뿌리의 껍질은 ‘목단피’ 라 하여 한방에서는 소염, 충수염, 월경통, 부스럼 등의 치료에 사용한다. 모란은 쓰고 매운 맛을 지니며, 성질은 약간 차고, 심장과 간과 신장에 작용한다. 진정과 최면, 진통 작용, 혈압 강하 작용, 다리 부종을 억제하는 작용, 항균 작용이 있다.

천궁

천궁은 많이 사용되는 한약재다. 뿌리와 줄기는 한방에서 생약으로 사용하는데, 그 약효가 좋아 죽어 가는 소나무 뿌리에 천궁 삶은 물을 주면 회생한다는 말이 있을 정도로 생체 회복력이 뛰어난 식물이다. 최근에는 차처럼 끓여 마시면서 건강에 도움을 받는 사람들이 많아지고 있는 추세이다.

효과 | 천궁은 피를 맑게 하고, 고혈압 등의 성인병 예방에 특효가 있으며, 비만에도 좋다. 또한 진정, 진통, 강장제로 사용하며, 부인병에도 좋은 효과를 본다.

석곡

석곡은 좀 생소할 것이다. 석곡은 난초목 난초과의 상록으로 여러해살이 풀이다. 착생종으로 나무의 줄기 또는 바위에 붙어서 자란다. 지금은 너무 귀해져서 재배 품종이 많고 관상용으로도 재배된다. 예로부터 금생·임란·맥곡·희선·두란 등으로 불리어 왔으나 대체로 '석곡'이라 불리며, 줄기의 마디가 마치 대나무와 비슷하다 하여 '죽란', 바위틈에 뿌리를 잘 내린다 하여 '석란'이라고도 많이 불린다. 일본에서는 석곡 또한 원예화시켜 '장생란' 이라 부르고 있다.

 오장을 보하고, 내분비를 촉진시키며, 해독 작용을 한다. 당뇨, 근골, 보신, 강정, 진정, 건위, 청열, 양음, 식욕 부진 등에 효능이 있다. 특히 담배나 술을 애용하는 사람, 시력이 약한 사람에게 더욱 좋다.

계피

'푸른 하늘 은하수 하얀 쪽배엔, 계수나무 한 나무 토끼 한 마리~' 로 시작되는 너무나 친근한 동요 '반달' 에 나오는 계수나무가 바로 계피의 출처다.

계피는 계수나무의 껍질을 말한다. 주로 톡 쏘는 매운 맛을 내고 한약재로 주로 이용된다. 약간 단맛과 향기가 있는 육계나무의 껍질 시나몬은 향신료로 유명한데, 나무 이름에 들어가 있는 계(桂)자 때문에 이 또한 계수나무가 되었다.

효과 ┃ 계피는 중추신경을 흥분시켜 머리를 맑게 하고, 두통을 없애고, 신경을 안정시키는 데 효과가 있다. 수분대사를 조절하며 혈행을 왕성하게 함으로써 모든 장기의 기능을 촉진하는 작용을 한다. 또한 계피는 식용증진제로 사용하며, 땀을 나게 하고, 식은땀은 거두게 한다.

또한 감기를 포함한 소화기와 순환기 질환, 급성 열병, 노인병 등에 효험이 있다. 건위, 구풍, 진통, 이뇨, 한기, 해열, 수렴에 좋은 것으로 전하여지고 있고, 주로 냉증에서 오는 병을 치료한다. 어혈, 산후의 어혈, 직장궤양 출혈 등과 허리와 무릎이 시린 증상, 식도암 환자에게도 좋다.

최근에는 미국에서 당뇨에 특효 성분을 찾아내 각광받고 있다. 우리 전래 약방에도 계피가루를 당뇨약으로 사용해 왔던 것으로 알려져 있으니 새삼스러울 것도 없다.

계피는 기호성 식품으로 향료·기름 등 방향제로 많이 쓰이고 있으며, 차로는 계수나무의 꽃을 사용한 계수나무 꽃차가 있고, 계수나무 이파리를 사용한 계수나무 잎차가 있다. 계수나무 껍질은 주로 한약재로 이용하는데, 차를 다리는데도 다른 차와 함께 하면 약차로서 그 맛과 향을 배가시킬 수 있어 응용하는데 좋은 재료이다.

조제 │ 계피가루를 티스푼으로 한 개씩 차에 타서 하루에 두 번씩 마시면 고혈당도 강하되는 특효가 있다.

냉이

겨울을 나고 새봄에 들과 산에 가장 먼저 싹을 내밀어 나른한 사람들의 몸을 풀어 주는 향긋한 나물이다. 약재로도 쓰이며, 대용차로서도 훌륭하다. 주 뿌리는 가늘고 길며 백색이고 아래로 곧게 뻗으며 가지 뿌리가 많이 난다. 줄기는 곧게 자라고 가지가 많이 갈라진다. 예전에 어머니가 들에서 흔히 캐오시던 냉이를 좋은 성분의 훌륭한 차로 만나게 되니 감회가 새롭다.

효과 | 간경화증, 복막염, 부어서 물집이 생길 때, 헛배가 부를 때, 사지가 바싹 마를 때, 눈이 침침할 때, 눈이 몹시 빨갛거나 아픔이 멎지 않을 때, 설사, 위장염, 냉통, 열통, 두통에 효과가 좋다. 그 외 고혈압, 빈혈에도 효험이 있다.

방풍

방풍이라고 하면 아는 사람이 별로 없을 것이다. 그러나 '갯기름 나물' 이라고 하면 알만한 사람들이 좀 있을 텐데, 바로 그 갯기름 나물의 뿌리를 가르키는 말이 '방풍' 이다. 맛은 매우면서도 달콤하고, 기운은 따뜻하다. 많은 종류의 한방차를 마셔 보았겠지만, 방풍차는 마셔 본 사람들이 별로 없을 것을 것이다. 방풍차를 처음 접하면 톡 쏘는 향과 은은한 맛 때문에 전혀 색다른 매력을 느끼게 될 것이다.

효과 | 방풍은 땀을 나게 하고 열을 내려 주며, 진통시키는 작용과 소변을

잘 나오게 하는 효능이 있다. 항균 작용이 강하며, 풍을 몰아내는 힘이 있으므로 풍한에 의한 감기 두통, 눈이 아물아물하는 것과 풍습으로 인해 생기는 모든 증상을 몰아내는 데 효과가 크다. 또한 뼈가 쑤시고 시큰시큰하면서 아픈 증상이 치료되며, 팔다리가 쑤시면서 아프고 경련이 일어나는 사람에게 좋다. 막힌 코를 시원하게 만들어 주는 효능도 있다.

방풍은 『신농본초경』에 최초로 기록된 널리 쓰이는 한약재로, 2년생 뿌리를 캐어 말린 것을 '방풍'이라 한다. 한방에서는 발한·해열·진통제로 쓰여 감기에 열을 내리고 땀을 나게 하며, 두통에는 필수적인 생약으로 쓴다. 산후풍, 신경통, 요통에 묘약이 된다. 관절염, 골통, 오한, 해열, 진통, 거담, 감기, 두통, 식중독 등의 약으로도 쓴다.

초(艸)

　사람은 아주 오래전부터 식물의 이파리를 식용으로 먹어 왔다. 식물의 열매가 갖고 있는 독성을 식물의 이파리로 해독했던 것인데, 특히 특이한 식물의 이파리는 약초로써 전해져 왔다.

인동

　'차(茶)'라는 한자 위의 '풀 초(艸)'자가 원래 인동초의 싹을 형상화한 한자라고 한다. 그리고 차의 원형이 바로 인동초라는 말이 있다. 그러고 보면 고대로부터 인동초가 사람들에게 약 혹은 차로 음용되었을 것이라고 추측해 본다. 인동초는 다년초로, 묵은 포기에 있는 줄기는 목질화되어 있고, 긴 타원형의 잎이 서로 마주보며 잎의 뒷면에 잔털이 난다. 꽃은 5

월에 흰색으로 꽃송이가 2개씩 나란히 많이 피며 2~3일이 지나면 하얀색의
꽃이 황금색으로 변하기 때문에 인동초를 '금은화' 라고도 부른다. 달콤한 꿀
과 고상한 향기를 지니며, 열매는 가을이 되면 검은 구형으로 맺히는데, 이 열
매를 '은화자', 줄기와 잎을 '인동' 이라 한다.

성분 │ 잎에는 진정 작용을 하는 염화나트륨의 배출을 증가시키는 루테오
닌, 줄기에는 탄닌 · 알카로이드, 꽃에는 사포닌의 성분을 함유하고 있다.

효과 │청혈 해독과 건위, 이뇨 작용에 좋으므로 하루에 몇 잔씩 인동차를 마
시면 효과가 좋다. 그 외에 종기, 창독, 습진, 화상, 편도염, 구내염, 요통, 관
절염, 치질, 맹장염, 피부 미용 등에 효과가 있는 것으로 알려져 있다.

솔잎

우리네 산에서 쉽게 마주치는 것이 소나무다. 그러나
높은 산, 깊은 곳에 있는 토종 조선 솔잎을 따서 말려야 제대로 차 향과 맛을
볼 수 있는 솔잎차가 된다. 흔하다고 아무 곳에서나 채취할 수 없는 것이다.
우리 민족이 배고팠을 적에는 속껍질과 연한 뿌리를 내어 허기진 배를 채워
주었고, 여러 가지 생활 용도로 자신을 제공해 왔던 소나무. 송화가루로 차를
만들어 마시기도 했는데, 최근에는 솔잎을 가루 내어 말차로 마시기도 한다.

솔잎, 수피의 안 껍질, 봄에 돋아나오는 새순과 송화가루는 식용이나 약용으로 이용 가치가 높다. 소나무는 그 특성상 의학계에서 가장 많이 쓰고 있는 나무 중의 하나다. 최근에는 나무 껍질에서 혈전용해제를 추출하여 상품화하기도 하였다.

효과 | 고혈압과 동맥경화에 좋으며, 중풍 예방, 위장병, 신경통, 소화 불량, 불면증에도 효과가 있다. 몸이 차거나 소화 기능이 약한 경우에는 피하는 것이 좋다. 솔잎을 생식하면 종양이 없어지고 모발이 돋아나며 오장을 편안하게 하고, 장복하면 불로장수한다고 『본초강목』에 도 기록되어 있다.

고혈압, 심장병, 빈혈에 좋고, 각종 유기산이 풍부하여 여성의 미용과 불면증, 냉 대하증 등 질병 예방에도 좋다. 최근에는 미용식, 건강식으로 널리 이용되고 있다. 특히 솔잎에는 산소와 미네랄이 풍부하기 때문에, 등산할 때 피로가 오면 생식을 해서 빨리 회복시킬 수도 있다.

조제 | 봄에 나와 송화가 피기 전까지의 솔잎이 좋다. 이때의 솔잎이 향과 맛이 은은하다. 오염되지 않은 높고 깊은 산의 솔잎을 채취해야 한다. 송순, 송화, 소나무의 속껍질, 소나무의 뿌리, 그리고 그 뿌리에 매달리는 균체인 복령까지 아주 요긴한 식물이다.

음양곽

음양곽은 높이가 30cm 정도 자라는데, 한 줄기에서 가지가 세 갈래로 뻗고 그곳에서 세 장씩 나와 아홉 장이 된다고 '삼지구엽초'라고도 한다. 전국 산지의 숲속에서 자생한다.

음양곽에는 이런 전설이 있다. 중국 사천지방에 양을 치는 목동이 있었는데, 숫양 한 마리가 유독 많은 암양을 거느리는 것을 보고 의아하게 여겨 숫양을 따라가 보니 어떤 풀을 열심히 뜯어 먹고 있었다고 한다. 그래서 목동도 그 풀을 뜯어다 끓여 먹었더니 정력이 왕성해졌다나? 여기에서 이름도 유래되었다. 즉, 양이 먹으면 음란해진다 하여 '음양곽'이라 한다. 이름처럼 음양곽은 정력을 강하게 하는 최음제로 유명하고, 남성의 정액 분비량을 늘려 주는 작용을 하는 대표적인 약물로 통용되고 있다. 양이나 개에게 먹여 보면 교미 시간이 늘어나고, 정력을 빨리 회복하는 걸 알 수 있다고 한다.

성분 | 음양곽에 들어 있는 주요 성분은 에피메딘으로, 이것이 체내에 들어가면 성호르몬의 분비를 촉진시키고 성욕을 왕성하게 해준다.

효과 | 음양곽은 많은 약리 성분을 가지고 있는데, 정액 분비를 촉진하여 정낭이 풍만해지면 지각신경이 자극을 받아 성욕이 생기게 된다. 작고 뾰족한 심장 모양의 잎과 음낭 같은 뿌리의 생김새처럼 심장과 신장의 기능을 돕기도 한다. 심장·신장·간·위장 등에 작용을 하는데, 높은 혈압을 떨어뜨리고 말

초혈관을 확대하며, 신경쇠약을 치료하고, 기억력을 정상으로 돌려 주는 효능이 있다. 따라서 신경성 고혈압, 갱년기에 나타나는 고혈압에 선모와 함께 사용한다.

신장에 작용하면 소변을 잘 보게 하고, 과다한 성관계로 인한 요통·무릎 통증에도 사용되며, 남자와 여자의 생식기 이상으로 생긴 불임증도 치료한다. 또한 쉽게 피로하고, 아침에 일어나지 못하고, 꿈이 많고, 다리에 힘이 없어지는 경우에 사용하면 좋은 효과가 있다. 몸 속에 지나치게 쌓여 있는 당분을 없애는 작용이 있기 때문에 고혈압이나 고혈당이 있는 사람이라면 누구나 복용해도 좋다.

하지만 지나치게 많은 양을 복용하면 이뇨를 억제하는 작용이 있어 소변을 줄이므로, 몸에 부종이 있는 환자는 많이 사용하지 않는 게 좋다. 피부가 갈라지고, 눈이 쉽게 충혈되고, 입이 마르고 입술이 타며, 대변이 굳은 사람, 몸 안에 열이 있고 체액이 없는 사람은 어지럼증·구토·코피가 날 수 있기 때문에 조심하는 것이 좋다.

음양곽은 모두 약으로 사용하는데, 뿌리와 잎에 약효가 있다. 음양곽에 정향·초결명 등을 섞어 만들어 복용하면 변비, 소화불량, 신경쇠약, 기침과 가래가 심하고, 근육과 뼈가 약하고, 건망증이 심하고, 치매증이 있을 때도 효과가 좋다. 이가 아플 때 음양곽차로 양치를 하면 통증이 가라앉는다. 단, 불면증이 있거나 뇌출혈이 있는 사람은 사용하지 않는 것이 좋다.

가시오가피

쏟아지는 광고 덕분에 가시오가피에 대해서는 많이들 알 것이다. 가시오가피는 오화, 목골, 오가, 오엽목이라고도 부른다. 오가피 종류로 오가피나무, 차빛오가피나무, 가시오가피나무 등이 있다.

『동의보감』에는 오가피가 당뇨병을 치료하는데 효과가 있다고 나와 있다. 뛰어난 각종 약효로 인해 최근에 건강 식품으로 각광받고 있는 오가피가 두각을 나타내게 된 것은 1960년이다. 구소련 과학아카데미의 브레크만 박사가 '고려인삼을 능가하는 약효가 있다' 는 연구 결과를 학계에 발표하면서부터 관심이 집중되었던 것이다.

효과 | 오가피 중의 플라보노이드라는 성분은 관상동맥을 확장시켜 혈류를 개선하고 산소 공급량을 늘려 준다. 그런 이유로 오가피를 먹으면 신진대사가 좋아져 저온·저산소 상태에서의 저항력이 증강되고, 자율신경의 균형도 회복되는 진정 효과와 혈압 조절 작용도 얻게 된다. 오가피는 심신의 기능을 높이고 기력을 좋게 하며, 감각과 근육의 반응을 정확하게 하고, 긴장감과 체력을 지속시키며, 건망증 예방에도 효과가 있다고 한다.

가시오가피의 줄기 껍질은 중추신경을 흥분시키는 작용을 해서 피로를 푸는데 도움이 되고, 쇠약해진 면역 능력을 되살리기도 한다. 또 방사선으로부터 인체를 방어하고, 백혈구를 증가시키는 작용도 뛰어나다. 이 밖에 기운을 북돋워 주고, 염증과 가래를 가라앉히며, 혈당을 떨어뜨리는 작용도 한다. 동맥경화증이 있거나 몸이 피로하고 관절통, 신경통이 있는 사람에게 좋다.

야생 가시오가피에는 건강 증진에 좋은 이소프락시딘이 다량 함유되어 있어서 건강 유지, 건강 증진, 체질 개선, 식이요법, 영양보급 등의 생리적 유용성이 우수하다. 장기 섭취하면 건강 장수할 수 있는 식품이다. 토종 야생 가시오가피는 발육기, 성장기, 임신 수유기, 갱년기, 노화기 등에 유용성이 있는 것으로 기록되어 있다.

다만, 혀의 색깔이 붉은 사람이나 체온이 높은 동통, 혈허가 심한 사람은 복용하지 않는 것이 좋다. 그 밖에도 낭하습, 즉 남자들의 낭습에 효과가 탁월하며, 남자 음위, 즉 임포턴스(발기부전증), 기가 허하여 부실할 때 치료하는 효과가 있다.

오래 복용하면 몸이 가벼워지고 늙는 것을 방지해 준다. 몸 안에 어혈이 오래되어 피부와 살 그리고 여러 부위에 남아 있어 시도 때도 없이 아픈 것을 치료한다. 아기가 3세가 되어도 허약해 잘 걷지 못할 때에 걷게 해주는 효과도 있다. 종기와 부스럼 등 피부병을 치료한다. 근육과 뼈를 든든하게 해주며, 소변을 시원하게 못 누고 찔끔거리며 덜 눈 것 같이 여겨지는 증상을 고친다.

여인들에게도 효과가 있는데, 생식기가 가렵고 지저분하며 냉이 생기거나 심한 상태를 치료한다. 손과 팔, 발과 다리를 합쳐 사지를 마음대로 못 움직이는 것을 부드럽게 한다. 허리와 척추가 쑤시는 통증을 가라앉히며, 두 다리가 아프고 쑤시며 통증이 오고 오그라드는 것을 편안하게 해준다. 몸이 허약해지고 수척해지는 것과 위를 보해 주고, 정력을 좋게 해주며, 정신을 맑게 하며, 의지력을 높인다. 몸 안의 나쁜 피를 맑고 깨끗이 다스리며, 신체가 저리고 습하여 괴로울 때 치료를 해준다. 술을 많이 먹거나 숙취에도 좋다.

하수오

시골의 울타리 옆에 흔히 볼 수 있으며, 열매가 다 익어 벌어지면서 하얀 민들레 씨같이 바람에 날아간다. 강원도에서는 '은조롱'이라고 하고, 황해도에서는 '새박뿌리'라 한다. 원래 이름은 '야교등'인데, 하수오라는 사람이 먹고 큰 효과를 본 데서 '하수오'라는 이름이 붙게 되었다.

전설의 내용은 이렇다. 중국의 하수오란 사람은 몸이 약했고, 늙어서는 아내도 자식들도 없었다. 하루는 취해서 밭에 누워 있는데, 한 덩굴에 두 줄기가 따로 난 풀의 잎과 줄기가 서너 번 서로 감겼다 풀렸다 하는 것이 보였다. 이상하게 생각되어 그 뿌리를 캐어 햇볕에 말려 짓찧은 다음 가루 내어 술에 타서 먹어 보았다. 그렇게 7일 동안 먹었더니 힘이 솟더라는 것이다. 100일이 지나서는 오랜 병들이 다 나았고, 10년 후에는 여러 명의 아들을 낳았으며, 130살까지 살았다고 한다. 이쯤 되면 진시황이라도 탐냈음직한 불로장생의 대단한 명약이라고 해도 좋지 않을까?

성분 | 강장 작용, 조혈 기능 강화 작용, 피로 회복 촉진 작용을 하는 크리소페놀·에모딘·피시온 등이 있다.

 관상 동맥이 경화되는 것을 막고, 심장병·고지혈증을 예방·치료한다. 자양 강장 효과가 뛰어나다. 치질을 낫게 하며, 담벽·풍허로 몸이 몹시 상한 것을 낫게 한다. 여자들의 해산 후에 생긴 여러 가지 병과 적백대하를 멎게 한다. 혈기를 보하며, 힘줄과 뼈를 든든하게 하고, 정수(精髓)를 보충하며, 머리털을 검게 한다. 또 얼굴빛을 좋게 하고 늙지 않게 하며 오래 살게 한다.

하수오는 겨울철에 쇠약해지기 쉬운 전신 건강을 지켜 주는 좋은 약재이다. 차로 끓여서 마신다면 피로를 회복시키고 체력을 증진시키며, 겨울철에 거칠어지기 쉬운 피부를 매끈하게 만들어 줄 것이다.

황기

땀을 너무 많이 흘리면 기운이 빠지고 탈진이 되기 쉽다. 황기는 이럴 때 기를 보하고 양기를 북돋아 주며, 피부를 튼튼히 하여 땀이 안 나게 도와 부종을 가라앉히는 역할을 해준다. 음식으로는 특히 삼계탕에 넣어 먹으면 땀을 막아 주는 데 효과적이다. 허약 체질, 저혈압, 자주 피로감을 호소하는 사람들에게도 효과적이지만, 고혈압 환자나 심장에 열이 있는 사람은 피하는 것이 좋다. 또한 땀이 전혀 안 나오는 사람이 마시게 되면 가슴이 답답한 증상이 생길 수 있다.

황기의 또 다른 이름으로는 전기, 독근 등이 있다. 황기의 '황'은 노란색을 의미하고, '기'는 인도를 의미한다. 약효에 있어서 어떤 효과를 유도 또는 인도한다는 것으로 볼 때 특수한 효능을 내포한 것으로 추측된다. 실제로 중국이나 일본에서 대단히 중요시하는 약물이라는 데도 눈을 돌릴 필요가 있다.

이 식물은 콩과식물인 관계로 척박한 땅에서도 비교적 잘 자란다. 강원도 오지 산간에서는 대량 재배하고 있는 자원이다.

효과 | 관상혈관, 심혈관을 확장시키며, 강심, 이뇨, 강압 작용이 있다. 피부의 혈액 순환과 영양 상태를 개선하며, 괴사세포의 활력을 회복시켜 만성 궤양을 치료할 수 있다. 성호르몬과 유사한 작용과 중추신경을 흥분시키는 작용이 있다. 간을 보호하고 글리코겐의 감소를 방지한다.

단백뇨를 제거하는 효과가 있다. 포도상구균, 폐렴쌍구균, 이질간균, 디프테리아균 등에 대해 항균 작용이 있다. 임상에서 얻은 결론에 의하면, 심한 화상으로 인한 피부나 근육의 손상을 입은 환자에게는 황기가 확실히 효과가 좋은 것으로 드러났다. 그것은 황기의 성분이 손상된 근육과 손상된 피부에 새살을 돋게 하기 때문이다.

한의학에서는 '황기는 오장육부의 허약을 보한다. 생으로 쓰면 표를 다지고, 땀이 없으면 땀이 나게 하며, 땀이 많을 때는 땀을 멎게 한다. 근육을 강하게 하고, 피부를 튼튼하게 하며, 음화를 배설시키고, 근육의 열을 해소한다. 자로 쓰면 중기를 보하고 도우며, 삼초를 소통한다. 또 비장과 위장을 튼튼하게 하며 농을 배출 시킨다'고 했다. 따라서 황기는 모든 기혈이 허약해진 증상에 좋은 치료 효과가 있음을 알 수 있다.

의학 실험에서 밝혀진 또 하나의 사실은, 황기의 성분이 혈관을 확장시켜서 피부의 혈액 순환을 개선시키는 작용을 한다는 것이다. 또 활성산소인 프리레디칼을 제거하며 피부암을 예방한다. 황기의 추출물을 목욕제로 삼으면, 피부를 청결하게 하고 영양을 줄 뿐만 아니라 피부의 저항력 또한 높여 주기 때문에, 특히 어린아이에게 적합한 목욕제라 할 수 있다.

삼백초

현대 여성들의 최대 관심사 중의 하나인 다이어트와 아름다운 피부에는 삼백초가 좋다. 최근 사람들의 관심이 집중되면서 삼백초를 연구하는 사람들도 늘어나고 있다. 꽃 밑의 잎 3개가 희다고 하여 삼백초라 이름 붙었다. 토종 자생식물로 건강에 좋다고 알려지면서 멸종의 수난을 겪어서 현재 우리나라가 정한 멸종 위기 식물 제 177호로 지정돼 있다. 그러나 최근에는 삼백초를 대량으로 재배하는 곳도 늘고 있다.

성분 │ 삼백초는 뿌리·줄기·이파리를 다 사용하는데, 약용 성분은 뿌리 쪽에 가장 많고 다음에 이파리, 줄기 순이다. 줄기에는 수용성 탄닌, 잎에는 쿠에르체틴, 쿠에르치트린, 이소쿠에르치트린, 아비쿨라린, 하이퍼린, 루친, 수용성 탄닌 등이 많다. 우리 몸에 필요한 필수아미노산도 풍부하게 함유돼 있다. 삼백초가 인체의 건강에 도움을 주는 이유는, 풍부한 천연 아미노산이 몸 속에서 여러 가지 생화학 작용을 하기 때문이다.

효과 | 삼백초가 암을 억제시키고 몸에 들어 있는 나쁜 노폐물을 배출시켜 준다 하여 전문적으로 연구하는 사람들도 있다. 삼백초로 만든 차는 색깔도 좋고 맛 또한 좋아서 많은 사람들이 즐길 수 있을 것이다. 차로 마시게 되면 부종이 사라지고, 황달이 치료가 되며, 각기증이나 부인들의 대하가 치료되고, 습열을 없애주며, 해독을 시키는 역할이 강하기 때문에 좋다. 즙을 내어 먹어도 좋다. 삼백초차는 꾸준히 음용할수록 몸이 튼튼해져 만성 피로나 감기에 좋다. 가족의 음료수와 손님 접대용 차로 적합할 것이다.

박하

페퍼민트라고도 한다. 박하로 만든 차는 예로부터 여러 나라에서 애용돼 왔다. 구약성서에는 이집트(애굽)를 떠나는 히브리인들이 사막 생활에서 지쳤을 때 이집트를 그리워하며 찾았던 식물이기도 하다. 지금도 중동지방에서는 식탁에 박하가 생채소로 올라오곤 한다. 우리의 상추처럼 생식을 하는 것이다. 그 향 때문에 약용 혹은 식용으로 많은 문화권에서 사용하고 있는 차다.

성분 | 신선한 잎의 주 성분은 정유 중의 멘솔로 약 70~80% 들어 있으며, 그 외 수지 및 탄닌을 함유한다.

효과   멘솔을 국부적으로 사용하면 두통·신경통 등이 치료되고, 피부에 사용하면 말초신경을 자극하여 청량감을 준다. 건위 작용, 기관지염, 이담 작용을 한다. 특히 머리와 눈의 열을 제거한다. 불면증 환자에게 아주 좋은 차다. 차로 마시면 피부의 혈관이 확장되면서 노폐물을 배출하는 효과가 있다. 장내의 이상 발효를 멈추게 하며, 부패를 억제하는 효과와 결핵균이나 디프스균에도 효과가 있다. 그 외 거풍, 해열, 해독의 효능이 있다.

감잎

우리집 마당에 감나무 세 그루를 키우고 있었다. 그런데 10여 년간 자란 감나무가 3년 전 추위에 그냥 다 얼어 죽어 버렸다. 얼마나 아까웠는지 모른다. 감은 추위에 약하기 때문에 추운 지방에서는 잘 안 된다. 우리나라에서는 중부 이남 지방에 많이 분포하고 있다. 감 자체로도 사람에게 유익하지만, 감나무 잎으로 만든 차 또한 건강에 좋다.

성분   비타민C(콜라겐) 및 비타민 B, 무기질의 칼슘·인·철 그리고 단백질, 탄수화물의 성분을 함유하고 있다. 특히 엽록소가 많이 있어, 예로부터 건강 차로 애용되어 왔다.

효과   혈관을 튼튼하게 하고, 이뇨 작용·괴혈병·빈혈에 효과가 있으며,

고혈압 환자가 오래 복용하면 혈압이 내리고 머리가 가벼워진다. 심장병, 동맥경화, 뇌출혈, 위궤양, 당뇨병, 감기 예방 등 만성병의 암에 효과가 있다. 태아의 골격 형성을 돕기 때문에 임산부에게도 좋다. 또한 감꼭지 말린 것과 생강을 함께 달여 마시면 딸꾹질이 멈춘다. 특히 각기, 폐기종, 내출혈에 특효하다.

화살

화살나무는 전국의 산지에 흔히 자라고 있는 화살나무과의 낙엽 관목이다. 2m의 정도 높이로 자라며, 6월에 황록색의 꽃이 피고 10월에 열매가 붉게 익는다. 생약명은 혼전우 또는 귀전우이며, 전우, 금목, 혼우전, 사능수, 혼전, 혼견우, 훗잎나무, 참빗나무(경남지방), 참빛살나무 등의 속명이 있다. 나무의 줄기에 면도칼 같은 코르크질의 날개가 있어 자칫하면 살을 베이기도 해서 '칼나무', 또는 화살의 날개와 같다 하여 '화살나무' 라 불린다.

민간요법으로 상당히 알려져 있는 이 나무는, 잎 · 줄기 · 뿌리를 다 약재로 사용한다. 최근에는 항암 성분 때문에 전문적으로 연구되어지고 있는 나무다. 흔히 '훗잎나무' 로 알려지고 있는 이 나무는 천연기념물로 지정돼 있다.

효과 | 코르크질의 날개는 암의 치료제로 쓰인다. 또한 강 혈당 작용, 비정

상적인 대사의 과정을 조절하고, 인슐린 분비를 촉진하여 인슐린 의존성 당뇨병 환자에 효과가 있다고 알려져 있다. 그 외 지혈·월경통·구충·산후 어혈에 좋다고 하며, 통유·복진통·촌·풍습·자궁 출혈·조경·부인병 등의 약재로 쓰인다.

대나무 잎

중국 음식 중에서 고급 음식에 속한다면 거의 죽순이 들어갈 것이다. 대나무는 약재로도 긴하게 쓰이고 있는데, 뿌리에서부터 잎까지 약용이나 식용, 그리고 최근에는 차로서의 활용까지 쓰임새가 높다. 차는 잎을 사용하고, 약용으로는 대나무 껍질을 사용하고, 식용으로는 죽순을 사용한다.

성분 ｜ 죽순 중의 단백질을 구성하는 아미노산의 함량은 대나무 품종에 따라 약간씩 차이가 있지만, 그중 타이로신은 부신의 주 성분이자 생리적 활성 물질인 아드레날린의 전구물질이기 때문에 체내의 생화학적 대사를 촉진하는 효과가 있다. 죽순 중의 지방을 구성하는 지방산도 포화지방산에 비하여 불포화지방산이 많고, 특히 반드시 식품을 통해서만 공급될 수 있는 필수 불포화지방산인 리놀산과 리놀랜산이 많이 함유되어 있다.

 고대 문헌 『신농본초경』에 '댓잎은 맛이 쓰고 성질이 차서 해소와 상기, 종양, 해열, 상충에 효과가 있다'고 되어 있다. 그 외의 의학 서적에 기록된 내용을 보면 곽란, 토혈, 거담, 중풍, 당뇨, 두통 , 고혈압, 현기증, 신경쇠약, 임신 빈혈, 간질, 불면, 과다 음주, 피로 회복 등에 신비한 효능이 있다고 나와 있다.

죽순에는 칼륨 함량이 높아 칼륨이 결핍되기 쉬운 쌀을 주식으로 하는 우리의 식생활에는 대단히 좋은 식품이다. 또한 빈혈의 원인이 되고 조혈 작용에 필수적인 철분 함량도 다른 채소에 비해 높은 식품이다. 특히 죽순의 섬유질은 원활한 장의 운동으로 변비를 방지하고, 치질 및 대장암 등의 방지 효과가 있다. 콜레스테롤의 흡수를 저하시켜 당뇨병이나 심장질환 등의 성인병 예방과 치료에도 도움을 준다.

쑥

우리 민족에게 쑥처럼 친숙한 식물도 없을 것이다. 배고픈 보릿고개 시절에는 양식이 되어 주었고, 병들어 고생하는 민생들에게는 약이 되어 주었다. 떡에서 전, 국, 차, 그리고 침술에까지 두루두루 애용되는 것이 쑥이다. 전국 산야 어디서든지 발견되는 이 쑥은 고대 단군설화에도 등장하지만, 일본의 히로시마에 원폭이 투하된 후 가장 먼저 싹을 내밀고 올라온 것이 쑥이라는 이야기에서 강한 생명력을 느낄 수 있다. 쑥은 다양한 약리 성분 때문에 많이 사용되는 식품이다. 최근에는 차로 음용한다.

효과 | 기혈을 바로잡고, 몸을 덥혀 주는 작용을 한다. 식은땀이 날 때, 각기병, 지혈, 하혈, 온위, 곽란, 제습, 건위, 신경통 등에 민간요법의 약재로 많이 사용된다. 쑥은 옛부터 구황식품이며, 약효를 지닌 식물로 귀하게 여겼다. 현재는 나물이나 떡, 또는 뜸에 사용되는 것은 물론, 차나 주스 등 음료, 습포나 약탕으로도 애용하고 있으며, 백병을 치료할 수 있는 효능이 있다. 특히 여성들의 자궁을 덥혀 주는 성질이 있어 산후 조리에 그만이다. 뜸으로 쓸 경우, 백약의 으뜸이라 할 것이다.

비파

1914년 일본인들에 의하여 한국에 처음 심어진 중국 원산의 비파는 그리 많이 알려진 식물이 아니다. 비파는 열매는 열매대로, 이파리는 차나 약용으로 사용한다. 통증 치료에서 암의 격심한 통증에 특효인 비파엽 요법이 있는데, 이것은 비파나무의 나뭇잎을 이용한 것이다.

한방에서는 이미 학질, 구토, 각기, 기침, 주독 등의 약재로 널리 사용되고 있는 약재다. 최근 일본에서는 '비파 요법'이라 하여 훈증기를 만들어 많이 사용되고 있고, 한국에도 일부 소개되고 있다.

비파엽 요법은 온열 효과를 가해 처방하는 요법으로, 비파의 나뭇잎을 타지 않을 정도로 불에 쬐어 잘게 부순 다음에 환부에 갖다 대고 비벼 시술하는 방법이다. 창시자가 석가모니로 기록되어 있을 정도로 그 역사는 2,500여 년 전의 불교 의학으로 거슬러 올라가며, 통증을 완화시키는 효과가 높아 지금도 많은 사람들이 사용하고 있는 대체의학이다.

성분 ┃ 비파 잎사귀에는 포도당, 서당, 말토오스, 덱스트린, 아미그더린, 주석산 등의 성분이 함유되어 있으며, 이중에서 아미그더린 성분은 비타민 B_{17}로 분류되는 특별한 성분 중 하나다. 아미그더린의 임상치료 사례에서 이미 밝혀진 것처럼 비파엽 요법은 신경통·무릎통 등의 통증 완화 작용 외에도, 만성 췌장염, 자율신경 실조증, 이명, 파킨스병, 암 등의 중병에도 탁월한 효과를 보여서 실질적으로 '여러 질병에 효과가 있다' 할 정도로 그 효과는 신속하고 확실하다.

효과 ┃ 한방에서는 비만의 원인이 되는 비습과 담읍, 그리고 지방과 수분, 기혈이 순환되지 않아서 노폐물이 과잉 축적돼 생긴 증상에 효능을 지니는 생약제로 알려져 있는데, 최근 여성들로부터 비만 치료제로 각광받고 있다. 잎을 다려서 차나 음료로 마신다. 건위·거담 효과가 있어 폐로 인한 기침을 멈추게 하는 작용, 구토를 막고 위의 활동을 도우며, 갈증을 해소하는 데 효험이 있다. 피로 회복이나 식욕 증진, 항염 작용, 피부 염증 등에도 좋은 것으로 알려져 있다. 옛 문헌들에도 비파의 효능은 상세히 소개되고 있는데『동의보감』에서는 만성 기관지염·거담·갈증 등의 치료제로 이용되었고, 허준의 스승

유의태의 반위(위암) 치료에 이용되었다. 『본초강목』에서는 비파를 '감산평무 독'이라 하여 갈증을 풀어 주고, 심장병의 호흡을 안정시키며, 폐의 기를 잘 다스리고, 술독을 풀며(숙취 해소), 구토와 구역질을 치료한다고 했다. 『향약 집성방』 등 고전 문헌에서는 그늘에 말린 비파잎이 건위, 청량, 진해, 신경통, 류마티즘, 붓기, 천식의 기침을 멈추게 하고, 위를 튼튼히 하여 위 진통에 효 과가 있다고 했다. 북한 「약초지」(『약초의 성분과 리용』 문관심 저, 1984)에서는 땀띠를 비롯한 피부 질환에 욕탕료로 쓴다고 나와 있다.

그 밖에도 감기에 걸려 열이 있을 때 비파잎차에 소금을 약간 넣어 양치를 하면 효과적이다.

민들레

성서에 히브리 백성들이 즐기는 쓴 나물이 바로 민들레 라고 주장하는 학자들이 있을 정도로, 고대로부터 좋은 약재로 사용되어 오던 것이다. 소박하게 아름다운 꽃을 피우는 민들레는 많은 약효와 차로서의 성분 도 충분하게 가지고 있다. 봄의 새잎과 뿌리는 식용과 약용으로 이용된다.

효과 소화기 질환에 약효가 뛰어나 위를 보호하는 효과가 있으며, 간의 기 능을 좋게 하고, 담석증·신장의 기능을 원활하게 해 배뇨가 잘되게 한다. 민 들레차(탕)를 규칙적으로 마시면 혈압도 내리고 신경통에도 좋다.

주로 호흡기와 소화기에 효과가 있다. 그 밖에 소변을 잘 나오게 하고, 염증을 없애 주며, 위장을 튼튼히 해주고, 산모의 젖이 잘 나오게 해주며, 피를 맑게 하고, 천식·기관지염·늑막염·위염·간염 등에도 좋은 효과를 보이고, 식도가 좁아 음식을 먹지 못할 때나 결핵, 소화 불량으로 고생할 때도 효과를 나타낸다. 특히 민들레로 커피를 만들어 마시는 민들레 커피는 식이섬유의 함량이 높아 소화 흡수를 돕고 변비에도 좋으며, 구강 및 인후의 염증에도 좋은 효과가 있다. 기관지 점막을 튼튼하게 하여 감기도 예방이 되고, 식욕을 증진시키며 강장 작용도 하는 것으로 알려져 있다. 쓴맛은 원래 강한 지구력을 갖게하는 것이기에 히브리 백성들의 사막 생활 40년의 시작을 쓴 나물로 시작한것이 아닌가 생각된다.

조제 ┃ 길가에 산울에 흔하게 자생하는 민들레는 나물·샐러드·차로도 이용되며, 이른 봄에 채취한 민들레의 어린 잎은 국거리로도 쓰고 나물로 무쳐서 먹기도 한다. 쓴맛이 있기는 하나, 이는 위와 심장을 튼튼히 해주는 성분이다. 물에 오랫동안 담가 두면 쓴맛이 빠져나가 약효를 볼 수 없다.

잎은 생으로는 초무침을 하거나 샐러드로 먹으며, 말려서는 차로(이때에는 바짝 말려서 볶은 다음 가루로 만들어 물에 타서 마신다)마신다. 꽃은 주로 술을 담가 먹으며, 뿌리는 장아찌나 김치를 담가서 먹거나 기름에 튀겨 먹기도 한다. 특히 깨끗하게 씻어 즙을 내어 마시면 대단한 강장제가 된다. 민들레 즙을 3~4주간 꾸준히 마시면 통풍이나 류머티즘의 증상이 사라지고, 황달이나 비장에도 매우 효과적이다.

신선엽

신선엽이란 뽕잎을 가리키는 한방명으로, 뽕나무는 본래 누에를 치기 위해 재배하기도 하지만, 뿌리·껍질·열매·잎 등 많은 부분이 한약재로 쓰이는 유익한 나무다. 또한 뽕잎에는 유효한 성분이 매우 많아 허약 체질을 튼튼하게 해준다. 지금부터 1,800년 전의 중국 고전 『본초강목』에도 등장하는 약재다.

뽕나무 열매인 오디를 분말로 하거나 술로 혹은 차로 마실 때에도 상당한 효과를 거둘 수 있다. 뽕나무는 뿌리·줄기·이파리·열매 다 사용할 수 있으며, 이 나무에서 자라는 버섯은 최고의 항암 치료제로 각광을 받아 왔다. 뽕잎으로 기른 누에를 약재로 많이 사용하지만, 그것보다는 직접 뽕나무를 이용하는 것이 더 좋을 듯하다.

성분 │ 식물섬유나 철분, 칼슘 등이 풍부하다. 특히 잎사귀의 건조 분말에 함유된 칼슘의 함량은 우유의 28배나 되고, 철분의 함량은 총각무의 150배에 해당될 정도로 높다. 그뿐 아니라 건조시킨 뽕잎에는 혈압을 낮추는 성분인 감마아미노낙산도 다량 함유돼 있다.

효과 │ 중국에서는 예로부터 뽕이 약으로 사용돼 왔으며, 본초학의 가장 오래된 서적으로 일컬어지는 후한시대의 『신농본초경』에도 약효에 대해서 구체적으로 소개돼 있다. 내용 중에는 뽕잎사귀를 차 대신 마시면 감기나 백일기침에 효험이 있고, 고혈압의 예방이나 자양강장제로서도 효력이 있다는 사실 등도 적혀 있다. 그 밖에도 『계차양생기』라는 서적에는 '뽕 죽을 먹고 뽕 목욕을 하면 당뇨병의 증상이 억제된다'고 소개돼 있다.

달콤하면서도 시큼한 오디는 민간요법으로 건조시켜 분말로 만든 것을 벌꿀을 사용해서 환약으로 만들어 복용하면 당뇨병이나 동맥경화, 고혈압의 묘약이 된다고도 했다. 또한 식은땀과 허약 체질을 개선시키며, 자주 마시면 눈이 밝아진다고 한다. 그 밖에도 당뇨, 중풍 예방, 기침 감기, 백일해, 붓기, 폐질환, 거담, 두통, 해열, 데이거나 베인 상처, 뱀 물린 데, 종기, 등창, 못에 찔린 상처, 밤에 땀나는 증세, 머리칼이 잘 자라지 않는 증세, 손발이 저리고 감각이 없는 증세 등을 치료하거나 예방한다. 신록일 때 이파리를 다듬어 음지에서 말려 두었다가 사용한다. 녹색이 진해지면 나름대로의 독성이 있어 차로 음용하기 좋지 않으니, 신록일 때 따 두는 것이 좋다.

뽕잎의 52.9%가 섬유 성분으로, 변비 해소에 좋고 비만을 억제하는 성분이다. 뽕잎차에는 당을 떨어뜨리는 글루코스테이즈 제해제를 다량 함유하고 있으며, 25종의 필수 아미노산과 몸에 활력을 주는 엽록소가 매우 풍부하여 당뇨로 고생하시는 분들에게 매우 좋다. 신장 기능을 촉진시켜 대소변을 용이하게 한다. 뽕잎에는 노인성 치매 예방에 효과적인 세린과 피부 노화 예방의 글루타린이 함유돼 있어 노화를 억제해 준다. 철분, 칼슘, 섬유질 등이 풍부하여 콜레스테롤을 줄이고 피를 맑게 해준다.

조제 | 신록일 때 잎을 따 두어 그늘에서 말려 차로 마시거나, 가루로 만들

어 솔잎·들깨 가루에 섞어 마시게 하면 혈압을 다스리는 데 특효가 있다. 뽕나무는 나무 전체를 부분별로 다 사용할 수 있다.

익모초

어려서 배가 유달리 많이 아팠던 나는 익모초를 많이 마셨던 기억이 있다. 익모초는 『신농본초경』에 그 기록이 처음으로 나타나며 『도경본초』에서 비로소 익모초로 불리게 된, 비교적 많이 쓰이는 한약재다. '익모고', '고초'라고도 불린다. 『신농본초경』에 이르기를 '익모 익명한다'고 했고, 이시진의 『본초강목』에서는 '이 풀과 씨는 둘 다 충성의 효가 있고, 그 공력은 부인에 적절하고, 눈을 밝게 하고 익정한다는 데서 익모라는 이름이 붙었다' 고 기술되고 있다.

약리면에서 생각하면 심근 수축, 심박동수를 증가시키고, 호흡 운동을 증가시키는 성분이 있다는 것이 입증되고 있다. 또 익모초 엑기스는 자궁 근육의 수축력과 긴장성을 증강시킨다고도 보고되고 있다. 실제 이용에 있어서는 다른 생약과 배합한 궁귀조혈음·조경탕은 부인의 월경 불순을 비롯하여 기타의 부인과 질환과 산후의 신경증에 쓰이며, 종자인 충위자는 거어혈의 효와 더불어 보익의 작용이 있어 부정 출혈과 월경 과다에 쓰인다고 한다. 그러나 다량의 복용은 중독을 일으킬 수가 있다고 하였다. 여름철 입맛을 잃었을 때, 월경량이 적거나 불규칙하고 아랫배가 아플 때 복용하면 좋다.

 심장, 간, 신경 등에 영향을 주면서 활혈 조경, 이뇨, 사혈, 종기, 부스럼, 생리 조절 작용, 혈당 저하 작용, 결핵, 안질 등에 효과가 있다. 옛날 한방에서는 월경을 조절하는 효과가 뛰어나 부인병의 묘약으로 사용되어 왔는데 냉 대하증, 생리 불순, 산후 어혈, 자궁 출혈 등의 각종 자궁 질환 및 유방염에 효과가 있다. 특히 한 여름철 더위 먹은 데는 익모초 즙 한 사발이면 깨끗하게 치료된다. 병원 치료나 어떤 약보다 낫다. 단, 임산부는 복용을 금한다.

으름나무

으름나무는 지방에 따라 불리는 이름도 많다. 그중에 제일 예쁜 이름을 고르라면 아마도 '임하부인'일 것이다. 으름 열매가 쩍 벌어진 모습에서 그런 별명을 얻게 됐다고 한다. 그 밖에도 '월하부인', '월하미인'이라고도 불린다. 으름나무는 보습 성분이 우수하여 잔주름 예방에 그만인 것으로 알려져, 최근에는 화장품으로 개발돼 시판되고 있다. 목통, 연복자, 임하부인, 통초, 어름나물넌출, 어름, 어름나무로도 불리는데, 한약명으로는 '목통'이다.

으름덩굴 씨앗은 머리를 맑게 하여 앞일을 미리 알 수 있는 능력이 생긴다고 하여 '예지자'라는 이름도 붙었다. 예지자는 암세포에 대하여 90% 이상의 억제 효과가 있으며, 씨앗의 기름에 들어 있는 올레인·리놀레인·팔미틴 등의 성분이 혈압을 낮추고 염증을 없애며, 갖가지 균을 죽이는 작용을 한다. 예지자를 오래 복용하면 몸이 가벼워지고, 어떤 병에도 걸리지 않으며, 초인적인 정신력이 생긴다고 한다.

 말린 것은 치열, 이뇨, 진통, 통경, 배농, 창저, 인후, 금창, 진해, 해열, 소담, 보정, 구충, 유종 등에 약용하고, 뿌리는 거풍, 이뇨, 활혈, 류마티스에 의한 관절염, 소변 곤란, 위장 장애, 헤르니아, 경폐, 타박상 치료 등에 광범위하게 이용된다. 특히 이질균과 폐결핵균에 잘 듣는 것으로 전해 오는 약재이다. 『동의보감』에 의하면 온몸의 12경락을 잘 통하게 한다고 하여 '통초'라고 하며, 맺힌 것을 풀어 주는 성분이 있다고도 한다. 단, 허하여 땀을 많이 흘리거나, 설사나 비위가 약한 사람은 금하는 것이 좋다고 전해진다.

찔레

우리 가요의 노랫말에 자주 등장하는 꽃이다. 꽃향이 좋아 옛날 사람들은 향을 추출하여 향수로 사용하기도 했고, 목욕물에 담가 사용하기도 했다. 이 꽃을 차로 음용하거나 목욕물에 사용하면 좋은 화장수가 된다. 우리나라 어디서든지 흔히 볼 수 있는 식물이다. 산기슭의 양지 쪽과 하천 유역에서 잘 자란다. 꽃은 5월에 흰색 또는 연한 홍색으로 피는데, 지름 2cm 정도의 꽃이 가지 끝에서 원뿔 차례로 달린다. 열매는 수과로 지름 8mm 정도의 구형인데, 9월에 빨갛게 익는다. 50대 이상에게는, 새싹이 올라오는 어린 순을 따서 먹기도 하고, 꽃잎의 달작지근한 맛을 봤던 기억들도 있을 것이다.

성분 | 0.02~0.03%의 정유가 들어 있다. 아직 전문적으로 연구 발표된 약리 성분은 없다.

효과 | 전래되어 온 내용을 보면, 꽃은 향기가 좋아서 향수의 원료로 사용되었다. 한방에서는 열매를 '영실' 이라고 하여 덜 익은 열매를 말려 허리, 관절염, 음위, 치통, 이뇨, 부종, 변비, 해열, 해독제 등의 약재로 사용하였다.

원추리

'망우초' 라는 이름도 있는데, '시름을 잊게 해주는 풀' 이라는 뜻이다. 어린 새싹은 나물로, 자란 뿌리와 줄기는 약으로 사용한다.

옛날에 효성이 지극한 두 형제가 아버지를 여의고 슬픔에 잠겨 매일 산소를 맴돌며 우느라 아무 일도 하지 못하였다. 해를 넘기자 형은 각성하여 어떻게든 슬픔을 잊고 현실을 받아들이려고 하였다. 생각 끝에 무덤가에 슬픔을 잊게 해준다는 원추리를 심어 꽃을 피웠다. 그 결과 뜻대로 슬픔을 잊고 정상적인 생활을 하게 되었다. 그러나 동생은 '슬픔을 잊으려는 것은 아버지를 잊는 것과 무엇이 다른가' 라고 생각해 더욱 아버지를 잊지 않으려고 궁리하던 끝

에, 기억을 잊지 않게 해준다는 '자완'이라는 약초를 심었다. 자완은 나물로
도 많이 먹는 개미취를 말한다. 그 결과 동생은 아버지를 더욱 간직하여 어느
날 비몽사몽간에 아버지의 혼을 만나고 예언의 능력을 얻게 되었다는 전설이
있다.

원추리의 싹은 '넘너물'이라 하여 나물로 먹고, 정월대보름에는 국을 끓이
던 풍습이 있었는데, '정초에 근심을 털어 버리자'는 의미가 있다. 원추리 싹
을 삶은 맛은 마치 파를 푹 삶아놓은 맛과 비슷하며, 부드럽고 고소하며 단맛
이 난다. 원추리의 뿌리를 약용으로 할 때는 '훤초'라고 한다. 훤초 → 원초
→ 원추 → 원추리로 변한 것으로 보인다.

효과 │ 소변을 잘 나오게 하고, 피의 탁한 열기를 서늘하게 식혀 주는 효능
이 있다. 따라서 전신이 붓고 소변이 잘 안 나오거나 소변이 뿌옇게 나올 때
개선시키는 효과가 있다. 코피, 대변 출혈, 자궁 출혈 등에 지혈 작용을 보인
다. 유선염을 치료하거나 젖을 잘 나오게 하는 효과도 있다. 간디스토마의 구
제, 항 결핵 작용이 보고되어 있다.

원추리의 꽃봉오리는 '금침채'라고 하여 달고 서늘한 성질로 독은 없다고
분류한다. 습열을 없애고, 가슴의 답답함을 풀어 주는 효능이 있어 소변이 시
원하지 않을 때, 황달, 가슴의 답답증과 번열증, 불면증, 치질로 인한 출혈 등
에 사용한다. 1회 복용량은 15~30g 씩이다.

신선초

신선초는 염증이나 독과 질병 및 악령 등을 치유하는 약초로서 오랜 역사를 가지고 있다. 여러 북유럽 국가에서는 기독교가 들어오기 전에 신선초를 신들에게 바치던 풍습이 있었고, 비기독교도들의 축제에 중요한 역할을 하였다. 기독교가 퍼지면서 신선초는 대천사 미카엘과 관련을 맺게 된다. 그 이유는 신선초가 미카엘의 축일인 5월 8일에 꽃이 피기 때문이다. 신선초의 학명인 '안젤리카'는 천사에서 유래하고, 종명인 '아르크안젤리카'의 arch(아르크)는 '최고', '제일', '큰' 등을 의미하므로 안젤리카와 합쳐서 '대천사'를 의미한다. 신선초의 가치를 매우 귀하게 여겨 신선초를 '신성한 영혼의 뿌리'라고 부르기도 하였다. 『본초강목』에도 전해지고 있다.

효과 특히 혈액을 깨끗하게 하는 특성이 있다. 인간의 모든 질병은 혈액이 더러워지거나 피곤함에서 온다고 보면 될 것이다. 어깨가 결린다, 다리가 나른하다, 머리가 아프다, 아무래도 상태가 나쁘다는 등의 증세부터 암이니 뇌졸중이니 하는 죽음에 이르는 병까지, 그 원인은 모두가 피가 더러워지거나 피로로부터 파생하는 것이다.

게르마늄과 칼슘은 두 가지가 쌍이 되고, 서로를 보완하면서 혈액을 정화하고 뼈를 강하게 한다. 또, 혈액 중의 pH 농도를 일정하게 유지하는 작용을 하게 한다. 비타민B_{12}와 비타민C는 테그(tag)를 짜고, 암세포 증식에 스톱을 건다. 더욱이 엽록소와 철은 혈액을 만들어 낼 때 없어서는 안 되는 것이다.

만병초

만병초는 높고 추운 산꼭대기에서 자라는 늘푸른떨기나무로, 잎은 고무나무 잎을 닮았고, 꽃은 철쭉꽃을 닮았으며 하얗게 핀다. 천상초, 뚝갈나무, 풍엽, 석암엽 등 여러 이름으로 불리고 있다. 중국에서는 '칠리향' 또는 '향수'라는 이름으로 부르는데, 꽃에서 좋은 향기가 나기 때문에 붙은 이름이다. 생명력이 몹시 강해서 영하 30~40℃의 추위에도 푸른 잎을 떨구지 않는데, 날씨가 건조할 때나 추운 겨울에는 잎이 뒤로 도르르 말려 수분 증발을 자체적으로 막는다. 만병초는 구하기가 수월하지 않은 것이 흠이지만, 이름 그대로 만병에 효과가 있는 약초로, 한방에서는 별로 쓰지 않지만 민간에서는 거의 만병통치약처럼 쓰고 있다.

효과 | 고혈압, 저혈압, 당뇨병, 신경통, 관절염, 두통, 생리 불순, 불임증, 양기 부족, 신장병, 심부전증, 비만증, 무좀, 간경화, 간염, 축농증, 중이염, 백납 등에 잎과 뿌리를 약으로 쓴다. 잎을 쓸 때에는 가을이나 겨울철에 채취한 잎을 차로 달여 마시고, 뿌리를 쓸 때에는 술을 담가서 먹는다. 잎으로 술을 담글 수도 있다.

백납(백전풍·백설풍)에 특효가 있다. 백납은 피부에 흰 반점이 생겨 차츰 번져 가는 병으로, 여간해서는 치료가 어렵다. 또 치료된다 하더라도 완치되기까지 2~3년이 걸리는 고약한 병으로, 많은 사람들이 고통을 받고 있는 병이다. 그러나 아직까지 이를 완치할 수 있는 약은 없는 상태인데, 바로 이 만병초 잎으로 이를 다스릴 수 있다는 것이다. 환부에 1푼(0.3mm) 깊이로 침을 빽빽하게 찌른 다음 만병초 잎 달인 물을 면봉 같은 것으로 적셔서 하루 3~4번씩 발라 주면, 빨리 낫는 사람은 일주일, 상태가 심한 사람은 2~3개월이면 완치된다고 전해지고 있다.

무좀, 습진, 건선 등의 피부병에도 좋다. 만병초 달인 물로 자주 씻거나 발라 주면 효과가 있다. 만병초 달인 물을 진딧물이나 농작물의 해충을 없애는 자연 농약으로 쓸 수도 있으며, 화장실에 만병초 잎 몇 개를 넣어 두면 구더기가 다 죽는다. 만병초 달인 물로 소·개·고양이 등 가축을 목욕시키면, 이·벼룩·진드기 등이 다 죽어 버릴 정도이다.

진통 작용이 있어, 말기 암 환자의 통증을 없애는 데도 쓰인다. 통증이 격심할 때 만병초 달인 물을 마시면 바로 아픔이 가신다. 북한의 김일성도 생전에 목 뒤의 종양을 치료하기 위해 만병초 잎과 영지버섯 종균 달인 물을 오래 복용하였다고 전해지고 있다. 만병초 잎을 차로 마시려면, 만병초 잎 5~10개를 물 2되에 넣어 물이 한 되가 될 때까지 끓여서 한 번에 소주잔으로 한 잔씩 식후에 마신다. 만병초 잎에는 '안드로메도톡신'이라는 독이 있어서 많이 먹으면 중독이 되며, 한꺼번에 많이 먹으면 생명이 위태로울 수도 있으므로 주의해야 한다. 이 차를 오래 마시면 정신이 맑아지고, 피가 깨끗해지며, 정력이 좋아진다. 특히 여성들이 먹으면 불감증을 치료할 수 있고, 정력이 세어진다고 한다. 습관성이 없으므로 오래 복용할 수 있다. 간경화, 간염, 당뇨병, 저혈압, 고혈압, 관절염 등에도 좋은 효과가 있다.

화(花)

꽃도 차로 마신다. 꽃차를 음용함에 있어서 주의 깊게 살필 것이 있는데, 그것은 순한 꽃을 따 두어야 한다는 것이다. 독이 없는 꽃을 사용해야 하는데, 봄에 잎보다도 먼저 꽃을 내미는 것들은 독이 별로 없는 것으로 알려지고 있으나, 요즘은 식물군도 하도 복잡해서 구별이 쉽지 않다. 그러나 벌과 나비가 날아들지 않는 것은 삼가는 것이 좋다. 왜냐하면 벌과 나비도 접근할 수 없는 독이 있기 때문이다.

꽃차는 우리 생활 주변에서 흔히 볼 수 있는 것들 중에서 잘 채집하여 관리해 사용하면 좋은 덕을 볼 것이다. 화차 종류는 그 자체만으로도 차가 되지만 다른 차에 곁들여서 사용하면 멋과 맛, 향을 증가시킨다. 차로 이용할 때는 개화되기 전에 따 두는 것이 향을 잘 보관할 수 있는 방법이며, 태양에 의해 향이 날아가지 않도록 조심스럽게 음지에서 말린다. 밀폐용기에 넣어 냉장고에 보관하면 많이 보관하지 못하는 단점은 있지만 맛과 향을 고스란히 보관할 수 있는 장점도 있다. 잎차도 마찬가지겠지만 오염을 피하여 채취해야 하며, 특히 농약 성분이 있는 것은 오히려 해가 되므로 신중하게 채취하여야 한다.

국화

국화는 오랜 옛날부터 차나 약으로 애용되어 왔다. 많은 화차 중에서도 대표 주자가 바로 국화차일 것이다. 국화는 산국 또는 들국화라고도 하며 소국, 황국, 감국 등으로도 불린다. 대체로 가을 산야에 피는 조그만 종류를 황국 혹은 소국, 산국이라고 부른다.

성분 | 주 성분으로는 쿠산테논과 같은 정유, 아데닌, 콜린, 아미노산, 비타민, 플라보노이드 등을 들 수 있다. 이들 성분이 해열, 해독, 감기로 인한 두통, 현기증, 귀울림, 눈의 충혈, 종기 등을 해소하는 데 효과적이다.

효과 | 들국화는 감상용의 꽃으로 알고 있지만, 중국에서는 생약의 하나로 취급하여 한방약이나 차로서 이용해 왔다. 중국의 의학에 보면 체내의 장기는 바깥과 연결돼 있으므로 폐는 코, 위는 귀, 심장은 혀, 비장은 입이나 입술, 간은 눈의 상태를 통하여 짐작할 수 있다고 한다. 따라서 피로한 눈을 방치해 두면 노화가 빨라진다고도 하는데, 국화가 노안이나 백내장에 좋은 것으로 알려져 있다. 눈에 통증이 있을 때는 들국화보다 국화 쪽이 효과가 크다. 두통이

나 풍열을 없애고, 청열을 해독하는 역할도 한다.

매화

예로부터 수많은 화가들의 작품 속에 등장해 온 매화는 차로도 유명하다. 매실의 원산지는 중국의 사천성과 호북성으로 알려져 있으며, 약 1,500년 전 우리나라에 들어왔다고 한다.

오랜 세월 동안 매실은 식용이나 약용으로 이용돼 왔는데, 장아찌(우메보시) · 농축액 · 죽 · 즙 · 술 · 차 등으로 가공하여 애용하고 있다. 매실의 이용은 오늘날 많은 부가가치를 가져다주고 있는데, 그 매실의 꽃차도 이에 못지않은 좋은 차로써 차인들을 기쁘게 해준다. 자세한 효능이야 열매인 매실만 못하겠지만, 봄에 만들어 놓고 겨울에 소복하게 눈이 내렸을 적에 매화 향을 풍기면서 차 멋에 취하여 보면 그 맛이 일품이다.

성분 | 매실은 과육 부분이 전체의 85%이며, 주 성분은 탄수화물이고, 당분 10%와 다량의 유기산을 함유하고 있다. 유기산은 구연산 · 사과산 · 주석산 · 호박산 · 피루브산 등으로 구성돼 있는데, 특히 구연산의 함량이 다른 과실에 비해 월등히 높아 매실을 널리 애용하고 있다. 그 밖에 카테킨산, 펙틴, 탄닌 등을 함유하고 있다.

 매실은 한방에서는 건위, 지혈, 지사, 거담, 주독, 해독 및 구충 등에
효과를 나타내는 한약재로 이용하고 있다. 사람이 음식물을 섭취하면 몸 속에
서 음식물이 에너지로 변하는 과정에서 찌꺼기로 연소가스가 발생된다. 이것
이 유산·초성포도산 등의 산독화 물질인데, 바로 이것이 우리 몸을 피로하게
만드는 주 물질이다. 매실은 천연 구연산으로 몸 안의 피로물질을 배출시키는
역할을 하여, 이러한 피로물질로 인해 세포나 혈관이 노화되는 것을 막아 준
다. 뿐만 아니라, 피루브산은 간장을 자극하여 간장의 해독 작용을 높여 준다.
매실에는 또한 강력한 건위·정장의 효과가 있는데, 성분 중의 하나인 카테킨
산이 장내의 항균·살균 작용을 높여 정장 작용을 하게 되므로 설사와 변비에
즉효를 나타내는 것이다.

벚꽃

봄철에 만개한 벚꽃은 사람들의 마음조차 환하게 해준
다. 이 꽃이 차로서도 사람에게 유익하다니 그 얼마나 고마운가. 벚꽃은 낙엽
활엽교목으로 내한성·내음성·내병충성에 약하고, 공해에는 강한 수종이다.

 장복하면 나이 많은 사람의 얼굴에 생기는 검버섯·주근깨가 없어지
며, 구슬같이 윤기 있는 살결이 된다고 한다. 숙취나 식중독의 해독제로도 사
용돼 왔다. 그 외 신장염·당뇨병·무좀·습진에 좋고, 기침을 멎게 하는 민간

약으로 이용돼 왔다니, 옛사람들의 생활의 지혜를 짐작할 수 있다.

지괴화 (아카시아 꽃)

성서에 '싯딤나무'라는 나무가 나오는데, 이 나무가 유태인들 성전의 성궤(법궤)를 짠 나무이며 바로 아카시아나무이다. 아카시아는 열대지방에 나는 나무로, 그 종류가 세계적으로 650여 종이나 된다. 한국의 아카시아는 '아까시나무'가 맞는 이름이다. 여기에서는 그냥 불러 오던 대로 아카시아라고 하겠다. 아까시는 장미목의 콩과 아카시아속에 속하는 나무이다.

효과 ┃ 지혈 작용을 해, 특히 폐결핵 환자들의 각혈에 잘 듣는다. 자궁 출혈을 치료하며, 아카시아 잎은 이뇨와 부종에 특효다. 아카시아 뿌리에도 소나무 뿌리에 생기는 부종처럼 부종이 있는데, 귀한 약재로 사용되어진다. 아카시아 꽃에서 추출한 꿀은 그 향과 맛이 좋아 많은 사람들이 즐기고 있다.

조제 ┃ 아카시아의 어린 잎을 따서 그늘에 말려 두었다가 차로 사용하며, 꽃도 냉동하거나 말려 두었다가 차로 음용한다. 특히 따서 말리거나 냉장해 놓았던 아카시아 꽃을 다른 찻잔 속에 하나씩 넣어서 마시면 그 향기가 일품이다. 한겨울에 따뜻한 차 한잔과 함께 즐기는 아카시아의 달콤한 향과 맛도 더없이 좋다.

시골에서 자란 사람들은 어김없이 칡뿌리를 씹어 보았을 것이다. 그 칡뿌리가 우리 몸을 얼마나 이롭게 하는지 〈근차〉에 관한 설명 중 〈갈근〉 편에서 이미 소개하였다. 여기서는 이 칡의 꽃차를 소개하겠다. 칡은 우리나라 어느 곳이든지 자생하는 덩굴로, 뿌리는 '갈근'이라 하고 그 꽃을 '갈화'라고 한다. 맛은 달콤하며 약성은 덥지도 차지도 않고 서늘하다. 산기슭에 얼기설기 엉켜 있는 칡덩굴은 어디에서든 흔하게 볼 수 있는데, 거기에 피는 꽃은 보라색이다.

갈화차는 음주 후 알코올 성분이 몸에 배어 있는 사람이 마시면 좋다. 술을 자주 많이 마시는 사람은 수시로 알코올을 분해시켜 줘야 하는데, 알코올 성분을 분해시키는 데는 칡꽃보다 더 좋은 것이 없다. 술을 빨리 깨게 하는 데도 칡꽃을 따라갈 만한 것이 없으므로, 부인들은 남편이 술을 마시고 들어오면 칡꽃차를 미리 준비해 둔다면 건강에 대한 염려도 한결 덜게 될 것이다.

성분 │ 칡뿌리에는 전분이 10~14%, 당분이 4~5% 들어 있어 단맛이 난다. 경련 작용을 진정시키는 다이드제인, 해열 작용 성분인 페룰린산과 카페인산 성분도 들어 있어 해열과 뇌 혈류량 증가의 효능이 있다. 무기질인 칼슘·칼륨·인산 등과 비타민 B 복합체를 골고루 가진 알칼리성 식품에 속한다.

효과 │ 갈화차는 주독을 풀어 주며 술을 빨리 깨게 한다. 술로 인해 생기는 열과 갈증, 구토, 식욕 부진, 구역질, 입으로 피를 토하는 증상, 장풍하혈에 특효를 가지고 있는 차로 잘 알려져 있다. 많은 사람들이 갈근을 한약제로 사용하니까 갈근, 즉 뿌리에 더 효과가 있을 것으로 생각하지만, 실상은 알코올을 분해시키는 데에는 꽃이 배 이상의 효능을 지닌 것으로 알려져 있다. 갈화차를 자주 마시는 사람은 술로 인한 후유증으로 고생하는 일이 없을 것이다. 그토록 좋은 이유는 간을 풀어 주는 효능이 있기 때문인데, 같은 이유로 수험생의 피로 회복에도 좋을 것이다.

 나이 들어 정력에 쇠하여지는 데는 칡순차가 그만이라는 말을 강원도 양구지역의 노인들로부터 들었다. 그래서인지 이 지역에는 칡순을 보기가 힘들다. 재빠르게 채취해 가기 때문이다. 칡순 끝 고사리 같은 부분의 약 5cm 정도를 따서 말려 두었다가 늘 차로 마시면 늙어도 정력이 쇠하지 않는다고 전해져 내려오고 있다.

도화

'도자' 라고도 불리는 복숭아는 신선들의 과일로 알려지고 있다. 성서 창세기에 나와 있는 선악과도 복숭아라고 하는 사람들이 있고, 『서유기』의 손오공이 훔쳐 먹은 것도 9천년 만에 한 번 열린다는 천도복숭아이며, 삼천갑자 동방삭도 한무제의 복숭아 3개를 훔쳐 먹고 3천년을 살았다지 않던가. 이처럼 많은 이야기를 가지고 있는 복숭아는 그림과 민화에도 자주 등장하는 아주 특별한 과일이다. 천혜의 약제 영지버섯도 원래는 복숭아나무에서 자생한 것이라야 제 약효를 가지고 있다고 한다. 예로부터 복숭아를 먹으면 장수하는 것으로 알려져 왔는데, 이는 복숭아가 풍부한 비타민과 여러 가지 유기산을 함유하여 혈액 순환을 돕고 피로 회복, 해독 작용, 면역 기능 강화, 피부 미용 등에 좋기 때문이다.

『동의보감』에서도 '여성이 복숭아를 먹으면 안색이 좋아지고 피부 미용에 좋아 미인이 된다'고 하였고, 담배의 니코틴과 알코올 등을 해독한다고도 한다. 그래서 신선들이 즐겨 먹었는지 모른다. 복숭아는 열매뿐만이 아니라 꽃과 잎, 씨 등 버릴 것이 없는 알뜰한 과일이다.

성분 | 비타민A가 많이 들어 있으며, 그 밖에 단백질, 지방질, 당질, 회분, 칼슘, 인, 철분, 니코틴산, 비타민 C 등이 들어 있다. 복숭아의 주된 성분으로는 폴리페놀류(항산화 작용, 악취 제거, 콜레스테롤 저하, 혈압 강하, 발암 방지), 아미그달린(기침 제거, 신경 안정), 캠페롤(이뇨 작용), 베타카로틴(발암 방지, 심방병 예방), 소르비톨(변비 예방, 장내 유해균 억제, 비타민·미네랄 흡수 촉진)등이 있다.

효과 | 복숭아 꽃은 변비에 효과가 있어 미용에 각별히 신경 쓰는 여성들에게 특히 좋다. 또한 각기병과 결석에 효험이 있으며, 해독 작용을 한다. 참고로 복숭아의 각 부위별 민간요법들을 소개하겠다.

복숭아 잎 | 복숭아는 버릴 것이 하나도 없는 나무이다. 심지어 그 가지는 귀신을 쫓는 데까지 사용된다. 복숭아 잎으로 달인 물에 목욕을 하면 땀띠, 습진 등에 효과가 있다. 더구나 피부 미용에 좋다고 하니 여성들에게 인기가 많다. 그래서 '복숭아밭 집 딸은 미인이고, 외밭집 딸은 역골' 이라는 말이 전해 오고 있을 정도다.

복숭아 꽃 | 복숭아 꽃은 한방 재료로 사용한다. 꽃을 그늘에 말려 가루로 내 먹을 경우, 불필요한 살을 빼는 데 효과적이고 원형탈모증 예방에도 좋다. 복숭아가 항암 효과도 있다고 하는데, 복숭아 성분에 대해 보고된 바에 의하면, 복숭아는 발암물질인 니트로소아민의 생성을 억제하는 작용이 있다고 한다. 또한 복숭아 꽃은 변비에 효과가 있어 미용에 각별히 신경 쓰는 여성들에게 특히 좋다.

복숭아 씨 | 복숭아는 과실뿐만이 아니라 종자도 약용으로 사용한다. 체열을 없애고, 중풍, 폐환자, 후부인병, 진해, 거담에 좋고, 여성들의 화장독을 없애 피부 미용에도 효과가 있다. 또한 한방에서 진해제, 생리 불순, 생리통에 쓰인다. 건강하고 아름다운 피부를 위한 처방으로도 쓰이는데, 피부가 가렵고 건조하거나 기미나 주근깨가 있을 때 얼굴에 바르고 곱게 갈아 한 숟갈씩 먹으면, 체내의 나쁜 피를 맑게 해주어 변비가 없어지고 대변이 윤활하게 되고 피부가 고와진다.

복숭아 열매 | 복숭아는 알칼리성 식품이어서 식욕 증진과 피로 회복에 크게 도움이 된다. 식이섬유 함량이 1.38%(생물중)나 있어서 변비와 이뇨 작용에도 효능이 있다. 또한 비타민 종류로는 비타민 A·B₁·B₂·B₆·C·E, 나이아신 등이 각각 함유되어 있어 약해진 위의 기능이 원활하게 되고 위의 운동이 부드러워져 안색을 좋게 한다. 복숭아가 가진 해독의 약리 작용은 점차 밝혀져 니코틴 제거 효과가 있다고 하며, 혈액 순환을 잘 시키고, 심장·간장·대장에도 좋다.

복숭아 차 | 복숭아 과육을 저며서 말려 두었다가 감기나 위장 기능이 약할 때 차 대용으로 끓인다. 모과차 만드는 방식이나 다른 과일 차 만드는 방법과 같다.

홍화

이집트가 원산지인 홍화는 사람을 이롭게 한다고 하여 '잇꽃' 이라고도 한다. 홍화는 엉겅퀴와 비슷한 생김새의 꽃으로, 꽃잎에서 붉은 염료를 얻기 위해 많이 심었던 것으로 알려져 있다. 홍화를 물에 넣어 황색의 색소를 녹여낸 다음 잿물에 담그면 홍색이 우러나는데, 여기에 초를 넣고 침전시켜 연지로 사용하기도 했다. 또한 이 색소를 이용해서 천이나 종이도 염색했다. 그러나 광물성 물감이 들어온 이후 홍화의 이용 가치도 줄어 자취

를 감추었었는데, 최근 뼈를 좋게 한다는 이유로 관심이 급증해 재배 면적이
다시 부쩍 늘고 있다. 씨앗은 골다공증 치료에 약재로 쓰인다. 한방에서는 아
침 이슬에 젖은 꽃을 따서 말린 것을 약재로 쓴다. 예전에는 씨는 기름을 짜서
등유와 식용으로 사용했고, 등잔불에서 얻은 검댕으로 홍화묵을 만들어 쓰기
도 했다.

성분 │ 비타민E와 혈중 지질을 낮춰 주는 필수 불포화지방산이 많이 들어
있으므로 고혈압, 심장병, 고지혈증, 뇌졸중 등 성인병에 대해 긍정적인 역할
을 한다.

효과 │ 한방의 시각에서 홍화는 약성이 따뜻하다. 따라서 어혈이 생겨 손발
이 차고 저리는 등 혈액순환이 안 될 때 사용한다. 아울러 혈액의 이물질인 담
음을 제거하는 데도 효과가 있는 것으로 알려져 있다. 어혈이란 혈액 오염에
주안점을 둔 것으로, 서양 의학에서 말하는 혈전과는 의미에서 차이가 있다.
혈전은 피 찌꺼기로서 혈관의 제일 안쪽에 있는 내피세포를 손상시키며 설상
가상으로 혈소판을 엉키게 함으로써 혈전증이 되는 것이다. 홍화는 혈액의 응
고를 막는 등 어혈을 없앤다. 다만 생긴 지 오래되지 않은 어혈이나 생리 불순
에 의한 어혈은 치료가 잘 되지만 동맥경화나 중풍 전조증처럼 장기간 누적돼
온 어혈은 치료가 어려운 게 한계다.
　홍화는 일찍이 혈액 순환 개선과 어혈 제거의 대명사로 애용돼 왔으며, 수
년 전부터 새롭게 주목받고 있다.

홍화 씨에는 뼈에 꼭 필요한 약용 성분이 다량 함유돼 있다는 것이다. 홍화 씨는 홍화의 정기가 집약된 것으로, 근육과 골격을 강화시키고 칼슘대사를 관장하는 신장의 기능을 높인다. 이에 따라 녹용, 숙지황, 두충 등과 함께 뼈 성장이 부족해 키가 크지 않는 왜소증 어린이를 위한 특수영양식품에 약방의 감초처럼 들어간다. 그러나 소아 저신장증, 골다공증, 골절 등에 절대적인 효과를 낸다고 선전하는 것은 지나치다고 본다.

단지 민간요법으로 뼈가 부서지거나 조각 났을 경우, 씨 1냥쯤을 볶아 가루로 내어 쌀죽에 타서 밥 먹기 전에 먹으면 효과를 본다고 한다. 토종 홍화 씨는 효과가 빠르나 수입종은 약효가 적다. 홍화는 동맥경화나 혈관의 노화를 막아 준다 하여 건강 식품으로 인기가 있다.

씨에는 리놀산이 많이 들어 있어서 콜레스테롤 과다에 의한 동맥경화증의 예방과 치료에 좋다. 따라서 갱년기 증후군 및 골다공증 개선을 목적으로 하는 건강 보조식품에도 빠지지 않고 들어간다. 가정에서 손쉽게 할 수 있는 복용 방법으로는 홍화 씨 40g을 불에 살짝 볶아 가루로 만든 다음 진하게 달인 생강차에 반 숟갈씩 타서 마신다. 매 식전에 복용하면 뼈를 강화하는 데 효과가 있는 것으로 알려져 있다.

서양에서는 홍화 씨를 분말보다는 기름으로 짜서 먹는다. 꽃은 월경을 잘 나오게 하는 통경에도 좋다. 특히 복통이나 국소의 정맥이 확대되어 충혈되는 울혈에 효과가 있다. 또한 한기와 습기 때문에 생기는 냉습이나 정혈에 좋을 뿐만 아니라, 종양과 구강염에 사용해도 좋은 효과를 본다. 이렇게 홍화나 홍화 씨는 혈액 순환을 촉진하고 혈액량을 늘릴 수 있으므로 월경이 많은 여성

이나 임산부는 삼가는 게 좋다

진달래

봄에 산 전체를 붉게 물들이는 진달래는 우리나라 산천 어디서나 잘 자라는 중생식생의 대표격이다. '참꽃나무' 또는 '영산홍'이라 하기도 하며 '두견'이라고도 한다. 지방에 따라서는 '참꽃'이라고도 불린다.

대체로 산의 북쪽 비탈면에서 잘 자라는데, 우리나라에서는 봄이면 진달래 꽃을 따 화전을 만들거나 술을 빚기도 해왔다. 진달래 꽃을 진달래 잎과 함께 차로 이용하기도 한다.

효과 | 진달래 잎은 성질이 따뜻해서 진해, 거담, 심장병에 좋다. 그 밖에 혈압을 낮추고 어혈, 토혈, 이질 등에 유효하다. 강장, 이뇨, 건위, 두통, 관절염, 불임증, 진해 작용, 거담 작용, 심장 혈관에 관한 작용, 혈압 강하 및 어혈, 토혈, 이질 등에 유효하다. 성질은 따뜻하고 맛은 맵고 달며 독이 없다.

민들레

커피 대용으로 마실 수 있는 민들레는 한방에서 건위 ·

정혈에 다른 약재와 함께 처방하여 쓰고, 간에서는 설사를 멎게 하는 약재로 이용되는 식물이다. 또 피부 미용에도 좋고, 체력 강화에도 뛰어난 효과가 있다. 잎은 식용으로 쓰며, 뿌리는 한방에서 약용으로 쓰인다.

효과 소화기 질환에 약효가 뛰어나 위를 보호하는 효과가 있으며, 담석증을 개선하고, 신장의 기능을 원활하게 해 배뇨가 잘되게 한다. 혈압을 내리는 효능도 있으며, 민들레차를 규칙적으로 마시면 신경통도 예방할 수 있다. 민들레 커피는 식이섬유의 함량이 높아 소화 흡수를 돕고 변비에도 좋으며, 구강 및 인후의증에도 좋은 효과가 있다. 기관지 점막을 튼튼하게 하여 감기도 예방이 되고, 식욕을 증진시키며, 강장 작용도 하는 것으로 알려져 있다.

배꽃

배꽃, 이화는 차보다는 술로 더 유명하다. 고대로부터 이화주는 한국 고유의 술이며, 배꽃이 만개할 때 담는 술이라 하여 '이화주'라 하였다. 그러나 이화도 차로 사용하면 좋은 향과 맛을 음미할 수 있다.

효과 담이 나오는 기침이나 기관지 천식증, 해열 작용, 숙취와 배변에 도움을 주는 것으로 알려져 있다. 배나무 잎도 사용하는데, 알푸진과 단령질 성분이 3% 함유되어 있어 토사곽란이나 갑자기 배탈이 났을 때 배나무 마른 잎

10g을 달여서 4~5회 마시면 효과가 있다. 특히 어린아이가 갑자기 복통이 심할 때는 배나무 잎을 진하게 달여 4~5회 마시게 한다. 또한 요도를 소독하고 소변을 잘 나오게 하는 효과도 있다. 배나무 껍질은 부스럼이 생기거나 옴이 올랐을 때 달여서 마시면 효과가 있다.

사과 꽃

사과는 의사들이 싫어하는 과일이라는 설이 있다. 그만큼 사람에게 건강을 준다는 과일이다. 사과 꽃은 아름답다. 그 아름다운 꽃으로 차를 만들어 음용하면 그 향미 또한 아름답다. 다른 과일 차들처럼 사용하면 된다. 꽃에 대해 특별히 발표된 것이 없어서 사과의 일반적 사항들을 아래에 적어 두었음을 양해 바란다.

성분 ｜ 구연산과 주석산이 풍부하게 들어 있다.

효과 ｜ 사과 속에 들어 있는 사과산. 구연산 등의 유기산들은 운동이나 작업 후의 피로 회복에 좋다. 유기산은 위액의 분비를 왕성하게 하여 소화를 도와주며, 철분의 흡수도 높여 준다. 또한 스트레스로 인한 긴장을 완화시켜 주는 진정 작용도 뛰어나다. 위장의 운동을 도와서 소화 · 흡수를 높이고, 그 외 위장 내부를 살균해 준다. 사과는 특히 환자의 식사나 어린 아기들의 이유식에도 안심하고 먹일 수 있는 과일이다.

사과 속의 무기 성분은 다른 과실에 비하여 특이하게 많은 것은 없지만, 한 성분의 효과를 기대하기보다는 여러 가지 성분이 복합적으로 작용하여 인체에 좋은 영향을 주게 된다. 사과에는 섬유질이 많기 때문에 정장 효과가 있는 것은 이미 알려져 있는 사실이다. 혈중 인슐린을 통제, 혈당치 변동을 예방하여 당뇨병 환자에게 좋다. 사과 소스, 껍질째 갈은 사과 중의 펙틴은 설사 중 회복에 좋다.

쟈스민

쟈스민 차는 중국 화차의 대표적인 차다. 화차는 주로 녹차에다 꽃잎을 섞어 차의 향기를 더해 주는 것인데, 그 제조법은 송나라 때 발명되었다. 쟈스민 속의 말리화는 일찍이 중국으로 이식되어 현재는 전 세계 재배 면적의 2/3를 중국이 차지하고 있다.

꽃이 피기 직전의 꽃봉오리를 따내어, 밤에 꽃잎이 피기 시작하여 꽃향기가 퍼지기 시작할 때 찻잎에 섞는다. 질이 좋은 것은 꽃을 바꾸어 가며 이 공정을 되풀이하여 꽃향기를 차에 훈착시킨다.

쟈스민은 '꽃 향유의 왕' 으로 불리며 사랑의 묘약으로 오랫동안 사용되었다. 인도에서는 향고(고약)제와 의식용으로 널리 사용되었고, 방문객이 꽃으로 만든 팔찌와 목걸이로 치장하였다고 한다. 쟈스민의 꽃은 매우 독특한 향을 지니고 있으며, 동양에서 가장 오래된 꽃차이기도 하다. 청초한 꽃 모양이 의외라고 할 정도로 뛰어난 아름다움을 지니고 있는 쟈스민은 좋은 꽃의 대명사로, 달콤하고 관능적인 향기는 어느 유명 향수보다 더 좋다. 때문에 옛날부터 향수나 차의 원료로 사용하고 있는데, 꽃말은 '관능적', '당신의 나의 것' 등이다.

성분 │ 쟈스민 차의 향엔 심박수를 저하시키는 한편 부교감신경 활동을 항진시키는 작용이 있으며, 진정 효과도 있는 것으로 확인됐다.

효과 │ 만성 위질환 환자, 기관지염 등 호흡기계 질환에 효과가 있다. 방에 쟈스민 화분을 놓아 두면 독특한 향이 발산되어 위나 호흡기가 건강한 상태로 돌아온다. 쟈스민차는 위 속을 깨끗이 해준다. 인도네시아에서는 신혼부부의 침대에 쟈스민 향수를 뿌리는 풍습이 있다고 하는데, 쟈스민 꽃은 피부에 탄력을 주는 성분과 생리 정상화, 산후 고통 완화, 모유 촉진, 냉증, 스트레스성 위통, 우울증, 목소리가 쉬었을 때에 좋다. 기분을 고양시켜 내분비계를 조절하는 효능도 지니고 있다. 쟈스민차를 마시면 생리·심리 두 면에서 진정 효과가 있다는 것이 일본 이토엔사와 교토대학 대학원 식품생물과학전공 영양화학 연구실의 공동 연구로 밝혀졌다.

특히 간을 편안하게 해주는 작용을 한다. 간은 신체의 장기 중 가장 큰 장기이다. 간은 각종 음식물에서 받아들인 영양을 분해 또는 합성하여 다시 인체의 각 부분에 필요한 만큼 배급하는 일을 한다. 또한 각종 필요 효소, 담즙산,

알부민, 콜레스테롤, 지방 등을 합성, 저장하기도 하고, 분배하는 기능을 하기 때문에 늘 지쳐 있다. 이 간을 왕성하게 해주는 것이 바로 쟈스민이다. 간은 외부로부터 들어온 각종 독성물질의 해독 및 분해는 물론 체내에서 발생되는 암모니아 등 해로운 대사산물을 해독, 배설하기도 한다. 또 면역세포가 있어서 외부에서 들어오는 독소를 처리하기도 한다. 쟈스민차는 바로 간 기능을 정상으로 회복시킴과 동시에 위의 소화 기능을 높여 줌으로써 가슴·옆구리 부위의 고통감과 배가 아픈 증세를 없애는 작용을 한다. 심지어 산모의 분만을 촉진시켜 주기도 한다고 한다.

목련

목련에는 백목련과 자목련 산목련, 등이 있다. '신이' '옥란' 이라고도 불리며 한약재로 사용된다. 이른 봄에 꽃부터 피어내는 그 자태는 고고하기 이를 데 없다. 그래서 그런지 국가의 훈장에도 목련장이 있고, 노래 가사에도 상당히 많이 나온다. 목련은 차로서도 훌륭하다. 그 향과 맛이 일품이다. 특히 산목련의 향이 아주 좋다. 다음은 백목련, 자목련 순이다. 자목련과 백목련의 꽃봉오리를 말린 신이는 한방약으로 두통·비염 등에 이용한다. 목련에는 벌, 나비가 찾아들지 않는다. 그것은 독성이 있기 때문인데, 차를 만들어 마실 때에도 기관지가 약한 사람은 여러 잔 마시지 않는 것이 좋다.

 독성 성분을 연구중이다.

 최근에 목련의 독성에서 추출한 물질로 암세포를 공격하는 물질을 찾아내는 연구가 진행되고 있는 것으로 알고 있다. 목련 꽃이 막 피기 시작 전의 꽃봉우리를 '신이화' 라 한다. 이 신이화는 코를 뚫어 주는데 탁월한 효과가 있어 코가 막혀 답답해 하는 사람들에게 효험을 보인다. 찬물에 하루 정도 담갔다가 차처럼 끓여 커피잔으로 하루 3~4회 마신다. 신이화는 방향성이 커 코가 뚫리면서 머리가 시원해지는 느낌이 들게 한다.

백련

연차는 오래전부터 애용되던 차이다. 최근에는 연에서 암 예방물질이 확인되어서 학계에 관심을 끌고 있다. 연차에는 연잎을 차의 재료로 하는 차가 있고, 연꽃 속에 녹차를 넣어 숙성시키는 차가 있고, 순수하게 생련으로 우려내는 차가 있다. 연의 꽃, 줄기, 뿌리 등이 차나 약재로써 사용되기도 한다.

백련차는 연잎을 말린 뒤 녹찻잎 정도 크기로 썰어 가마솥에서 수차례 덖고 비비는, 녹차 제조 과정과 비슷한 방법으로 만들어진다. 꽃잎차는 물 속에 들어가 연꽃 사이사이에 녹차를 놓아 연꽃을 한 잎 한 잎 오무려 차를 만들기 때문에 정성이 많이 들어가는 차다.

성분 | 생리활성물질인 '플라보노이드 화합물'이 다량 함유돼 있는 것을 발견했다. 이 물질은 인체에 해로운 유해산소를 60% 가량 제거하고, 혈압 강하에 효과가 높은 것으로 나타났다. 우리 몸 안에서 생성되는 유해산소는, 호흡을 통해 체내에 들어온 산소 중 밖으로 배출되지 못하고, 몸 안의 단백질과 DNA를 손상시켜 세포를 노화시키고 암 등 성인병을 일으키는 것으로 알려져 있다. 이 물질은 또 후천성면역결핍증(AIDS) 바이러스인 HIV의 활동을 돕는 효소 프로테아제의 생성도 40% 가량 억제하는 효과가 있다고 한다.

효과 | 항염과 세균 발육 억제 작용을 하며, 고혈압과 동맥경화 예방을 한다. 항암·항당뇨 효과가 입증되었으며, 충치 예방과 구치 제거에 효과가 있다. 숙취 해소와 해독 작용, 신경 안정 작용을 하여 노화 방지 식품으로 알려지고 있다. 연은 꽃, 줄기, 뿌리, 씨앗 등에서 강한 생명력을 불러일으키는 식물이다. 특히 연의 씨앗에는 심장을 강하게 하는 '청심연' 자라는 한약 처방이 있을 정도이다. 자주 놀라거나 선천적으로 심장이 약한 사람에게 좋은 차이다. 연은 예로부터 마음을 맑게 하고, 심기의 번민을 제거하며, 식욕을 증강시킨다고 알려져 온 좋은 약재이다.

장미

로사의 전설을 가지고 있는 장미는 관상적인 면만 뛰어

난 것이 아니라 영양적인 면도 아주 뛰어나다. 약리 효과는 만점이다. 그 꽃차의 아름다움 또한 장관이다. 장미의 향기는 콩팥을 강하게 하여 밝고 유쾌한 기분을 갖게 해준다. 과로에서 오는 피로 해소에도 도움이 된다. 장미의 향은 신경 안정 작용을 해서 숙면에 도움을 주는데, 특히 장미의 향은 꽃보다는 잎에서 더 많이 나오므로 꽃꽂이를 할 때 잎을 너무 많이 떼어내지 않도록 한다. 또한 장미는 다른 어느 꽃보다 습도 조절 작용이 활발해서 건조한 겨울철에 장미를 들여놓으면 좋다. 특히 장미 열매에 들어 있는 성분은 피부의 모든 트러블을 해결한다.

성분 ┃ 장미차에는 비타민C가 레몬의 17배, 베타카로틴이 토마토의 20배, 리코펀이 토마토의 8배에 해당하는 양이 들어 있다.

효과 ┃ 한여름의 열독을 풀어 준다. 장미는 잎과 꽃을 다 차로 쓰는데, 주로 심혈관 질환에 좋다. 붉은 장미보다는 백장미의 효과가 더 나은 것으로 알려지고 있다. 장미는 토혈을 지혈시키고, 갈증이나 이질, 설사에 듣는다. 장미 꽃차는 사람 피부의 모든 종류의 흉터를 완화시키며, 피부를 탄력 있고 촉촉하게 해준다. 화상에 의한 흉터를 완화시키며, 임신에 의해 생긴 '피부의 터짐'도 상당히 복구시켜 주는 역할을 한다.

조제 ┃ 장미의 꽃이 피기 전에 연록색일 때 잎을 따서 깨끗하게 씻어 그늘에 말려 둔다. 장미의 꽃은 개화하기 전에 따서 역시 그늘에 말려 둔 다음에 잎과 혼합하여 우려도 되고, 각각 차로 우려도 좋다. 장미는 꽃보다도 잎에 더 많은 향과 성분이 들어 있으므로, 잎과 같이 만들어 둔다면 참으로 요긴하게 쓸 수 있는 차 재료가 될 것이다.

난꽃

동양란의 그윽한 향을 차로 우려 마시면 그 향이 일품일 뿐 아니라 약리 효과까지 있다. 보통은 다른 차를 우려 찻잔에다 난꽃을 하나 띄워 멋스러움으로 마시는 경우가 많은데 난꽃을 채취하여 잘 보관하였다가 난꽃만으로 차를 우리는 경우도 있다. 외국에서는 난초를 향료의 원료나 음료수로 이용하기도 한다. 동인도지방에서 자라는 오키드(난초)의 뿌리는 식량이나 제과의 원료로 이용하고 있다. 한편 아프리카의 부르봉 지방과 모리셔스 지방에서 자라는 앙그레아쿰의 잎을 말려서 차로 이용하는데, 이 차를 마시면 소화를 촉진하고 폐가 약한 환자에게 특효가 있는 것으로 알려져 있다. 또한 스페인에서는 관절염 치료에, 괴근에서 추출한 성분은 유종 치료에 효과적인 것으로 알려져 있기도 하다.

조제 | 좋은 향을 얻기 위해서는 꽃잎이 개화하기 전에 따서 그늘에 말려 둔다. 향이 날아가지 않게 하기 위하여 종이에 싸 두는 것이 좋으며, 그렇지 못할 때에는 냉동하여 둔다. 생차로 냉동하여도 좋다.

개동백꽃(생강나무)

봄이 오면 산천에서 제일 먼저 꽃을 피우는 것이 개동백이다. 일명 생강나무인데, 꽃의 모양새가 꼭 산수유와 비슷하다. 남쪽지방에는 눈이 내릴 때 동백꽃이 피지만, 전국 산천에는 개동백이 가장 먼저 개화한다. 그 향이 아주 강하여 향차로 사용하면 좋은 차를 얻을 수 있다. 나뭇가지를 꺾으면 생강과 비슷한 냄새가 난다 하여 '생강나무' 라고도 한다. 황매목, 단항매, 새양나무, 아기나무 등의 여러 이름으로도 불리며, 어린 시절 잔잔한 기억 속에 있는 어머니들의 반질한 머리 손질에 꼭 필요하였던 동백기름은 이 나무의 열매로 짜낸 것이다.

효과 | 주로 어혈 작용을 한다. 때로는 기침 해열에 사용하기도 하며, 여자들에게는 산후풍에 큰 효험이 있는 것으로 알려지고 있다. 간이 나빠서 황달이 왔을 때에는 머루덩굴, 찔레나무 뿌리를 함께 달여 먹으면 효과가 있다고 전래되어지고 있다.

골담초꽃

시골에 가면 흔히 담장에 심어진 골담초를 보게 된다. 어려서는 그 꽃의 달작지근한 맛에 많이 따 먹었던 꽃인데, 나무의 줄기나 뿌리를 신경통약으로 달여 먹었던 기억이 있다.

 강장, 이뇨, 류마티즘, 관절염에 사용한다. 꽃은 대하증, 요통, 급성 유선염 등에 사용한다. 습진이 심할 때 달인 물로 씻어주기도 한다. 통풍과 고혈압에 사용하기도 하는데, 과용해서는 안 된다.

해당화

해변가 모래톱에 아름답게 피어 있는 해당화는 가시가 많아 접근하기 어렵지만, 그 꽃을 채취해 말려 두었다가 차로 대용하면 찻물도 아름답고 보기도 좋은 차가 마련된다. 자홍색의 꽃이 피는 해당화의 꽃잎과 꽃봉오리는 기의 흐름을 개선하는 한방약으로 사용되고 있다. 중국에서 명나라 때 편찬된 의서 『본초강목』에도 '해당화가 피의 흐름을 좋게 한다'고 기록되어 있다.

성분 해당화에는 각종 방향 성분과 오래이온산 등 불포화지방산, 유기산 등이 함유되어 있다. 이들 성분에는 인체의 간장과 담낭에 함유되어 있는 지방분해 효소를 활성화시키는 작용이 있다.

효과 고혈압, 비만, 피로 회복에 좋으며, 지사제로도 좋다. 여자들의 월경

과다에도 효험이 있다. 한방 이론에서는 기와 혈이 몸 안에서 부드럽고 원활하게 흐르고 있는 상태를 '건강'하다고 한다. 거꾸로 혈열과 중초화성이 일어나거나 간의 상태가 나빠지거나 하면 비만이 된다고 할 수 있다. 중국에서는 해당화 다이어트가 인기이다. 특히 중성지방을 제거하는 효과가 대단하여 고혈압 환자들에게도 좋은 약재의 차이다.

 ## 능소화

능소화 또한 여러 가지 별명을 가지고 있는데, 능소화란 꽃의 이름에는 애처로운 한 소녀의 전설이 깃들어 있다. 때로는 금등화, 기생화, 능화로 불렸으며, 한방에서는 '자위' 등의 이름으로 불리기도 한다. 이 꽃을 말려 두었다가 차로 다려서 마신다. 옛날에는 일반인의 가정에는 심지 못하게 한 적이 있다. 심었다가는 끌려가 곤장을 맞아야 하였던 시절도 있었다. 그래서 이름마저 '양반 꽃'이라고 하여 양반네들만 심었던 꽃이었다.

효과 | 『동의보감』에도 능소화를 '자위'라 하였으며, 줄기·뿌리·잎 모두 약제로 기록되어 있다. 처방을 보면 '여인이 해산한 후에 깨끗하지 못하고 어혈이 이리저리 돌아다니는 것과 붕루 대하를 낫게 하며, 혈을 보하고 안태시키며, 대소변을 잘 나가게 한다'고 적고 있다.

과(果)

산수유

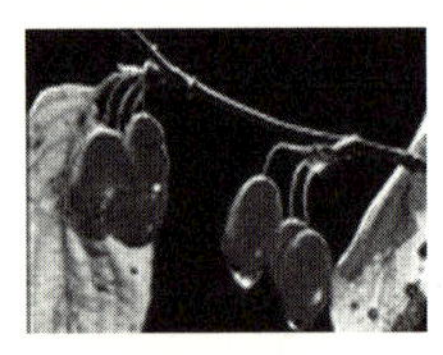

우리 강산 어디에서고 찾아볼 수 있는 흔한 나무다. 꽃은 노란색으로 잎보다 먼저 피며, 20~30개의 작은 꽃이 산형꽃차례로 달리고, 6~8mm의 총포편을 4개 가진다. 열매는 장과이며 선홍색으로 익는데, 날로 먹을 수도 있다. 열매의 씨를 제거하여 말린 것을 볶아 약재로 사용하며, 강장제나 수렴제로서도 효과가 있다.

효과 | 신장·요로 계통과 성인병·부인병 등에 효능이 있고, 특히 성기능 회복에 도움이 된다. 땀을 멎게 하며 열을 내리고 음기를 보충해 준다. 소변을 자주 보는 빈뇨 현상에도 효과적이며, 청소년들에게 흔히 있는 수음 행위로 인한 정신 산만이나 집중력 저하에도 탁월한 반응을 보여 주는 좋은 음료이

다. 주로 열매를 말려 사용하나, 그 꽃이 피었을 때에 꽃을 차로 마시기도 한다. 원기 부족으로 식은땀을 많이 흘리는 사람에게도 좋으며, 몸 안의 노폐물을 청소하는 역할도 한다. 특히 낭하 습양일 경우 산수유를 끓여 목욕물에 넣어 목욕하거나 산수유 끓인 물로 자주 씻어 주면 효과를 볼 수 있다.

조제 산수유 50g에 2 l 의 물을 붓고 처음에는 강한 불로 끓이다가 약한 불에서 1시간 정도 더 달인다. 건더기는 버리고 냉장고에 보관하며 꿀을 첨가해서 하루에 3회 정도 마시면 좋다.

결명자

어디서고 재배가 가능한 결명자는 특히 간에 작용하여 눈을 밝게 해주는 약재다. 시력을 증진시키는 효능이 있어 가성 근시에 좋고, 야맹증이나 눈이 충혈되었을 때 마시면 효험이 있다. 또 눈에 특별한 이상이 없는데도 시력이 떨어지거나, 간 기능 장애로 눈이 침침하고 머리가 무겁고 초점이 흐려져 있을 때도 먹으면 좋다. 간에서는 효소 분해를 촉진시켜 간장과 신장을 보호하고, 콜레스테롤 수치를 낮추어 주기 때문에 혈압강화 작용을 하여 혈압이 높아 나타나는 두통이나 현기증도 사라진다.

효과 청간 · 명목 등 주로 눈을 밝게 하고 눈병에 좋으며, 변비 · 두통 · 고혈압·장 기능이 쇠약해졌을 때 좋다. 단, 설사를 할 때에는 음용하지 않는 게 좋다. 또한 혈압이 낮은 사람은 삼가라고 하는데, 그것은 강압 효과가 있기 때문이다.

결명자의 효과는 간장의 열로 인한 급성 결막염이나 시력 장애 등에 좋은데, 눈이 침침할 때 꾸준히 먹으면 효과가 있다. 혈압을 내려 주고 현기증, 만성 변비, 노인성 변비에 효과적이다. 결명자차는 만성 위장병, 소화 불량, 위확장, 위하수, 위산 과다, 구내염, 황달, 신장염, 신우염, 장병, 각기병, 당뇨병, 방광염, 부인병, 폐결핵, 늑막염, 간장염, 류머티즘, 신경통, 눈병, 중독 등에 유효하다고 한다. 그러나 무엇이든 과하면 좋지 않은 법이고, 좋다고 하여도 다른 장기에 이상이 있어 상호 충돌 작용이 나면 안 되기 때문에 약용으로 사용할 때에는 신중을 기하는 것이 좋다.

대추

'보고도 먹지 않으면 늙는다' 는 속설을 가진 대추는 우리나라에서는 모든 약재를 중화시키는 작용을 가진 참 좋은 한약재이다. 중국에 감초가 있어 '약방의 감초' 라고 한다면, 우리나라에서는 예로부터 대추를 사용하지 않았나 싶다. 한방에서 대추는 위장을 튼튼히 하고, 비장을 보하며, 기운을 돋우는 명약으로 사용한다. 오래 두고 먹으면 몸이 가벼워지고 노화를 늦추는 것으로 보고 있다. 또 약제에 들어가면 약물의 작용을 부드럽게 해주고 독성과 자극성을 없애 주기 때문에 대부분의 한약에 들어간다.

성분 | 탄수화물, 섬유질, 철분, 칼슘, 칼륨, 베타카로틴, 사과산, 주석산 등
이 포함돼 있다. 생 대추에는 비타민C가 풍부한 것이 특징이다. 식품영양학
측면에서는 단백질과 당류, 유기산, 비타민, 인, 철, 칼슘 등 여러 영양소를
골고루 가지고 있고, 열량도 높아 자양강장 효과가 큰 것으로 분석된다. 대부
분의 한약에 대추와 생강을 넣어서 달여 먹는 이유가 바로 이것이다. 대추는
단독으로 음용하는 것보다는 다른 음료나 약재에 들어가 맛과 성분을 중화시
키고 상승시키는 작용을 하는 것으로 알려지고 있다.

효과 | 위장을 튼튼히 하는 힘이 있어 늘 즐겨 먹으면 좋다. 속을 편안하게
하며, 비장을 보하고, 진액과 기운 부족을 보충하여 준다. 장기간 상용하면 몸
이 가벼워지면서 늙지 않게 된다. 불면증 개선에 좋고, 두통 완화에 효과가 있
다. 대추가 단맛을 내는 것은 갈락토오스, 수크로오스, 맥아당 등 당이 들어
있기 때문이다. 이들은 인체에서 진정·진경 작용을 한다. 이 때문에 여성들
의 히스테리나 갱년기 부인들이 흔히 표출하는 이유 없는 짜증, 남편에 대한
의심, 우울, 외로움, 변덕 등에 대추를 차로 달여 마시면 상당한 효과를 볼 수
있다. 번민에 의한 불면증도 마찬가지다. 허약한 몸을 보호하고, 얼굴에 윤기
를 더해 주는 미용식으로도 쓰인다. 인삼과 함께 끓인 차는 허약한 몸을 튼튼
히 하고, 혈액 순환을 촉진하여 얼굴빛을 좋게 하고, 부드러운 피부를 갖는 데
도움을 준다.

유자

달콤한 맛과 새콤한 향이 좋은 유자차는 모세혈관을 강화하여 혈액 순환을 촉진시키고, 뇌혈관의 이상으로 발생하는 중풍을 예방하고, 신경통에도 약효가 있다.

성분 암을 예방하는 비타민 C와 비타민 P, 카로틴이 풍부하다.

효과 중풍 예방, 암 예방, 감기 예방, 신경통, 기침, 숙취 해소, 강열 작용 등에 효과가 있다. 소화를 촉진시켜 주고, 감기, 오한, 발열 해소에 탁월한 효과가 있으며, 피부의 미용과 보호 작용에 좋다. 음주 후에 유자차를 한잔 마시면 쉽게 피로가 풀린다. 몸살에 유자차를 뜨겁게 끓여 마시면 몸에서 땀이 나고 열이 내리게 된다. 또한 기침이 심할 때나 편도선이 부었을 때도 효과적이다. 임산부가 입맛이 없을 때 마시면 매우 좋다.

은행

은행을 한방에서 '백과' 라고 하는데, 독이 있으며 맛은 달고 쓰며 깔깔하다. 쓴맛은 폐기를 내려 주기 때문에 기침을 멎게 하고, 소변이 잦은 것을 치료하며, 여자의 대하증을 치료하는 데 사용하여 왔다. 매일 은행을 몇 알씩 먹으면 '건강 백세' 라고 한다. 은행만 따로 차를 하거나 율무만 따로 마셔도 되지만, 이 두 가지를 섞으면 시너지 효과가 생겨 더 좋아진다. 이는 비장을 튼튼하게 하고 열을 내리며, 통증을 진정시키고, 폐 기능을 보완한다. 식도암이나 위암, 비장 허약에 의한 설사, 당뇨병 등에 좋고, 유방암이나 자궁경부암에도 좋다.

효과 | 은행과 율무를 섞은 차를 한 숟가락씩 끓인 물 한사발에 풀어 매일 2~3회 정도 복용하면 된다. 또 한 가지 방법은 은행 1되, 물 5되 그리고 얼음사탕이나 황당 2근(1.2kg)을 모두 항아리에 담고 그 양이 반이 될 때까지 은근한 불로 달인다. 이것을 매일 2~3회, 한 컵에 은행 5~7개와 함께 복용해도 같은 효력이 있다.

모과

예로부터 모과는 향기와 빛깔은 좋으나 맛을 보면 시고 떫어서 식용으로는 부적합하다 여겨 왔다. 그러나 사실 모과의 이러한 신맛은 기운이 탈진된 것과 근육이 이완된 것 등의 허탈 상태를 보하는 수렴 작용을 한다. 그래서 한방에선 토사곽란증(음식에 체하여 토하고 설사를 하는 급성 위장병), 각기병, 근육통, 관절염, 신경통에 효험 있는 약재로 널리 처방되고 있다.

 무기질의 칼륨과 칼슘, 인 그리고 탄수화물의 당분이 풍부한 알카리성 식품으로서 신맛이 강해 생식은 곤란하다.

 모과는 체내의 노폐물을 배설시키고 무기력한 사람들에게 생기를 준다. 특히 단식 등 심한 다이어트로 골다공증에 걸린 사람, 근육이나 관절이 당기고 아픈 사람에게 치료 효과가 있다. 모과차를 마시면 몸이 가벼워지고 소변이 맑아지는 것을 느낄 수 있다. 특히 허리, 다리가 약한 사람에게 효과적인 차다. 소화가 잘 안 되거나 팔·다리의 근육이 나른해져 피로감을 느낄 때, 또한 혈압이 낮고 몸이 항상 차면서 손발이 저리는 증상에 좋다. 혈당을 막아주므로 당뇨병 환자에게도 좋다. 그 밖에 감기·기관지염 등을 앓아 기침을 심하게 하는 경우와 신경통, 요통, 근육 경련 등에도 뛰어난 효과가 있다. 소화불량, 무릎이 저리거나 차고 근육 경련이 자주 일어나는 사람에게도 효과가 있다.

아울러 기침을 멈추게 하는 작용도 있어, 잘 익은 모과를 썰어 말려서 매일 달여 마시면 진해, 거담, 폐렴, 기관지염 등에 효험이 있다. 최근에는 모과에 비타민C가 함유되어 있는 것이 알려짐으로써 피부 미용에도 일익을 담당하고 있다. 갈증을 많이 느끼는 사람에게도 효과가 있다.

단지, 심장 질환이나 고혈압, 또는 심한 열병과 발열이 있을 때, 열로 인하여 소변이 붉게 나오고 양이 적을 때는 삼가는 것이 좋다. 효능상으로는 두충보다 약하지만 색과 맛, 그리고 향기는 우월하다 할 수 있다.

구기자

늙지 않고 오래 살고픈 바람은 세월이 가도 변치 않는 인간의 욕구일 것이다. 우리가 먹는 식품 중에도 이런 바람에 도움을 주는 식물이 있는데, 그 가운데 구기자를 빼놓을 수 없다. 가지과의 구기자나무는 우리나라 전역에 자생하고 있다. 최근에는 충남 청양을 중심으로 집중적인 재배를 하고 있다.

한방에서는 잎을 '구기엽,' 열매를 '구기자,' 뿌리를 '지골피'라 하는데, 아미노산·비타민 등이 함유되어 있어 정력 감퇴, 결막염, 피로회복, 현기증 등에 이용되고 있다.

옛날 중국 어느 고을 우물가에 여인들이 모여 "우리 마을에는 100세가 넘는 노인들이 많아 시집살이가 고달프다"는 이야기를 했는데, 우물 주변을 살펴보니 구기자가 우물에 떨어져 우물 색이 변해 있더란다. 결국 구기자가 담긴 물을 먹고 장수하고 있었다는 고사가 있다. 이 이야기가 말해주듯 구기자는 불로장수의 명약으로 알려져 있다.

성분 예로부터 불로장생의 신비의 약으로 알려진 구기자 열매에는 베타인, 과피에는 피살린, 잎에는 루틴이 들어 있다. 비타민A가 많이 함유되어 있고, 무기질의 인과 탄수화물, 단백질 등의 성분이 고루 들어 있다. 모세혈관 등의 혈관 벽을 튼튼하게 하고, 동맥경화를 막는 비타민C가 많이 들어 있어 혈액 순환이 잘되도록 해주는 것이다.

 구기자를 오랫동안 복용하면 근골을 강하게 하여 잔병을 막아 몸을 튼튼하게 해주는데, 그중에서도 특히 고혈압 환자에게 좋다. 혈압을 강하하며 중풍도 예방할 수 있다. 그 밖에도 강장 작용과 해열 작용이 있어 허리가 허약하거나 가슴에 염증이 있을 때, 갈증을 수반하는 당뇨병, 술·고기 등을 많이 먹어서 간에 기름이 낀 지방간 환자에게 좋다. 특히 여성에게는 피부가 고와지고 기미도 없어지는데, 예로부터 구기자나무의 뿌리·줄기·잎·열매를 미용제로 사용해 왔다.

눈이 침침해지고 현기증이 나거나 피곤한 사람에도 좋고, 면역 증강 물질의 생산·조혈 작용과 생장호르몬의 촉진 작용에도 효과가 있다. 혈청과 간의 인지질을 증가시키는 작용과 간세포의 신생을 촉진하는 작용이 있으며, 중추성 및 말초성의 부교감신경을 흥분시키는 작용이 있다. 예로부터 '선과' 라 하여 회춘과 강장제로 이름을 널리 얻고 있는 이로운 나무다.

어린 잎에는 단백질이 비교적 많으므로 자양 강장, 피로 회복에 좋다. 잎에는 모세혈관 등의 혈관 벽을 튼튼하게 하여 동맥경화를 예방하는 비타민 C가 들어 있고, 열매에는 혈액 순환을 원활하게 하는 성분이 들어 있다. 별칭이 재미있다. 봄에는 천정, 여름에는 구기, 가을에는 지골, 겨울에는 선인장 또는 서왕모장이라 불린다. 성서에서도 가장 견고한 성읍으로 구기자 마을을 꼽을 정도이고, 구기자에 얽힌 중국이나 한국 진도의 이야기들이 많이 있는데, 다 무병 건강 장수 마을로 손꼽히고 있다.

 이처럼 예로부터 불로장생의 묘약으로 불린 구기자는 술로도 유명하다. 강장·강정·건위에 효과가 있고, 늙어서도 언제까지나 젊은 몸을 유지할 수 있다고 알려진 술이 구기자주이다. 과다한 성관계로 허리부터 하체까지 아픈 증세에 좋으며, 허약체질 개선과 현기증 등에도 좋다.

구기자주에는 비타민·루틴·베타인·아미노산 등이 들어 있어 강장제로서 효능이 높고, 동맥경화·고혈압의 예방 등에 효과가 있다. 특히 말린 생약 재로 빚은 술은 농도가 짙기 때문에 저녁식사 전이나 취침 전에, 작은 잔으로 1잔 정도를 규칙적으로 마시면 좋다. 술이 약한 사람은 물을 3배 가량 타서 마시거나, 신맛이 강한 과실주를 조금 타서 마시면 된다.

매실

매실은 각종 산이 많아 어떤 부패균도 살균하는 효과를 지니고 있어, 예부터 선조들은 매실을 여름 음식으로 선호하였다. 탈이 났을 때 매실만큼 빠르게 작용하는 것도 드물다. 이것은 특별한 산 성분 때문이다. 매실은 뛰어난 정장 작용으로 설사·변비를 치료하고, 강한 살균 해독 작용으로 식중독을 예방하고 치료하며, 여름철 진액 보충에 효과가 있고, 간 기능에도 유익한 작용을 한다. 좋은 음료, 좋은 한약재로 쓰이며, 차와 술, 쨈, 장아찌를 만들어 사용해 오고 있다.

성분 | 매실은 신맛을 내는 유기산(사과·구연·호박·주석)을 함유하고 있

어 입맛을 돋우고 정장 작용과 피로 회복 작용을 한다.

 매화차나 매실차, 특히 매실 엑기스는 물을 갈아 마셔 배탈이 나거나, 음식을 바꿔 먹고 속이 나쁜 데 특효가 있으니 여행중 휴대하면 좋겠다. 한방에서는 해열·수렴·지혈·진통·구충·갈증 방지에 좋고, 특히 간장·숙취·멀미에 뛰어난 효과가 있으며, 이뇨 작용, 피로 회복, 항균 작용, 고혈압 발생을 억제하여 건강에 큰 도움을 준다고 알려져 있다.

우메보시(장아찌)를 만들어 먹으면 풍습마비증과 반신불수 신경통을 치료하고, 토사를 멎게 하며, 모든 이질증을 치료한다. 특히 매실은 약알카리성 식품으로서 구연산·무기질 등 유익한 영양소를 많이 함유하고 있어 인체의 혈액을 약알카리성으로 만들고, 정혈 작용, 강장 작용, 보간 작용, 피로 회복, 노화 방지, 살균 작용 등을 한다.

이외에도 매실에는 시토스테롤, 레아놀산, 세릴알코올 등의 수렴 성분들과 카테킨산, 펙틴, 탄닌 등이 함유돼 있어서 살균 작용과 함께 다양한 건강 유효성을 나타내고 있다. 한편 이러한 유효 성분들이 임상적으로 증명되기 이전부터 매실은 약용으로 이용돼 왔는데, 옛 의서에는 매실의 이러한 유효성에 대한 기록이 자세히 남아 있다.

『본초강목』은 매실을 '맛이 시고 무독하며 간과 담을 다스린다. 세포를 튼튼하게 하며 혈액을 정상으로 만든다. 내장의 열을 다스리고 갈증을 조절한다. 토사곽란을 멈추게 하고 냉을 없애며 설사를 멈추게 한다. 항구거취(입 속의 냄새를 없애며), 심복창통(가슴앓이와 배 아픈 것)을 다스리고, 허증 피로를 다스리며, 폐와 장을 수렴한다'고 기록하고 있다. 『동의보감』 역시 우메(청매 실의 껍질을 벗기고 나무나 풀 말린 것을 태워 그을린 것)를 가리켜 '염을 제거하고, 토역을 그치게 하며, 이질과 열과 뼈 쑤시는 것을 다스리며, 주독을 풀고, 상한과 곽란, 조갈증을 다스린다'고 설명하고 있다.

또한, 한방에서는 건위, 지혈, 지사, 거담, 주독, 해독 및 구충 등에 효과를 나타내는 한약재로 이용하고 있다. 사람이 음식물을 섭취하면 몸 속에서 음식물이 에너지로 변하는 과정에서 찌꺼기로 연소가스가 발생된다.

이것이 유산, 초성포도산 등의 산독화 물질인데, 바로 이것이 우리 몸을 피로하게 만드는 주 물질이다. 매실은 천연 구연산으로 몸 안의 피로물질을 배출시키는 역할을 하여, 이러한 피로물질로 인하여 세포나 혈관이 노화되는 것을 막아 주는 역할을 한다. 뿐만 아니라 피루브산은 간장을 자극하여 간장의 해독 작용을 도와준다.

매실에는 또한 강력한 건위, 정장의 효과가 있는데, 성분 중의 하나인 카데킨산이 장내의 항균·살균 작용을 높여 정장 작용을 하게 되므로 설사와 변비에 즉효를 나타내는 것이다.

복분자

복분자라는 말에는 전래되는 전설이 있다. 글자대로 풀면, 산딸기를 먹은 노인의 소변 줄기에 요강이 엎어졌다는 데서 그 이름이 유래되었다. 산에 자생하는 나무딸기의 열매를 복분자라 한다.

또 이런 이야기도 전해지고 있다. 옛날에 어느 고을의 사또가 그 고을 좌수에게 복분자 딸기를 구해 오라고 했다. 복분자가 있을 수 없는 한겨울이라 좌수는 어찌할 바를 모르고 앓아누웠다. 사연을 알게 된 좌수의 아들은 원님에게 가서 "저희 아버님이 어제 사또 명을 받들어 복분자를 따러 갔다가 그만 독사에게 물렸습니다. 혹여 독을 뺄 약이 있으면 좀 주십시오"라고 말했다. 이 말을 듣고 사또는 "이 추운 겨울에 독사가 어디 있다고 독사한테 물렸다는 말이냐!"고 호통을 쳤다. 그러자 좌수의 아들은 "사또, 이 추운 겨울에 복분자가 어디 있다고 저희 아버님께 따오라고 하셨습니까?"라고 맞받았다. 이 말에 사또는 깊이 뉘우쳐 억지 쓰는 일이 없어졌다고 전해지고 있다. 『신농본초경』에 의하면 '미성숙 위과를 복분자라 한다'고 하였다.

 복분자는 『동의보감』, 『당본본초』, 『본초종신록』 등 여러 고문헌에 그 효능이 언급돼 있으며, 현대 의학의 약리 작용 분석에서도 열매 안에 폴리페놀을 다량 함유하여 함암 효과, 노화 억제, 동맥경화 예방, 혈전 예방, 살균 효과 등이 있다는 것이 밝혀졌다. 특히 무기질의 인과 철, 칼륨이 많이 함유되어 있고 비타민 C도 많다.

 신정을 보강하며 아이를 가질 수 있게 한다. 남자의 정액 부족, 여성의 자궁병으로 인한 불임증 등에 좋다. 콩팥으로 오는 음위증, 유정몽설, 강장제, 혈액을 맑게 해주며, 간을 보하고 눈을 맑게 하는 효능이 있다.

산사자

산사자는 많은 별명들을 가지고 있는데, 아마도 지방마다 부르는 방언인 것 같다. 산사육, 찔광나무, 찔광이, 애광나무, 동배나무 등이다. 전국의 인가 및 산록 부근에서 자라며, 특히 전북, 경북 이북지방에 자생한다. 열매는 말려서 한약재로 쓰이며, 과실주도 담그고, 꽃과 열매가 아름다워 정원이나 공원에도 심어 가꾼다. 산사자 역시 전해오는 전설이 있다. 옛날 어느 산골마을에 계단식 밭을 일궈 살아가는 집이 있었다. 그 집에는 두 아들이 있었는데, 장남은 세상을 떠난 전처가 남긴 아이였으며, 차남은 지금의 어머니가 낳은 아이였다. 계모는 장남을 몹시 미워하여 자기가 낳은 아이에게 집의 재산을 모두 물려줄 궁리를 하고 있었다. 계모는 장남에게 병이 나도록 하면 일이 계획대로 될 것이라며 한 가지 방법을 생각해 냈다. 그러던 중 마침 아버지가 어떤 일로 오랫동안 집을 비우게 됐다. 아버지가 대문을 나서자마자 계모는 장남에게 "아버지가 집을 떠나 있을 동안 너무나 할 일이 많구나, 그러니 너도 거들어야겠다. 그런데 너는 아직 어리니까 맛있는 점심을 싸줄 테니 산에 가서 밭을 돌봐주기 바란다"고 말했다. 장남은 바람이 부나 비가 오나 날마다 산에 올라가 밭을 돌봤다. 잔인한 계모는 매일 설익은 밥을 싸주었으므로 어린아이가 소화할 리가 없었다. 아이는 배가 아프고 당겼지만 아무 소리도 하지 못했다. 날이 갈수록 몸이 마르고 수척해져서 견디다 못한 아이는 "어머니, 요즘 내내 설익은 밥만 먹었더니 배가 아파 견딜 수 없어요"라고 말했다. 계모는 그 말을 듣기가 무섭게 "뭐가 어쩌고 어째! 일도 변변히 하지 못하는 주제에 밥투정까지 하는군, 먹기 싫으면 먹지 않아도 돼!"라고 비난했다. 장남은 대꾸도 못하고 설익은 밥을 허리에 차고 다시 산으로 올라가서 점심을 먹으려 했으나 도저히 먹을 수 없었다. 너무 배가 고파 주위를 둘러보게 됐다. 마침 계절은 가을이라 우연히 옆에 빨갛게 익은 산사나무 열매를 발견하고 한움큼 따서 먹어 보았다. 그랬더니, 어찌된 일인지 허기도 가시고 갈증도 없어지는 것이 아닌가. 그래서 매일 산사나무 열매를 계속 먹었더니 아프고 당기던 배가 낫고 어떤 것을 먹어도 소화가 잘됐다. 그 후 산사나무 열매는 위장의 활동을 조절하고 소화를 돕는 약이라는 평가를 받게 됐다.

한의학에서는 그 열매를 '산사자'라고 하여 특히 육류의 과식으로 인한 소화 불량에 쓰인다. 서양에서는 산사자의 열매와 잎에서 짜낸 익스트랙트를 심부전증을 치료하는 약으로 이용하고 있다.

성분 ┃ 모과나무의 열매와 같은 웰세틴, 올레아노울산의 당류와 산류가 있다. 탄닌·카페인산·지방유·주석산·사과산이 들어 있으며, 비타민 B와 비타민C, 카로틴을 함유하고 있다.

효과 ┃ 혈압 및 항균 작용으로 혈중 콜레스테롤을 떨어뜨리는 작용을 한다. 레시틴과 콜레스테롤의 비를 높이며, 기관의 콜레스테롤의 침착을 억제하고 혈압 저하 작용을 한다. 이뇨 작용, 산후의 복통, 숙취, 건위, 소화 불량, 강장, 고혈압, 월경통에 효력이 있으며, 만성적인 설사에도 잘 든다. 어혈을 풀어 주고, 조충을 구제하는 효능이 있다.

가을에 익는 열매를 따서 말린 것을 '산사육'이라 하는데 한방에서는 건위 소화의 처방에 없어서는 안 되는 생약으로 소화 불량, 식욕 부진, 위산 결핍증 또는 위산 과다증에 쓰이며 설사, 이질, 생리통, 동상, 건위, 요통, 장출혈, 산후 요로증 등에도 쓰인다. 약리 실험에서도 위액의 분비와 소화를 촉진시키는 작용이 있음이 인정되고 있다. 민간에서는 육류를 요리할 때 산사 몇 알을 넣으면 고기가 부드럽고 연해지며, 과즙은 숙취를 풀어 주므로 주객들이 즐겨 마신다. 또 젖먹이가 젖에 체했을 때 즙을 내어 먹이거나 달여서 먹이고, 음식을 과도하게 먹고 신물이 올라올 때 달여서 마시면 신기할 정도로 잘 듣는다.

오미자

한방에서는 진해 · 강장 · 흥분 · 지사 · 지한제로서 천해, 도한 음위, 과로, 신경계 질환의 치료에 사용한다. 오미란 유기산의 신맛, 당의 단맛, 정유(精油)의 매운맛, 종자의 쓴맛, 열매껍질의 짠맛 등 5가지 맛이 있다고 하여 붙여진 이름이다. 민간에서는 차와 술을 담가 먹기도 한다. 산기슭의 돌밭 등에서 잘 자란다.

효과 오미자를 달여 마시면 간장 · 신장 등과 같은 장기가 튼튼해지고, 강장, 당뇨병, 감기, 성기능 감퇴, 기관지 등에도 좋다. 꾸준하게 먹으면 머리가 맑아지고 피로가 회복되는 효과가 있다. 특히 혈액 중의 혈당치를 내려 주는 효과가 있으므로 당뇨병으로 갈증이 심하게 나는 사람이 장복하면 좋다. 여름에 더위에 지쳐서 심한 갈증을 느낄 때 마시면 빠른 효과를 볼 수 있다. 간염, 겨울철 감기에도 뛰어난 효과를 볼 수 있다.

레몬

레몬은 더운 지방에서 잘 자라는 나무다. 흔히 귤이나 탱자나무가 생육 발달하는데 지장이 없으면 레몬나무도 재배할 수 있다.

성분 한방에서는 '구연' 이라 하며, 과즙이 많고 산미가 강하며 향기가 짙다. 무기질의 칼슘과 특히 비타민C를 많이 함유하고 있다.

효과 건위·거담 작용, 간장 기능 완화, 소화 불량으로 흉협부가 답답하고 상복부에 동통이 있으며, 오한·구토·식욕 부진 등이 있을 때, 혈액을 정화시키고 혈관의 활동을 촉진시켜 준다. 특히 심장 부위에 통증이 심할 때 이를 진정시키는 효능이 크다.

보리

우리나라 사람들이 제일 많이 마셔 본 차가 바로 보리

차 일 것이다. 지금이야 국가간의 무역으로 외국의 차들이 많이 들어와 있지만, 예전 우리 민족은 찻잎보다는 곡식으로 차를 만들어 마셨는데, 그중에 제일 흔하고 많았던 것이 보리였고, 따라서 보리차도 많이 마셨다. 보리는 50대 이상의 사람들에게는 피하고 싶은 곡식일 것이다. 오죽하면 보릿고개라는 말이 다 있었을까. 양식이 없던 시절, 우리 민족은 보리로 목숨을 유지해 왔다. 그런데 보리에는 생각보다 참 많은 영양분이 들어 있다. 요즘 들어 웰빙 음식으로 보리밥이 유행일 정도로, 보리는 최고의 건강 식품이다.

성분 보리에는 탄수화물, 무기질, 단백질과 비타민 A · B가 많이 함유되어 있다. 특히 씨눈에는 당질과 비타민 E등이 포함되어 있다.

효과 보리를 즐겨 우려 마신다면 소변 불통, 대소변 하혈, 겨울에 피부가 마르고 손발과 얼굴의 피부가 틀 때, 황달병, 임병, 식욕 부진, 헛배가 부를 때, 신장염, 수종증에 좋다. 또한 위장 장애, 빈혈, 동맥경화, 체력 증강, 피로회복에 효력이 있는 것으로 알려져 있다. 신장염으로 퉁퉁 부은 데에는 보리 이삭이 특효다. 임질, 방광염, 전립선염 등에도 잘 듣는다. 특히 맥아는 강장제 및 각기의 치료제로, 당뇨 환자들에게는 주식으로 그 효용 가치가 높다. 각기병에 걸리지 않으려면 보리차를 상용하면 된다. 최근에는 보리 이파리에서 암을 치료할 수 있는 물질을 추출하고 있는 것으로 알려지고 있을 정도로 보리의 효과는 대단하다. 보리 수염을 모아 차로 마시면 협심증 환자들에게 뛰어난 효과가 있다. 익은 보릿대에 있는 폴리사카라이드 성분은 강력한 항암 작용이 있다고도 알려져 있다.

 보리가 10cm 이상 자랄 때 이삭의 대궁이 올라오기 전에 이파리를 잘라 그늘에 말려 두었다가 차로 끓여 마시거나 음식으로 만들어 먹으면 사과의 17배의 비타민을 얻을 수 있다. 보라차는 일반적인 보리차 먹는 방법으로 음용하면 된다.

옥수수

어디서든지 잘 자라는 옥수수는 좋은 간식거리요, 식량거리였다. 옥수수는 민간 약초로 전래되어 왔다. 옥수수는 보리차 다음으로 많이 음용되었을 것이다. 어렸을 때는 강냉이, 뻥튀기로 먹던 옥수수가 이제는 건강에 좋은 차로 많은 사람들의 사랑을 받고 있다. 구수한 옥수수차를 마셔 본 사람들은 고향의 맛과 풍미를 느낄 것이다. 옥수수 수염도 몸에 좋은데, 내가 대학 다닐 때 늑막염을 앓았을 때, 많이 우려 마셨던 기억이 있다.

효과 | 이뇨 작용, 말초혈관의 확장에 대한 순환계 작용, 혈당을 내리는 작용, 쓸개즙의 배출 촉진 작용 및 지혈 작용, 고혈압, 담석, 축농증, 부종, 각기, 황달, 간염에 좋은 것으로 알려지고 있다.

현미

벼가 채 익기도 전에 미리 찐쌀을 해먹어야 했던 배고
픈 시절의 기억들이 아련하다. 그리고 조금 먹고 살게 되자 벼를 현미로 도정
하여 차로 개발하여 마시게 되었다. 그 후 녹차를 첨가한 현미녹차는 요즘도
국민들의 사랑을 받는 차다. 곡식 중에는 보리만 차로 사용할 수 있는 게 아니
다. 한국인의 주식인 쌀은 이렇게 식사용으로만이 아니라 차로도 훌륭한 재료
가 된다.

성분 쌀의 성분으로는 전분, 단백질, 지방, 소량의 비타민B류, 지방, 인,
초산·호박산·구연산 등의 유기산과 포도당·과당·맥아당의 다당류가 함유
되어 있다. 도정하는 과정에서 왕겨만 제거하고 정미하지 않은 쌀을 현미라
하며 쌀겨층(호분)·배아·배유 등에 단백질과 지방, 그 외 비타민과 칼슘·
철분·망간 등의 무기질이 풍부하게 포함되어 있다.

효과 쌀, 특히 현미는 인체의 기를 돕고 비장·위장을 튼튼하게 하며, 우
울증, 설사, 소변을 이롭게 하고 제습 작용을 한다. 현미에는 당질을 에너지로
바꾸는데 필요한 비타민 B_1이 많이 함유하고 있어 피로를 예방하고 건강한
체력을 유지하게 한다. 또한 비타민 E와 리놀산 등 불포화지방산이 들어 있어
동맥경화 예방과 치료에도 좋다. 그 밖에도 식물성섬유가 장의 연동 운동을
촉진해 변비를 예방하고 유해물질을 감소시켜 준다.

 ## 율무

　　어려서 염주라 하여 율무 열매를 실에 꿰어 목에 걸고 다니던 기억이 있다. 율무는 그 구수한 특징의 맛 때문에 오래전부터 차로 애용되어 오기도 하였는데, 역시 약용 차였다. 농사를 짓는 농가에서 텃밭에 조금 심어 약용으로 사용하였던 식물이다. 한방에서는 율무 도정한 것을 '의이인' 이라고 하여 약용하여 왔다.

성분 비타민B와 니아신, 무기질 중 칼슘·철의 성분이 많고, 단백질, 탄수화물, 회분이 고루 들어 있다. 특히, 아세톤 추출물에는 종양 억제 작용을 할 수 있는 성분이 있다.

효과 예로부터 율무는 팔·다리의 마비를 치유하고, 피로 회복, 자양 강장을 돕는 식품으로 알려져 왔다. 기미나 주근깨에도 효능이 좋아 미용식으로 애용되고 있기도 하다. 근육 경련, 척추 디스크 질환, 이뇨 작용, 진통 작용, 신진대사 작용, 비만 증상에 효과가 있으며, 힘이 없을 때 기력을 돋우어 주는 식품으로 이용하고 있다. 특히 몸이 붓고 천식 증상이 심할 때 부종을 제거시키는 치료제로서 쓰였고, 소염 작용과 함께 농을 밖으로 배출시키는 배뇨 작용, 또는 이물질·노폐물질을 배출시키는 데 뛰어난 약리 효과가 있다. 암이 있는 사람에게는 상용할 것을 권하며, 암이 없다고 하더라도 율무차를 장복하면 암을 예방할 수 있다고 전해지고 있다.

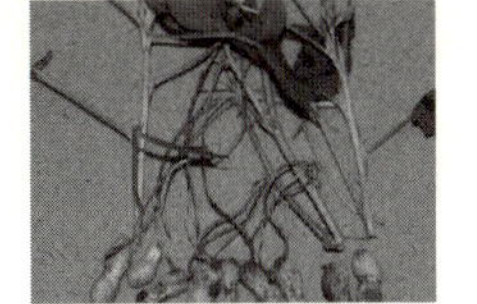

땅콩

땅콩은 많은 사람들의 사랑을 받는 간식거리다. 특히 오징어와 땅콩은 오누이처럼 따라다닌다. 땅콩은 땅 속의 콩이라는 말이다.

성분 │ 땅콩에는 지방유가 40~50% 들어 있다. 그래서 땅콩기름을 짜서 쓰기도 한다. 그 외 함질소화합물, 전분, 비타민 등을 가지고 있다.

효과 │ 폐와 위를 도와주며 메스꺼움, 마른기침, 백일해, 젖을 잘 나오게 하는 효능이 있다. 특히 모유를 먹여야 하는 산모들에게는 참 좋은 약용 식품이다.

들깨, 참깨

예전 우리 민족에게 지방 성분을 제일 많이 공급했던 것이 들깨일 것이다. 동물성 지방을 많이 섭취하지 못하던 시절, 참깨는 비싸서 특별한 경우에만 사용했지만, 들깨는 모든 가정에서 가장 흔하게 사용해 왔다. 지금은 콩기름에 자리를 내주게 됐지만, 아직도 그 맛과 향취를 못 잊는 사람들에게는 많이 애용되는 기름이다. 그중에 검은색의 깨는 독특하게 약용으로 사용되어 왔다. 씨를 짜서 얻은 기름을 임유(들기름)라 하며, 고기쌈에 어김없이 등장하는 들깻잎은 식용으로 즐겨 먹는 허브다.

  잎에 정유가 0.12% 들어 있으며, 씨에 지방유가 40% 들어 있다. 들깨는 무기질의 칼륨·칼슘·인을 함유하고 있고, 비타민 B와 탄수화물, 백질, 지질 등의 영양소가 고루 많이 들어 있는 식물이다.

  들깨는 리놀렌산과 레시틴이 다량 함유돼 있어 체내의 콜레스테롤을 제거하고 비만을 방지해 주며, 장기복용 하면 피부에 윤기가 생겨 젊어지고 흰 머리카락이 점점 검어지며, 노안의 시력도 좋아지게 된다고 전해지고 있다. 들기름은 필수지방산이 풍부한 식물성 지방이므로 혈관의 노화를 방지해 준다. 들깨차는 비타민 E·F가 들어 있어 피부를 아름답게 하는 미용 차로, 옛날에는 혼기를 앞둔 딸에게 먹이는 풍습이 있었다. 차로 마실 경우에는 건강식품으로 장기 복용하면 체력이 강해진다. 특히 세계보건기구에서 성인병 대책의 하나로 들깨를 선정하였을 정도이니 인류에게 고마운 식품이 아닐수 없다.

· **참깨차** : 나이가 들면서 늦가을부터 겨울까지 피부 가려움증이 심한 사람이 많다. 노화성 피부소양증이라고 하는데, 대개 접촉성 피부염·두드러기·습진 등에 의해서도 유발되지만, 노화 현상으로 피부가 약해지고 건조해지며 피부 지방이 부족해져서도 생길 수 있는 것으로 알려져 있다. 피부가 거칠거칠해지면서 온몸이 이유 없이 가려운 경우가 이에 해

당되는데, 이때는 참깨에 들어 있는 리놀렌산과 비타민 E가 피부의 건조를 막아 주며 피부병에 대한 저항력을 길러 주는 기능을 해주므로 들깨차와 같은 방법으로 참깨차를 마셔 보자.

호두

넓은 마음과 지혜로움을 뜻할 때 호두나무를 말한다. 호두 열매는 오래전부터 머리, 즉 두뇌를 좋게 하는 열매로 각광받아 왔다. 호두는 좋은 토질의 땅보다는 감나무 재배에 적합한 정도의 척박한 땅에서 잘 자라는 것으로 알려지고 있으며, 그 생긴 모양이 인간의 뇌 모양과 같아 특히 자라나는 청소년들에게 좋은 영양 공급원으로 알려지고 있다. 기름기가 많아 영양가가 적은 식품을 먹던 시절에는 약용으로 사용되어 왔다.

호두는 또 '만세자' 라고 하여, '1만년간의 긴 수명을 누리는 씨앗' 이라는 뜻으로도 불렸다.

효과 신체를 건강하게 하고, 피부를 윤기 나게 하며, 머리를 까맣게 한다. 신장과 혈기를 보강하며, 두뇌를 돕는다. 해수와 천식을 치료하여 폐를 윤활하게 하고, 장의 기능을 도우며, 남자에게는 양기의 보강약이고, 여자에게는 미용식이며, 몸이 찬 사람에게는 더욱 좋다.

호두차에도 호두 기름이 함유되어 있으므로 체중이 증가되고 혈중 알부민도 증가되며, 혈중 콜레스테롤치의 상승은 비교적 완만하게 해준다.

비뇨기계의 결석에 유효한 것으로 알려지고 있으며, 불면증, 임질·매독·독창 등의 성병에 사용되어 왔다. 산모의 유방이 차고 부었을 때, 모든 귓병에, 신경 쇠약, 소변이 자주 나올 때, 산이 과다할 때도 효과가 좋다. 자양 효과를 돕는 약용 식품이다.

조제 │ 호두는 그냥 호두 속을 먹어도 좋겠고, 가루를 내어 차에 타 마셔도 좋다. 호두의 과육, 즉 익기 전의 껍질은 '청용의'라 하여 한방의 귀중한 약재로 사용된다.

사과

' 라고도 한다. 사과에 대해서는 별도의 설명이 필요 없을 것 같다. 그만큼 좋은 식품이며 약재이다. 사과는 과일의 왕이라고 부를 만큼 모양과 맛에서 가장 뛰어난 과실이다. 영양적인 면에서도 '하루 한 알의 사과는 의사를 멀리한다'는 영국의 속담과 '사과 나는 데 미인 난다'는 우리의 속담만 봐도, 사과의 영양적 가치와 효능을 충분히 짐작할 수 있다.

한의학에서 사과는 내자, 비라, 평파 등으로 부른다. 사과는 기가 따뜻하고, 맛이 달고 시며, 독이 없고, 소갈·곽란의 복통을 치료하고, 담을 없애고, 이질을 그치게 한다고 전해지고 있다.

심기를 돕고 중초 비위를 보하여 식욕 부진이나 가슴이 답답할 때 주로 사용한다. 갈증을 멈추어 진액이 생겨나게 하는 작용이 있으며, 폐의 진액도 보충해 주므로 마른기침에도 좋다. 또 술과 함께 먹으면 뼈마디의 통증도 잘 멎게 해준다고 한다. 앞에서도 언급했듯이 사과는 혈압을 낮추어 주고 혈중 콜레스테롤을 내려 주는 등 심혈 관계를 튼튼하게 해주며, 또한 소화를 도와주고 설사를 치료하는 효능이 있어 급성 소화 불량, 적리를 치료한다. 아울러 변비 환자에게는 변을 잘 보게 해주므로 이상적인 정장제로 각광을 받고 있다.

특이하게도 사과에는 당분이 있음에도 불구하고 혈당을 높이지 않으며, 오히려 혈당의 급상승을 막는 데 더욱 효과적이다. 최근에는 항암물질을 함유하고 있는 것으로도 알려지고 있다. 이처럼 우리는 아주 좋은 과실을 늘 주변에 두고 즐기고 있는 셈이다.

성분 사과의 주요 성분으로는 당, 산 및 펙틴이 있다. 사과에는 보통 10~15%의 당분이 함유되어 있는데, 이것은 단맛의 주 성분이며, 대부분 과당과 포도당으로 인체에 흡수가 잘된다.

주 성분은 탄수화물이며, 단백질과 지방은 비교적 적고, 비타민 A ·C와 무기물의 함량은 다른 식품에 비하여 특히 높은 알칼리성 식품이다.

효과 사과차의 효과는 열거하기가 벅차다. 최근에는 뇌졸중 · 심장병 및 당뇨병 등 성인병이 증가하고 있는데, 이러한 변화는 채식 중심의 우리나라 식사에서 육식 중심의 서구식 식사로 변화하는 과정에서 동물성 지방의 섭취량이 증대되는 반면, 식물섬유의 섭취량은 감소한 데서 비롯되었다. 사과는 맛이 뛰어날 뿐만 아니라, 뇌졸중·고혈압·동맥경화·당뇨병 등 각종 성인병의 예방에도 효과가 뛰어나며, 변비 예방 및 피부 미용에도 좋으며, 여성이라면 누구나 한 번쯤 시도해 보는 다이어트에도 효과가 뛰어나다.

사과는 동맥경화를 예방한다. 사과는 고혈압을 예방한다. 사과는 당뇨병의 치료에 도움이 된다. 사과는 변비를 해결해 주고, 대장암을 예방해 준다. 또한 사과에는 유기산이 0.5% 정도 함유되어 있는데, 이들 산은 우리 몸 안에 쌓인 피로물질을 제거하는 역할을 해준다. 이외에도 사과의 비타민C는 피로 회복, 해독 작용, 면역 기능 강화 작용 및 피부 미용 등에도 좋은 것으로 알려져 있다. 또 사과는 다이어트에도 그 위력을 발휘한다. 사과 다이어트는 단기간에 가능하여 손쉬운 다이어트법이다. 2~3일간 사과만을 먹는, 대단히 간편하고 쉬운 방법이다. 육류나 기름진 음식을 계속하여 먹으면 몸 속에 노폐물과 독소가 쌓이게 된다. 사과에는 이러한 노폐물의 배설을 촉진시키는 역할을 하기 때문에 체중 감량과 날씬한 몸매를 유지할 수 있으므로, 여러 다이어트에 실패한 사람들에게 이 방법이 좋을 것이다.

살구

살구는 성서에도 나올 정도로 오래전부터 식용하였던 과일인데, 약용으로도 효과가 아주 좋다. 살구라는 이름은 '개를 죽인다' 라는

의미의 말이라고 한다. 즉 개가 살구를 먹으면 죽는다는 말도 된다. 그래서인
지 사람이 개고기를 먹고 체한 데에는 살구 씨앗이 그만이다. 그래서 지금도
보신탕집에는 으레 살구 씨를 놓아 두고 식후에 먹도록 하고 있는 것이다.

효과 | 살구의 과육에는 탄수화물의 당질과 섬유가 많이 함유돼 있으므로
변비에 효과가 있으며, 진해·천식·호흡 곤란 등 호흡기계의 질환과, 신장으
로 인한 신체 부종에 머리가 멍하거나 시름시름 아플 때, 또 정신이 없고 답답
할 때에도 좋다. 행인유 또는 연고제를 만들어 피부염에도 이용하고 있다. 살
구는 씨앗도 중요한데, 씨앗의 단단한 껍질을 벗겨내고 남은 씨앗의 핵은 피
부 미용에 그만이다. 피부를 하얗게 해준다. 그리고 씨앗에는 어지간한 암을
이길 수 있는 대단한 성분이 있다. 앞에서도 말했듯 씨앗은 개고기를 먹고 체
한 데도 특효다.

조제 | 살구를 햇볕에 말려 두었다가 썰어 겨울철 신선한 채소를 얻기 어려
울 때 마시면 비타민C의 공급원으로 최고다. 살구 씨앗은 말려 두었다가 필
요할 때마다 사용하면 되는데, 그 씨앗을 하루에 4~5개씩 늘 장복하면 건강
에 많은 도움을 받게 된다. 혹은 설탕이나 꿀에 재워 두었다가 한겨울에 차로
사용하기도 한다.

석류

석류는 이란과 파키스탄이 원산지인 사막의 과일로, 사막생활에서 부족하기 쉬운 비타민의 공급원이다. 예로부터 시원한 과일이라는 평을 받고 있는 석류는, 육체뿐만이 아니라 영혼까지 생기를 주고 마음을 새롭게 한다는 과일이다. 특히 석류의 모양은 여성의 자궁을 상징하였으며, 그 씨앗은 아기를 연상하게 하였다. 또 식물성 에스트로겐이라는 여성호르몬과 같은 호르몬이 함유돼 여성에게 더없는 보약으로 알려져 왔다. 석류는 뿌리, 이파리, 석류 껍질, 석류 과육을 차와 약재로 사용한다.

성분 성서에 붉은색 피 속의 씨앗, 즉 생명체로 칭송되어져 오던 과일로 탄수화물의 당분, 무기질의 인·칼륨, 비타민C가 많이 들어 있고, 탄닌과 종자유가 함유되어 있다.

효능 예로부터 남자들에게는 강장제, 여성들에게는 여성 호로몬의 보충제로 쓰였다. 자궁 출혈과 대하증에 좋고, 지사제로도 쓰인다. 복통, 탈항, 사지 마비에도 효과가 있다. 또한 여성 호로몬의 효능이 피부 미용 등에 사용되어 왔다. 특히 45세 이상 되는 여성들에게 권할 만한 것이다. 석류나무의 이파리는 무월경 치료제로 사용되어 왔다. 붉은색 때문인지 심장에도 좋은 것으로 알려지고 있다. 또한 부실한 잇몸을 튼튼하게 해준다.

　석류를 말려 두었다가 껍질과 과육을 함께 차로 우려 마시기도 하고, 석류의 뿌리와 껍질을 같이, 또는 각각 삶아 끓인 물을 차로 하여 마셔 왔다. 석류 뿌리는 박테리아 바이러스 등의 균을 박멸하는 효능이 있다. 그래서 옛 사람들은 많은 사람들이 출입하던 성전 안에 이 석류를 두었던 것이다. 뿌리는 말려 두었다가 기생충 구제, 충치의 치료 등에 사용하면 좋다.

귤

약재로 사용할 때에는 '청피', '진피' 라고 한다. 푸를 때 껍질을 벗겨 말려 놓은 것을 '청피', 익은 귤의 껍질을 말린 것을 '진피' 라고 한다. 둘 다 감기나 기관지 계통의 약을 처방할 때 사용되어진 약재다. 귤에 다량 함유된 칼륨 성분과 비타민P는 고혈압과 동맥경화를 예방하고, 심장병과 뇌졸중의 위험 또한 줄여 준다. 비타민 C가 풍부해 감기 예방에도 좋다.

귤의 학명은 '성전의 궤' 라는 의미를 가진 말이다. 과거에는 신에게 제사로 지내진 과일이었던 것이다. 1479년 포르투갈의 선장이었던 바스코다가마의 인도탐험대 대원의 선원 160명 중에 10개월 동안 100명이 원인도 모른 채 배 안에서 죽어 갔다. 바로 괴혈병이었던 것이다. 비타민C가 모자라 생긴 병이다. 1,600년에서 1,800년 사이 영국 해군의 100만 명도 죽어 갔다. 역시 괴혈병이었는데, 당시에는 그 원인도 모르고 죽어 간 것이다. 나중에야 인류는 인디언들이 즐기는 신맛 나는 나뭇잎을 먹고 비로소 비타민C라는 것을 발견하게 되었다고 한다.

성분 │ 비타민이 풍부하며, 그중에서도 비타민 C가 많다.

효과 │ 예로부터 해수 기침을 멈추는 약재에는 귤이 애용되어 왔다. 귤은 담을 삭여 준다. 풍한으로 기침이 나며 가래가 성하거나, 열이 나면서 땀이 나고 맥이 부실한 데, 급성 및 만성 기관지염, 기관지 천식, 노약자의 변비에는 귤껍질과 살구 씨를 같은 양으로 가루 내어 0.3g씩 꿀로 버무린 다음 차로 마시면 좋다. 감기에는 마른 귤 껍질 한줌에 생강 한 조각을 갈아서 섞고 200cc 정도의 물에 달인 후 마신다. 귤 껍질 안쪽에 붙은 흰 부분을 긁어내면 더욱 효과가 있다. 최근에는 이 귤 껍질 안쪽의 하얀 부분(아스코르빈산나트륨)에 대한 특허를 낸 사람이 있을 정도로 좋은 약재이다.

유방암에는 기왓장에 유자나 귤을 태워 가루를 만든 다음 술과 물을 반씩 섞어 그 물로 귤 하나를 태운 분량만큼 하루 세 번 복용한다. 백일해에는 귤껍질 소량과 곶감 1개를 달여 먹으면 아주 좋아진다. 폐농양에는 귤나무 잎을 짓찧어 짠 즙을 1컵씩 자주 마신다. 이것을 마셔서 피고름을 토하면 빨리 낫는다. 대나무 생즙도 좋다.

조제 │ 피, 진피 등을 말려 두었다가 달여서 기침이나 감기에 차로 만들어 마신다.

버섯류

　버섯도 인간이 식용과 약용으로 사용한 지 참 오랜 역사를 가지고 있는 종이다. 최근에 버섯에 함유되어 있는 특수한 성분들이 인간의 질병에 절대 도움이 되는 성분들임이 밝혀지면서 붐을 일으키고 있다. 그러나 이러한 버섯들도 잘 사용하여야 한다. 잘 사용하면 도움을 받지만 잘못 알고 사용하였다가는 독이 되는 경우가 많은 것이 또한 버섯이다. 여기에서는 가장 안전하다고 인정된 버섯 종류들의 약용 성분과 차로 음용할 수 있는 방법을 기술한다.

　버섯의 의학적 가치에 대한 지식은 옛날부터 있었다. 중국 고대신화에서는 무병 장수의 상징으로, 에스토니아 지방의 전설에는 엽차의 원료인 버섯류에 항암 작용이 있다고 전해지고 있다. 중국의 진시 황제도 버섯을 즐겼으며, 로마의 네로 황제도 버섯을 즐겨 '버섯 황제' 라고 불렸는데, 버섯을 따오는 사람에게는 그 무게만큼의 황금을 주었을 정도였다. 버섯은 향기로운 풍미와 풍부한 영양소에 저칼로리인 스태미나 식품으로 널리 애용되어 왔으며, 수많은 고대 의학서들이 버섯을 정력 증진, 건강 장수의 식품으로 기록하고 있다.

버섯은 독버섯을 제외하고 약이 아닌 것이 없을 정도이다. 식용으로 흔하게 이용되는 버섯조차도 항암 효과를 가지고 있다. 주요 버섯의 종양 저지율을 보면 다음과 같다. 신령버섯 99.5%, 상황버섯 91.8%, 맛버섯 86.5%, 동충하초 83.0%, 팽이버섯 81.1%, 표고버섯 80.7%, 영지버섯 77.8%, 느타리버섯 75.3%이다. 신령버섯이나 상황버섯은 종양 저지율이 월등히 높지만, 식용으로 많이 먹기가 쉽지 않다. 이에 반해 팽이·표고·느타리 버섯은 각종 음식에 넣어 먹을 수 있으면서도 종양 저지율이 75% 이상이나 된다. 고대로부터 버섯은 황제의 식품이라 하였다. 버섯을 많이 먹어 황제처럼 살기를 바란다.

영지버섯

약용과 식용 버섯으로 일찍부터 사용되어진 영지버섯은 민간에 많이 알려진 버섯이다. 영지버섯은 구멍장이 버섯과에 속하는 버섯으로서 적지·흑지·청지·백지·황지·자지의 6종으로 분류되어 있으며, 우리나라에서 재배되는 것은 주로 적지이다. 영지는 한국인들이 익숙하게 잘 알고 있는 버섯으로 약용과 식용으로 사용하며, 때로는 보약으로 사용되는 귀한 약재이다. 영지에 대한 약물적 가치와 효능에 대해서는 중국 고대의 『동양식효서』와 명나라 이시진이 지은 『본초강목』, 『신농본초경』 등에 세밀하게 기록되어 있다.

우리나라에서는 일반적으로 영지 또는 불로초라 부르고 있으며, 중국에서는 신지·상지·여의지·금지·옥래·용지 등으로 불리며, 일본에서는 만년버섯·영지·행이·길상이·성이·문출이·복초·불사초 등으로 불리고 있다. 영지는 크게 둘로 나뉘는데, 자령지와 적령지이다. 최근에는 재배하는 곳이 많아지면서 그 포자가 바람에 날려 근처의 산야에서 자연적으로 영지버섯들이 자라고 있다. 그러므로 버섯 농장 주변의 산야를 잘 살피면 자연산에 가까운 좋은 영지버섯들을 얻을 수도 있다.

효과 ｜ 자양 식품으로서 심장을 튼튼히 하고 간을 보호하며, 진정 작용이 있다. 심교통, 동맥경화, 고지혈증, 급성 병독성 간염, 신경쇠약, 만성 기관지염, 풍습성 관절염의 치료에 사용한다. 약리 작용으로는 중추신경계통의 경련을 제거하는 작용을 하며, 순환계통의 급성 근혈 결핍에 대항 작용을 한다. 호흡기계통에서는 기침을 멎게 하고 가래를 제거하는 작용을 하며, 간장계통에서 간장을 보호하고, 항균 작용은 주요하게 대장간균·변형간균·이질균·녹농간균에 대해 일정하게 억제 작용을 하며, 적혈구를 증가시킨다.

검정귀버섯

검정귀버섯이라고 하면 잘 알지 못하는 사람도 '목이버섯'이라고 하면 금세 고개를 끄덕일 것이다. 가을철에 뽕나무나 말오줌나무의 죽은 나무에 많이 나는 버섯인데, 나무에서 딴다고 하여 '목이버섯' 이라고 하며, 사람의 귀와 비슷하다고 하여 '검정귀버섯' 이라는 별칭을 갖고 있기도 하다. 우리나라에서는 음식에 즐겨 넣어 먹는데, 특히 잡채를 만들 때는 빠져서 안 될 재료이기도 하다. 목이 버섯에는 훌륭한 약리 성분과 차로서도 손색 없는 좋은 성분들이 많이 있어 건강 식품으로도 호평받고 있다.

목이버섯에는 골다공증을 예방해 주는 비타민D가 식품 중에서 가장 많이 함유돼 있다는 사실이 밝혀져 화제를 불러일으키기도 했다. 최근에 발표된 이론에 의하면 비타민 D에 대해서 놀라운 사실이 몇 가지 밝혀지고 있는데, 비타민D가 비교적 많은 것으로 알려졌던 육류, 특히 간에는 전혀 포함되어 있지 않았으며, 우유나 계란 노른자 속에 함유되어 있는 것도 양이 너무 적어 중요한 공급원이 될 수는 없다고 한다. 이제까지 알고 있었던 상식이 완전히 잘못된 것이었다. 이들 식품과는 대조적으로 생선에는 비타민D가 고루 함유돼 있다고 밝혀지고 있다. 그리고 생선 다음으로 비타민D의 함유량이 높은 것이 버섯류였다. 그중에서도 목이버섯이 가장 뛰어난 것으로 평가되고 있다.

건조된 상태에서 함유되어 있는 비타민D의 양은 표고버섯이 640~840 IU인데 비해 검은 목이버섯과 흰 목이버섯은 16,000 IU로 이 조사의 전체 식품 중 최고치로 나타났으니 '왕중 왕' 이라고 해도 좋겠다. 비타민 D는 햇볕을 쪼이면 인체의 피부에서도 만들어진다. 그러나 비타민 D를 만드는 데 유효한 UV-B라 불리는 파장의 자외선은 가장 피부를 거칠게 하기 쉬운 자외선이기도 하다. 그리고 사람들이 사용하는 거의 모든 화장품에는 이것을 차단하게끔 만들어져 있기 때문에, 화장을 하게 되면 일광을 쪼여도 피부에서 비타민D를 만들긴 매우 어려워지고 마는 것이다. 하지만 그것은 목이버섯을 하루에 3g 만 섭취하면 해결된다.

또한 골다공증의 실험 결과, 칼슘이 약간 부족한 상태라도 비타민D를 충분히 섭취하면 효율적으로 칼슘이 사용돼서 강한 뼈가 만들어진다는 것이 입증되었다. 원래는 칼슘과 비타민D를 충분히 섭취하는 게 이상적이지만, 현재 우리나라에선 칼슘이 부족한 사람들이 많은 편이기 때문에 비타민 D라도 충분히 섭취함으로써 골다공증을 예방해야 할 것이다.

비타민D의 하루 소요량은 5세까지는 400 IU, 6세 이후는 1,000 IU로 되어 있다. 최근에는 암과 관련이 있어 학계의 주목을 받고 있다. 비타민D에는 세포의 분화 유도, 즉 암세포 같은 이상한 세포를 정상 세포로 바꿔 주는 작용도 있다는 것이 발견된 것이다.

특히 당뇨병 환자 중에 골감소증이 많다. 그리고 일조 시간이 적은 곳에 살고 있는 사람일수록 골감소증에 걸리기 쉽다는 것도 조사 결과 나타났다. 당뇨병으로 혈당이 높아지면 오줌 속에 칼슘이 방출돼서 뼈가 약해진다. 당뇨병이 진행되면 비타민D를 체내에서 활용하게 만드는 신장이나 간장의 기능도 약해지기 때문에 뼈를 만드는 능력이 더욱 저하되게 된다. 그래서 당뇨병 환자들은 매일 30분 옥외를 산책하도록 하며, 그와 병행해서 식품으로 비타민D의 섭취를 충분하게 해주어야 한다.

목이버섯의 별명으로는 수계, 검정귀, 목아, 운이, 이자 등이 있다.

효과 인체의 기혈을 돕고, 폐를 습윤하게 하며, 지혈 작용을 한다. 기혈이 부족하고, 사지가 줄어들며, 폐가 허약하여 기침이 나고, 각혈, 토혈, 비출혈, 자궁출혈, 고혈압, 변비, 치질 등을 치료한다.

석이버섯

높은 산 바위에 기생하는 버섯인 석이버섯은 마치 바위에 붙은 귀 같다고 해서 '석이'라고 부른다. 석이와 목이를 잘 구분하지 못하는 사람들이 있는데, 석이는 위로 말리는 특징이 있고, 목이는 아래쪽으로 말리는 특징이 있다. 석이는 맛이 담백하여 튀김 요리에 많이 쓰인다.

지로포르산의 성분이 있어 중국 한방에서는 각혈·하혈 등에 지혈제로 이용한다. 『동의보감』에서는 석이버섯을 '성질이 차고 평하다. 맛이 달며 독이 없다. 속을 시원하게 하고, 위를 보하며, 피나는 것을 멎게 한다. 그리고 오랫동안 살 수 있게 하고, 얼굴빛을 좋아지게 하며, 배고프지 않게 한다'고 정의하고 있다. 중국의 『본초도감』에서는 '고산의 절벽 바위에서 자란다. 연중 채취가 가능하며, 잡초를 떨어내고 햇볕에 말린다. 맛은 달고 평하며 독이 없다. 효능은 음을 보하고 지혈한다. 치료는 노상해혈, 장풍하혈, 치루, 탈항, 항균소의 원료로 쓰인다'고 적고 있다. 석이버섯은 령지, 석목이, 암고, 지이, 석벽화라고도 불린다.

효과 │ 한방에서는 강장의 특효 식품으로, 노인이 상식하면 얼굴이 좋아지

고 눈을 밝게 한다고 한다. 또 설사를 그치게 하는 복통의 묘약으로도 알려져
있다.

기침을 멎게 하고, 가래를 삭이며, 호흡 곤란을 제거한다. 천식형과 단순형
의 가래를 제거하는 데 비교적 좋은 작용이 있다. 석이를 사용하면 담이 황색
담으로부터 백색 담으로 변하는 것을 알 수 있는데, 이는 석이버섯에 일정한
소염 작용이 있다는 것을 의미한다.

청혈과 지혈 작용이 있다. 토혈, 비출혈, 자궁 출혈, 방광염, 장염, 이질, 기
관지염, 치루, 탈홍 등의 질병에 사용한다. 또한 뱀에게 물리거나 화상을 입었
을 때는 외용약으로 사용한다. 늘 음복하면 눈이 밝아진다고 전해진다.

개암나무버섯

개암나무는 참나무목 자작나무과의 낙엽활엽관목이다.
열매는 견과로서 도토리와 비슷한데, 도토리는 길쭉하지만 개암은 동그랗다.
도토리는 좀 떫지만 개암은 고소한 맛이 있다. 개암은 생으로도 먹는데, 신체
허약, 식욕 부진, 현기증 등에 약재로 쓴다. 양지 바른 산기슭에 드물게 난다.
여러 가지 이름으로 불리는데 밀환균, 균색환심, 밀모, 력모, 근삭심, 근부심
등으로 알려져 있다.

효과 | 인체의 바람기를 제거하고, 경락이 잘 통하게 하며, 근육과 골격을

튼튼히 한다. 전간과 요부 및 4지의 동통, 구루병(입 안이 헐고 붓는 병) 등을 치료한다. 보고된 바에 의하면 개암나무버섯을 내복하면 시력 감퇴, 야맹증, 피부 건조증을 예방할 수 있으며, 호흡기관과 소화기의 감염성 질병을 예방할 수 있다고 한다.

송이버섯

한국인들에게 송이버섯은 귀족적 식품이자 훌륭한 약재이다. 송이는 버섯이 크고 충실하며 특유의 향기가 있을 뿐 아니라 뛰어난 맛이 있어서 예로부터 우리나라에서 나는 버섯 중 으뜸 가는 버섯으로 인정되어 왔다. 송이는 주로 살아 있는 소나무의 가는 뿌리에 공생하는 활물기생균으로서 외생균근을 만들어 공생하고 있는 버섯이다.

일본어로는 '마쓰타케' 이며, 중국에서는 '송구마' 라고 하며, 한자어로 표기할 때 '송심' 으로 표기하는 경우도 있으나, 『세종실록지리지』 및 『동국여지승람』 등 문헌에는 '송이' 로 기록하고 있다.

성분 | 한국산 송이버섯은 수분 함량이 타 버섯보다 적고, 일본산보다도 훨씬 적어서 살이 단단하고 영양이 풍부하다. 특히 단백질에는 16가지의 유기 아미노산이 다량 함유되어 있고, 지방산에는 불포화지방산이 82.6~82.7%를 차지하고 있다. 미네랄 함량 또한 풍부하여 칼슘, 인, 철, 나트륨, 칼륨, 망간,

크리스틴 등이 일반 버섯류에 비하여 비교가 되지 않을 만큼 다량 함유되어
있다. 그중에서 칼륨은 느타리버섯의 10배, 양송이의 40배, 목이버섯의 약 3
배 정도로 다량 함유되어 있다.

효과 고급 음식으로 귀한 대접을 받고 있으며, 어떻게 먹든지간에 소변
색이 혼탁하고 소변 양이 적고 빈번한 것을 치료한다고 기재되어 있다. 장복
할 경우에는 항암 성분용으로도 손색 없는 약재이다. 송이에는 위암·직장암
의 발생을 억제하는 '크리스틴' 이라는 항암 성분이 들어 있어 항암 작용이 뛰
어나다. 뇌에서 체내 밸런스 작용을 해서 장에 있는 나쁜 균을 죽이고 좋은 균
을 증식시키며, 섬유질이 많아 장의 건강에도 좋다고 알려져 있다. 송이는 신
토불이 무공해 식품으로 저칼로리·고단백질의 맛과 향이 뛰어난 최고의 선
호 식품이며, 저지방에 클레스테롤을 감소시키는 물질이 함유돼 있어 성인병
예방에도 효과가 있다. 비타민 B_1·B_2는 물론 비타민 D도 많아서 햇빛에 말
린 송이는 비타민D 덩어리라 할 정도로 영양이 뛰어난 식품으로, 약재로도
사용된다.

제조 만약에 차로 마실 경우에는, 말려 두었다가 버섯 3개 정도를 주전자
에 넣고 끓인다. 송이의 향과 기능을 한꺼번에 즐기면서 건강에 도움을 받을
수 있다.

팽이버섯

우리나라에서는 팽이버섯으로 더 잘 알려져 있지만, 원래 이름은 '겨울버섯'이다. 맛과 향이 좋다. 겨울버섯이라는 이름처럼 초겨울부터 이른 봄에 걸쳐서, 팽나무·감나무 등 활엽수의 그루터기나 죽은 나무 위에 군생한다. 그늘의 팽나무를 자르면 반드시라고 해도 좋을 만큼 팽이버섯의 발생을 볼 수 있어, 이름의 유래도 납득이 간다. 모병금전균, 모각금전균, 박고, 원마, 동균이라고도 불린다.

효과 ｜ 특히 암 사망률을 감소시키는 효능이 있는 것으로 알려져 있다. 팽이버섯 재배 농가를 포함한 일본 나가노현 전체의 암에 의한 사망은 인구 10만 명 당 160명인데 비하여, 재배 농가의 가족은 97명으로 평균에 비하여 40%나 낮다. 더욱이 팽이버섯을 일주일에 1~2회 먹고 있는 가정이 거의 먹지 않는 가정보다 암이 생길 위험이 적게 나타났는데, 특히 위암·식도암·췌장암은 거의 먹지 않는 가정에 비하여 반 이하로 적게 나타났다는 보고도 있다. 팽이버섯은 꾸준히 복용하면 간장계통과 장, 위궤양을 예방 치료할 수 있다. 또 취학 연령의 아이들에게는 신장과 체중의 증가 효과를 볼 수 있다. 버섯의 자실체 내에는 알카리성 단백류의 항암물질이 함유되어 있어 뛰어난 항암 작용을 하는 것이다.

최근에는 선진국에서 암 예방물질로 각광받고 있는 셀레늄을 다량 함유한 기능성 팽이버섯이 개발되어 버섯 산업에 커다란 활력소가 될 것으로 기대되

고 있다. 콜레스테롤을 낮추고, 위장 내의 궤양과 간장의 질병을 예방·치료
하며, 어린이들의 생장 발육을 촉진하는 작용을 한다고 한다.

느타리버섯

느타리버섯을 '펑이' 혹은 '만이' 라고도 부른다. 아마
도 가장 흔하게 볼 수 있는 버섯이 느타리버섯이 아닌가 한다. 그럼에도 이 느
타리버섯에는 우리가 알지 못하는 많은 영양분과 약리 효능들이 있다. 느타리
는 육질이 졸깃하고, 아미노산·비타민·효소 등 인체에 영양원이 되는 각종
물질이 함유되어 있으며, 혈액 중 콜레스테롤을 감소시켜 준다. 노란버섯, 언
버섯 등으로 부르기도 한다.

효과 │ 복통이 심할 때 먹으면 현저한 진통 작용이 있다. 신선한 맛이 있어
식용으로 많이 사용한다. 느타리버섯은 비타민D의 모체인 에르고스테롤을
많이 함유하고 있어 고혈압과 동맥경화 예방 및 치료에 효과가 뛰어나다.

느타리버섯은 항암 작용 물질을 함유하고 있다. 일본 나가노현 마을의 한
의사는 느타리버섯이 암 치료시 부작용을 줄여 주는 역할과 면역 기능, 암세
포의 증식을 정지시키는 역할을 한다는 내용의 논문을 발표하였다.

상황버섯

상황이라는 말은 중국에서 유래된 말이고, 우리말로는 '목질진흙버섯'이라 한다. 상황버섯은 고산지대에 서식하고 있는 산뽕나무 1만 그루 중 겨우 두세 그루에서만 발견될 만큼 희귀하고 번식이 저조하며, 성장 속도 또한 늦고 다년생 버섯과 달리 성장하는 뽕나무가 죽으면 따라 죽는 버섯이다. 상황버섯은 맛이 순하고 담백하여 먹기에도 좋고, 먹으면 소화도 잘되어 머지않아 대체의학의 한 부분으로 자리 잡을 것으로 여겨진다.

성분 담자균의 항종양 성분은 대부분 단백결합 다당체이며 그 밖에 염기성단백 등이 보고되고 있다. 단백 다당류는 항암성 화학 요법제와는 달리 정상 세포에 독성 작용을 나타내지 않을 뿐 아니라, 오히려 면역 기능을 강화함으로써 항암력을 발휘하기 때문에 기존 항암제와 병행할 때 이상적인 치료 효과가 나타나게 된다.

효과 상황버섯을 잘 알고 이용한다면 건강에 많은 도움을 받을 수 있을 것이다. 상황버섯은 암과 다른 병과의 합병을 원천적으로 막아 주는 역할을 한다. 상황버섯에는 다당체가 다량으로 함유되어 유기물을 무기물로 바꾸는 역할을 한다. 상황버섯을 복용하면 체력이 강화되고, 숙취가 없어지며, 빈혈의 예방과 치료에 도움을 주며, 자궁 출혈 및 월경 불순에 효과를 준다. 특히나 위장 기능을 활성화하여 소화가 잘되고 위장이 튼튼해진다. 또한 면역 기능을 강화시켜 해독 작용을 활성화시킨다.

상황버섯의 약리 작용으로서는 소화기계통의 암인 위암·식도암·십이지장암·결장암·직장암을 비롯하여 간암 수술 후 화학 요법을 병행할 때 면역 기능을 항진시키며, 자궁 출혈 및 대하, 월경 불순, 장출혈, 오장 기능을 활성화시키고 해독 작용을 한다. 상황버섯은 면역 증강, 활성 작용 및 강력한 항암 작용을 하면서도 부작용이 없는 것이 특징인 것으로 밝혀져 있다. 이미 보고된 자료에 의하면, 17종의 담자균 가운데 월등히 높은 항암력을 지닌 버섯은 송이·맛버섯·팽이·표고 등이 있으며, 이중에서 상황버섯이 종양 저지율 96.78%로 가장 항암력이 좋다고 한다.

동충하초

건강 식품으로 동충하초만한 것도 없지 않나 싶다. 동충하초는 자낭균류 맥각균목 동충하초과의 소형 버섯류이며, '하초동충'이라고도 한다. 대부분 곤충에 기생하여 숙주가 되는 곤충의 시체에 자실체를 낸다.

동충하초란 말은 고대 중국에서 유래된 말로, 겨울에는 곤충의 몸에 살면서 양분을 흡수하여 곤충을 죽게 한 후, 여름이 되면 죽은 곤충의 몸에서 버섯을 만든다는 뜻에서 붙여졌다. 그러므로 동물성인지 식물성인지를 확연히 구분할 수 없다고 하는 것이다. 원래 동충하초는 박쥐나방과의 유충에서 나온 동충하초 코디셉스 시넨시스를 지칭하는 것이었으나, 오늘날에는 곤충뿐만 아니라 거미·균류 등에서 나오는 버섯을 모두 총칭하여 동충하초라 부른다. 동충하초는 세계적으로 300여 종에 이른다. 동충하초에 관한 최초의 기록은 1082년 중국의 문헌『증류본초』에 선화가 등장한다. 또한『동의보감』과 중국 의서인『본초강목』에도 기록되어 있다.

성분 │ 단백질 중에는 우리 몸에 필요한 17종의 아미노산이 포함되어 있으며, 지방 성분으로는 포화지방산이 13%, 불포화지방산이 약 82.2% 함유되어 있다. 악성 빈혈과 정신 집중 및 기억력 강화 등의 뇌 활동에 관여하며, 신경계와 간장 보호 기능을 갖는 비타민 B_{12}는 약 0.29mg/100g이 함유되어 있다. 또한 동충하초에는 약 7% 정도의 '크디세핀산'이라는 항생물질과 '폴리사카라이드'라는 충초다당체가 함유되어 있어 체내 면역력과 혈액 순환을 원활하게 하며, 각종 질환의 예방과 개선에 도움을 주는 것으로 임상 연구 결과 입증되었다. 동충하초는 연한 황색 결정 분말로서 시험관 안에서 사슬구균, 비저간균, 탄저간균, 돼지출혈성패혈증간균 및 포도상구균의 생장을 억제하는 작용을 한다.

효과 │ 중국의 등소평이 매일 차로 마셨다고 해서 더욱 유명해진 동충하초는, 청나라『본초통신』에서는 '폐를 보호하고, 신장을 튼튼하게 하며, 출혈을 멈추게 하고, 담을 삭이며, 기침을 멎게 하는 데 특효'라고 기록하고 있다.

그 밖에도 동충하초는 항균 작용을 한다. 폐렴구균과 일부 병원성 진균에 대하여 일정하게 억제 작용을 한다. 현재까지 발표된 바에 의하면 항암 효과, 면역 증강 효과, 항 피로 효과 등이 확인되었다. 동충하초는 동맥경화 치료제로서의 이용 가치가 크다고 할 수 있다. 단, 미열이 있는 사람은 조심해서 써야 한다.

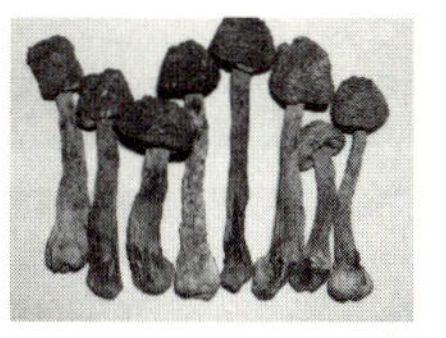

아가리쿠스

일명 '신령버섯'이라고 알려진 아가리쿠스 버섯은 1944년에 미국 플로리다의 잔디밭에서 발견되었다. 1985년경 레이건 전 미국 대통령의 암 치료를 위한 면역 요법으로 사용되면서 유명해진 버섯이다.

효과 | 혈압·혈당 강하가 임상실험으로 보고되었고, 또한 상당 부분 항암 효과가 있다고 보고되고 있다. 현재 알려져 있는 항암 식품 중에서 제일 많은 연구 보고가 나와 있다.

차가버섯

최근 새롭게 떠오르는 버섯이다. 차가버섯이 널리 알려지게 된 것은 1970년 노벨 문학상 수상자인 러시아의 문호 솔제니친에 의해서였다. 그가 저술한 『암 병동』의 내용 중 시골 의사의 대화 내용에서 처음으로 소개되었고, 이후 이 소설 내용들이 사실에 근거한 것임이 알려지면서 전 세계적인 관심의 대상이 되고 있다.

성분 │ 면역 증진 물질로 항암 및 암 억제 작용을 하는 다당류, 다당-펩티드, 뉴클레오시드, 테르펜계 등의 물질이 다량 함유되어 있다.

효과 │ 최근 일본에서는 차가버섯을 '21세기 신이 주신 위대한 선물'이라고 극찬하고 있다. 차가버섯은 상황버섯 등 다른 약용 버섯에 비해 당뇨와 위장 질환(위산 과다, 위염, 위궤양)의 치료·예방, 그리고 위암, 대장암, 식도암, 폐암, 간암 등의 항암 및 암 억제에 탁월한 작용을 보이며, 고혈압, 아토피성 피부염, 변비 등의 대체 요법에 병용되고 있다고 한다.

표고버섯

우리나라 사람들이 즐겨 먹는 버섯이다. 표고에는 기를 보하고, 병의 풍기를 다스리며, 몸 안에 뭉쳐 있는 나쁜 피를 없애 주고, 가래를 삭이며, 식욕을 증진시키고, 요실금을 다스리며, 항암 성분 및 간 기능을 강화시켜 주는 대단히 좋은 성분들이 들어 있다.

성분 │ 비타민D · B · E 등 모든 종류의 비타민이 많다. 일반 성분으로는 단백질과 지방질, 당질이 많으며, 나이아신을 함유하고 있다. 특히 비타민B_1 · B_2는 야채의 거의 두 배의 영양을 갖고 있다. 무기질은 칼슘과 인을 가장 많이 함유하고 있으며, 체내 산소 운반 역할을 하는 혈액 중의 헤모글로빈을 생성하는 철분도 다량 포함하고 있다. 표고버섯에는 비타민D의 효과를 가지는 에르코스테롤이 많이 함유되어 있어 체내에서 자외선을 받으면 비타민D가 생성이 된다. 또한 최근에는 버섯에 들어 있는 '에리다데닌' 이라는 특수 성분이 혈액 중의 콜레스테롤을 제거하므로, 고혈압 예방 효과가 특별한 것으로 알려지고 있다.

효과 │ 성인병 예방, 암세포 증식 억제, 고혈압, 당뇨병 등에 탁월한 것으로 연구되어 있다. 또한 식이섬유를 포함한 저칼로리 건강 식품이라고 밝혀진 바 있다. 특기할 만한 것은, 표고버섯은 독버섯을 잘못 먹어 발생하는 식중독을 치료한다는 것이다.

능이버섯

능이는 버섯 중에 최고급에 들어가는 독특한 버섯이다. 그 독특한 향 때문에 말려 두었다가 겨울에 이용하거나 고급 음식에, 또는 녹차와 섞어 능이녹차를 만들면 그 향이 어울려 좋은 차로 마실 수 있다. 추석을 전후하여 채집하기 시작하는데, 늦으면 벌레가 많이 생겨 먹기 불편하게 된다. 주로 가을에 활엽수림 내 땅 위에 군생, 또는 탄생하는 버섯이다. 주로 한국과 일본에서 자라는데, 생약명은 '능이'이며, 일본에서는 '고우다케'라고 부른다. 건조시키면 매우 강한 향기가 있어 '향이'라고도 부른다.

효과 | 주로 소화력을 좋게 하여 육류를 먹고 체했을 때 소화제로 사용한다. 이 버섯은 독특한 향기가 있는 식용 버섯이지만, 생식하면 가벼운 중독 증상이 나타난다. 위장에 염증과 궤양이 있을 때는 금기이다. 민간요법에서는 쇠고기를 먹고 체했을 때 능이버섯을 달인 물을 소화제로 이용해 왔다. 자연산 능이버섯은 암 예방과 기관지 천식, 감기에 효능이 있으며, 그 맛은 시원하면서도 담백하고 뒷맛이 깨끗하다.

기타

약용 식물이나 건강에 도움이 되는 식물들이 어찌 전장에 열거한 것들만 있겠는가. 그 수는 헤아릴 수 없을 정도로 많이 있을 것이고, 아직 알지 못하는 것들도 참 많이 있을 것이다. 환경의 급작스런 변화로 인하여 수천년, 수만년 내려오던 인간의 유전자 내지 기질과 환경에 심각한 변화가 생기기 시작하였으며, 또한 급작스레 변하는 환경에 적응하지 못하여 사람의 인체는 질병에 노출되어 있다.

예전보다 분명히 더 잘 먹고, 더 좋은 주거 공간에서 살고 있지만, 인체는 건강하지 못하다. 차라리 예전의 어렵게 살던 시절로 돌아간다면 건강에는 도움이 될 것이다. 그러나 그럴 수는 없는 노릇이니, 좋은 식품이나 약용 식물들 혹은 성분들을 적절하게 이용하여 건강에 도움이 된다면 얼마나 좋겠는가 싶어, 여기 기타 건강에 도움이 되는 것들을 몇 가지 정리하여 소개하도록 하겠다.

인간이 건강하기 위해서 지켜야 할 최소한의 것을 들자면, 환경 호르몬에 노출되지 않아야 한다는 것이다. 그렇다면 유기 농산물 및 자연 식품을 섭취하여야 한다.

 ## 겨우살이

산행을 하다 보면 낙엽 떨어진 앙상한 나뭇가지에 한겨울에도 새파랗게 살아 있는 신기한 나뭇잎을 보게 된다. 아마도 그 신비성 때문에 약재로 더욱 알려져 있지 않나 싶다. 한겨울에 새파랗게 살아 있을 뿐 아니라 아름답게 황금빛 열매까지 맺혀 있는 겨우살이의 모습은 정말 신비롭다.

겨우살이는 시리도록 파란 겨울 하늘을 배경 삼아 잎을 떨구고 고스란히 드러난 나뭇가지에 새 둥지처럼 달려 있어서 겨울 길을 떠난 이들의 눈에 곧잘 띄게 된다. 새 둥지려니 하고 무심결에 스쳐가기 십상이지만, 발길을 멈추고 고개를 들어 시선을 높이면 죽은 나뭇가지나 볏짚을 모아 만든 새집이 아니라 노란 초록빛으로 자라는, 줄기와 잎으로 엉긴 조금은 색다른 모습의 식물임을 알게 된다.

겨우살이는 겨울에만 잎이 달리는 나무가 아니고 늘 푸른 잎을 가지는 상록성 식물이지만, 매달린 나무의 잎이 다 떨어지고 가지가 드러나는 겨울에만 그 모습을 볼 수 있기 때문에 한겨울에만 사는 것처럼 알려지고 있다. 한 나무에서 자라는 전혀 다른 종류의 식물, 그래서 고대로부터 신비의 약초로 여겨져 왔으며, 민간 신앙으로 이용되는 경우도 있었다.

성분 겨우살이는 동서고금을 막론하고 행운을 가져다주며, 귀신을 내쫓는 등의 신성한 힘이 있는 것으로 여겨져 온 식물이기도 하다. 지금은 2,500여 편이 넘는 연구 논문들이 발표되어 면역 요법 중에서 그 안정성을 더해 가고 있다.

면역 증강 물질은 크게 렉틴과 다당체로 나눌 수 있는데, 상황버섯은 다당체의 대표격이고, 겨우살이는 렉틴의 대표격임과 동시에 다당체까지 함유하고 있는 식물이기도 하다. 또한 겨우살이는 인체의 독한 기운을 다스린다고 알려지고 있다.

효과 『동의보감』에 의하면, '겨우살이는 힘줄 · 뼈 · 혈맥 · 피부를 충실하게 하며, 수염과 눈썹을 자라게 한다' 고 한다. 요통, 옹종과 쇠붙이에 다친 것을 낫게 한다. 임신 중에 하혈하는 것을 멎게 하고 안태시키며, 몸 푼 뒤에 있는 병과 봉루를 낫게 한다.

항암 작용이 강하여 민간 전래요법으로 많이 사용되고 있다. 독일에서는 이미 암 치료물질을 추출하여 상용화하였다고 한다.

혈압을 강하시켜 고혈압 치료제로 사용하기도 한다. 특히 고혈압으로 인한 두통 · 현기증 등에도 효과가 있고, 마음을 진정시키는 효과도 탁월하다. 하루 30~40g을 달여 차 대신 마시면 동맥경화와 고혈압을 예방 내지 치료하는 탁월한 효과가 있다. 겨우살이 차는 혈압을 완만하게 떨어뜨리면서 효과가 오래 지속되어, 혈액 속의 콜레스테롤 수치를 낮추고 동맥경화로 인한 여러 심장병을 낮게 하는 한편, 심근의 수축 기능도 강하게 한다고 알려져 있다.

당뇨병에도 특효가 있는 것으로 알려지고 있는데, 정말 신기하다 할 만큼 효력이 발휘된다. 당뇨병과 그 합병증으로 인한 폐결핵에 겨우살이를 쓰면, 폐결핵이 먼저 낫고 당뇨병은 뒤에 낫는다고 하니 써볼 만하지 않겠는가? 2~3개월이면 완치가 가능하다고 한다. 하루에 80~100g을 약한 불에 오래 달여서 차처럼 마신다. 참고로 겨우살이는 참나무에 기생하는 것만 사용하도록 권하고 싶다.

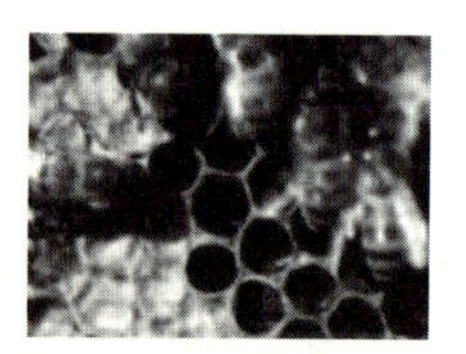

꿀

우리 민간요법 중에 꿀만큼 약재로, 때로는 훌륭한 간식과 음식으로 사용되어진 것이 없을 성싶다. 꿀은 흔히 양봉과 토종꿀로 구분을 한다. 꿀은 인간의 역사 속에서도 수천년의 오랜 경험에 의하여 몸에 좋다는 것이 입증되고도 남음이 있다.

토종꿀의 주 성분이 소화되지 않고도 곧장 흡수되어 힘을 내는 포도당과 과당으로 되어 있음은 말할 나위도 없으나, 토종꿀의 영양적 가치가 이와 같은 당분에만 있는 것이 아니라, 꽃가루 특유의 비타민 및 호르몬 유사 작용을 하는 성분마저 들어 있다는 것이 과학적으로 밝혀지고 있다. 꿀은 로얄젤리와 화분, 그리고 최근에 개발에 성공한 폴리폴리스 성분 등으로 사람의 건강에 매우 좋은 약재이며, 차이며, 음식이다.

단백질, 미네랄, 방향성물질, 아미노산, 비타민B_1 ·B_2, 티코틴산, 비오틴, 엽산 등이 들어 있어 이상적인 종합영양제를 이루고 있다. 효소, 아세틸콜린, 항생물질까지 들어 있다는 것이 알려져서 몸에 유익한 작용을 한다. 벌꿀은 포도당과 과당을 주 성분으로 하는 단당류이다.

자연 그대로의 음식에 맛을 내는 감미료이기도 하다. 세계 어느 민족들이고 많이들 사용하고 있다. 벌꿀은 몸이 허약한 사람이나 환자에게 좋은 영양제가 될 뿐만 아니라, 인체의 생리 기능에 전혀 해가 없는 감미료로서 그 가치가 높이 평가된다.

꿀은 주로 폐를 윤택하게 하며, 비장·대장 등에 윤활유 역할을 해준다. 보중·윤조·지통·해독 작용을 하고, 비연·아구창·화상·오두 해독 등에 사용한다. 오래전부터 인류는 주독을 푸는 데 꿀을 사용해 왔으며, 피로를 몰아내는 음료로 사용하여 왔다.

당분 섭취에 조심해야 하는 당뇨병에도 당분 섭취의 유일한 통로이기도 하다. 당뇨라도 당분은 필요한데, 통상 단것이라 하면 다 같은 것으로 생각하지만 설탕이나 과일에 들어 있는 당분과 벌꿀의 당분은 성분상 완전히 다르다. 설탕은 인체에 들어가면 포도당과 과당으로 분리되어야 흡수가 이루어진다. 이 과정에서 설탕은 인슐린·칼슘·비타민을 소모하나, 벌꿀은 이미 꿀벌들이 위의 작업을 다 해놓은 상태의 완전식품이기 때문에 인체에서는 그대로 이용되는 것이다.

또한 꿀은 모든 차나 식품에 첨가하여 그 맛과 기능을 높여 주는 작용을 한다. 현대인은 위장병을 치료하고자 헬리코박터라는 균을 죽이기 위해 독한 약들을 사용하고 있다. 그러나 고대의 요법인 이 자연꿀이 위장의 헬리코박터균까지도 죽이는 효과가 있는 것을 아는 이는 많지 않다.

벌나무

벌들이 집을 잘 짓는다 하여 '봉목' 또는 '벌나무' 라 한다. 이 벌나무가 최근에 암에 효험이 있다는 소문이 나서, 전국의 나무들이 수난을 당하여 이미 멸종되다시피 하였다.

효과 │ 모든 간질환에 효과가 있는 것으로 알려지고 있다. 또한 간염 바이러스를 비롯한 여러 병원성 미생물을 죽이는 작용도 있는 것으로 보인다. 벌나무는 전혀 독성이 없으므로, 어떤 체질이든 부작용이 없는 우수한 약재이다. 청혈제이며 이수제로 사용한다. 조심할 것은, 소양 체질의 사람, 즉 혈액형이 O형인 사람은 부작용이 있다는 설이 있으니 참고하기 바란다.

지구자

흔히 '헛개나무' 또는 '호깨나무' 로 알려지고 있는 나무이다. 헛개나무가 매스컴을 탄 이후에 전국에 헛개나무가 수난을 당하여 이제 멸종되어 간다고 한다. 왜 그리 한국 사람들은 몸에 좋다는 것이 방송만 타면 가리지 않고 멸종시키는지 모르겠다. 앞에서도 밝힌 바 있지만, 섭생과 편안한 마음가짐과 적절한 운동이 최고의 보약이라는 것을 명심해야 할 것이다. 헛개나무는 주로 열매와 줄기를 약용으로 사용하여, 술로 인한 주독과 청열해독에 사용하여 왔다. 백석목, 헛개나무, 목산호, 현포리라고도 부른다.

효과 | 숙취 해소, 알코올성 간질환, 지방간, 황달, 당뇨와 고혈압, 갈증 해소와 배변 기능 활성화 등에 효과가 좋다.

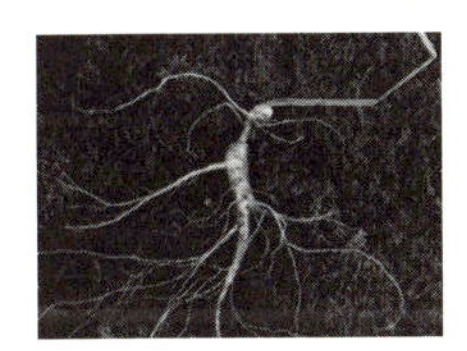

야산삼

산삼은 굳이 설명이 필요하지 않을 듯싶다. 오가피나무과 식물인 야산삼의 뿌리를 말하는데, '장뇌삼' 이라고 하면 더 쉽게 알아들을 것이다.

성분 | 인삼 성분을 참고한다.

효과 │ 인삼의 효과를 참고하면 되겠다. 그러나 심리적 탓인지, 성분의 독특함 때문인지, 인삼보다 더 강력한 성분이 있는 듯 느껴진다. 신경계통에는 대뇌피질의 흥분과 억제 과정에 참가하고, 인체의 저항력을 높여 준다. 대사 작용이 뛰어나다. 순환기계통에는 심장 심근의 무력증을 개선시키고, 혈관에 작은 제량으로 주입하면 혈압이 약간 올라가고, 제량이 많을 때는 혈압이 내려간다. 말초혈액 속의 적혈구, 백혈구 수에는 모두 영향이 없다. 장기적으로 적은 제량을 복용하면 망상내피계통의 기능이 항진되고, 많은 제량을 복용하면 상반되는 작용이 발생한다. 단, 열이 있는 사람은 피하는 것이 좋다.

사향

고급 한약에 반드시 들어가는 약재 중의 하나이다. 때로는 당문자, 제향, 사제향, 미취, 취자, 랍자, 향제자라는 이름으로도 부른다. 사슴과 동물인 사향사슴의 사향낭중의 분비물을 사향이라 한다.

효과 │ 사람이 혼절했을 때 소생시키고, 혈액을 통하게 하며 어혈을 제거하고 진통시키는 작용을 한다. 열성 질병, 경풍, 혼수, 가래로 인한 경련, 전간, 심복부통, 사지 마비, 옹저 종양 및 타박상 등의 질병에 유효하다. 단, 임산부는 쓰지 말아야 한다. 이것은 약성이 강하기 때문에 반드시 처방을 받은 후 사용하여야 한다.

웅담

사향, 웅담, 우황은 많이 알려진 약재이다. 웅담은 곰의 쓸개를 말하는데, 진품 구하기가 그리 쉽지 않다. 언제나 그렇듯이 진귀한 것은 사이비가 많은 법이니, 정확하게 알고 구하여야 할 것이다.

성분 | 웅담은 금담이 있고, 흑담이 있으며, 채화담이 있다. 웅담의 주요 성분은 타우로우르소데옥시콜산, 안세르데옥시콜산, 콜레스테린, 담즙색소, 금속염 등이다.

효과 | 주로 어혈 작용을 한다. 경련을 제거하는 작용을 하는데, 주요 성분인 타우로우르소데옥시콜산이 경련을 제거하는 작용을 하는 것으로 알려지고 있다. 인체 해독 작용을 하며, 심장에 대한 작용으로는 양이 많을 때는 억제 작용을 하며, 용량이 적을 때는 흥분 작용을 하게 한다. 청열 해독으로 건강에 지대한 영향을 주며, 눈을 밝게 하고, 병충을 살상하는 작용이 있다.

우황

사향과 우황, 서각은 긴급약인 우황청심환을 만드는 데 빠져서는 안 되는 약재이다. 때로는 우황을 '축보' 라고도 부른다. 원래 소의 담낭결석을 우황이라 한다.

효과 | 우황은 주로 중풍이나 경련을 일으키는 데 사용한다. 그것은 카페인 및 피크로톡신이 일으키는 경풍을 예방 내지 치료하기 때문이다. 혈압 강하와 간 보호에 효능이 있다. 정신이 혼미하고 헛소리 내는 것을 치료하며, 전간발작, 소아 경풍, 아감, 인후종통, 구강염, 옹저, 정독 등에도 효과가 있다. 역시 전문적 약성이기 때문에 반드시 처방에 따라서 사용하여야 한다.

제**6**편

내 몸에 좋은 차

증상별로 좋은 차

　차를 질병의 예방 및 건강 증진의 목적으로 마신다면, 어떤 차가 자신의 어떤 증상에 효과를 볼 것인가를 알고 마셔야 할 것이다. 여기 현대인들에게 흔한 질환과 증상들을 중심으로 차를 맞춤해 보았다. 자신에게 맞는 차를 한번 눈여겨보기 바란다.

　그러나 한 가지 당부하고 싶은 말은, 여기에 소개된 내용을 1차적 정보로만 참고하라는 것이다. 각종 책이나 자료에서 소개하고 있는 것들은 일반적일 설명일뿐, 각자의 상태나 증세에 따라 일괄적으로 적용할 수 없는 경우도 있기 때문이다. 심각한 병증일수록 여러 가지 정보들을 취합하고 확인에 확인을 거듭한 후 사용하는 것이 안전하다.

　각종 증상에 따라 도움이 되는 차를 나열하였으니 참고 바란다. 같은 차라도 지방마다 부르는 이름이 다른 것들이 있는데, 여기에서는 가장 흔히 불리는 이름으로 소개하겠다.

감기에 좋은 차

인류의 시작과 함께 시작되었다는 감기. 그러나 이 감기가 만병의 시초라는 말도 있고, 병을 알리는 예비 종소리라는 말도 있다. 감기라고 우습게 보지 말고 초기에 잡아야 건강을 지킬 수 있다.

처방 | 보이차, 녹차, 우롱차, 고감로차, 고정차, 무우잎차, 들국화차, 모과차, 더덕차, 오미자차, 파 흰뿌리차, 무씨차, 도라지차 등. 대추와 우유, 기타 비타민이 많이 들어 있는 차들이 좋다.

간질환에 좋은 차

우리나라 사람들 가운데 상당수가 간 질환에 시달리고 있는 것으로 알려지고 있다. 술과 피로, 스트레스에서 벗어나기 힘든 현대인의 생활에서 가장 혹사당하는 것도 바로 간이다. 그러한 간을 보호하고 간 질환에도 도움을 주는 좋은 차들을 소개한다.

■ 간염

처방 | 보이차, 녹차, 우롱차, 고감로차, 고정차, 감초차, 민들레차, 뽕잎차,

산딸기차, 더덕차, 산수유차, 새삼차, 오가피차, 해당화차, 해바라기차, 결명
자차, 회화차, 쑥차 등.

■간장질환

처방 ┃ 보이차, 녹차, 우롱차, 고감로차, 고정차, 들국화차, 구기자차, 두충
차, 들깨차, 모과차, 뽕잎차, 산딸기차, 더덕차, 산수유차, 새삼차, 오가피차,
해당화차, 해바라기차, 결명자차, 질경이차, 냉이차, 다시마차, 감초차, 민들
레차, 오미자차, 쑥차 등.

■황달

처방 ┃ 보이차, 녹차, 우롱차, 고정차, 질경이차, 다래차, 삽주차, 옥수수차,
으름덩굴차, 결명자차, 치자차, 칡차, 하눌타리차, 쑥차, 검정콩차 등.

■해독

처방 ┃ 보이차, 녹차, 우롱차, 고정차, 감초차, 들국화차, 민들레차, 냉이차,
칡차, 다래차, 대추차, 더덕차, 마름차, 매실차, 검정콩차, 박하차, 살구차, 인
동덩굴차, 잔대차, 진달래차, 연차, 유자차, 동아차, 으름덩굴차, 쑥차 등.

■주독

처방 │ 보이차, 녹차, 우롱차, 고정차, 칡차, 연차, 감잎차, 동아차, 마름차, 매실차, 비파잎차, 오미자차, 유자차, 들국화차, 쑥차 등.

■피로회복

처방 │ 보이차, 녹차, 우롱차, 고정차, 전칠삼차, 전칠삼화차, 만삼차, 더덕차, 박하차, 검정콩차, 매실차, 오미자차, 옥수수차, 인삼차, 두충차, 쑥차 등.

🍃 기관지질환에 좋은 차

기관지는 인체의 숨구멍이다. 숨이 제대로 들어가거나 나오지 않으면 단 5분이면 사람은 죽는다. 과거에도 인체의 건강 상태는 바로 이 숨소리를 듣고 감지했고, 지금도 의사들은 일단 청진기를 대고 숨소리를 들으며 진찰을 하고 있다. 기관계통에 병이 생기는 것을 예방하거나 치료하는데 아래의 차들이 매우 좋은 역할을 한다.

■비염

처방 │ 보이차, 고정차, 산수유차, 생강차, 박하차, 목련차 등.

■기관지염

처방 │ 보이차, 고정차, 감초차, 더덕차, 도라지차, 모과차, 민들레차, 비파잎차, 살구차, 잔대차, 진달래차, 하눌타리차, 회화차, 질경이차, 뽕잎차, 박하차 등.

■거담

처방 │ 보이차, 고감로차, 고정차, 잔대차, 더덕차, 오미자차, 진달래차, 질경이차, 치자차, 탱자차, 감초차, 녹차, 다시마차, 귤피차, 유자차, 도라지차, 동아차, 들깨차, 만삼차, 잔대차, 매실차, 복숭아차, 비파잎차, 뽕잎차, 살구차, 생강차 등.

■천식 기침, 해수

처방 │ 보이차, 고감로차, 감초차, 도라지차, 들깨차, 살구차, 오미자차, 율무차, 은행차, 진달래차, 호두차, 구기자차, 귤피차, 대추차, 더덕차, 동아차, 들국화차, 들깨차, 매실차, 살구차, 생강차, 유자차, 잔대차, 질경이차, 하눌타리차, 둥굴레차, 호박차 등.

■ 마른기침

처방 │ 보이차, 고감로차, 구기자차, 대추차, 귤피차, 둥굴레차, 하눌타리
차, 고감로차 등.

■ 구내염

처방 │ 보이차, 고감로차, 고정차, 도라지차, 들국화차, 잇꽃차, 결명자차 등.

■ 갑상선

처방 │ 보이차, 녹차, 우롱차, 고정차, 전칠삼차, 전칠삼화차, 만삼차, 더덕
차, 다시마차 등.

폐에 좋은 차

폐는 연소 기관이다. 만약에 폐에 이상이 생기면 일단 움직이지 못한다. 바
람이 들어오는 기관은 기관지이고, 그 바람을 받아들여 몸 안에서 발생된 가
스를 배출하고 신선한 산소를 공급하는 역할을 폐가 담당한다. 폐를 도울 수
있는 차들을 소개한다.

■인후두염

처방 │ 청폐차, 고감로차, 감초차, 쑥차, 도라지차, 도토리차, 동백차, 정가
차, 박하차, 인동덩굴차, 석류차, 살구차, 호박차 등.

■편도선염

처방 │ 청폐차, 고감로차, 쑥차, 더덕차, 도라지차, 민들레차, 인동덩굴차,
잇꽃차, 질경이차, 칡차, 율무차 등.

■폐결핵

처방 │ 청폐차, 고감로차, 쑥차, 구기자차, 더덕차, 산수유차, 매실차, 모과
차, 살구차, 호두차 등.

■폐렴

처방 │ 청폐차, 고감로차, 쑥차, 들국화차, 인동덩굴차, 율무차, 모과차, 살
구차 등.

■폐장질환

처방 | 청폐차, 고감로차, 쑥차, 모과차, 매실차, 오미자차, 귤피차, 대추차, 잔대차 등.

■ 늑막염

처방 | 청폐차, 고감로차, 쑥차, 도라지차, 으름덩굴차, 아가위차, 매실차, 율무차, 옥수수 수염차 등.

눈에 좋은 차

눈은 밖을 내다보는 기관이지만, 반대로 눈을 통해서 인체의 안을 들여다볼 수 있는 곳이기도 하다. 질병의 70~80%는 눈을 통해서 알 수 있다. 그러므로 눈이 맑고 빛이 있으면 건강한 것이다.

눈은 신체의 어느 부분에 문제가 생겼을 경우, 제일 먼저 사인을 주는 곳이다. 옛말에도 〈몸이 천냥이면 눈이 구백냥〉이라고 하지 않던가.

■ 시력 보호 · 증진

처방 | 개암차, 결명자차, 들국화차, 구기자차, 냉이차, 동아차, 검정콩차, 마름차, 뽕잎차, 산딸기차, 새삼차, 솔잎차, 오가피차, 오미자차, 인삼차, 정

가차, 질경이차, 해바라기차, 현미차 등.

■ 안질

처방 | 결명자차, 둥굴레차, 들국화차, 질경이차, 회화차 등.

■ 야맹증

처방 | 삽주차, 결명자차 등.

■ 결막염

처방 | 결명자차, 민들레차, 질경이차, 으름덩굴차, 인동덩굴차, 치자차, 회화차 등.

■ 녹내장

처방 | 냉이차, 결명자차, 삽주차, 뽕잎차 등.

뇌신경 관련 증상에 좋은 차

■ 두통

두통의 원인은 다양하고도 복잡하다. 신경성으로 오는 두통이 있고, 폐에 열이 있어 오는 두통과 심장의 압박(고혈압)으로 인한 두통이 있으며, 이외에도 수많은 원인들이 있다.

들국화를 말려 넣어 베개로 사용하면 두통에 큰 도움이 된다. 풍열(폐의 열)로 나는 두통에는, 하루에 1,000g씩의 마른 국화를 뿌리와 함께 베개에 넣어 베고 자면 효과가 있다. 풍열이라는 것은 바이러스나 세균 감염의 상태를 말한다. 즉 풍열 두통이라는 것은, 감기나 비염 등의 상기도 염증과 함께 오는 두통을 말하는 것이다. 머리가 지끈지끈 아플 때에는 철관음차 몇 잔이면 그 자리에서 효험을 볼 수 있다.

처방 │ 보이차, 녹차, 우롱차, 고정차, 철관음차, 쑥차, 들국화차, 결명자차, 구기자차, 오미자차, 파 흰뿌리차, 계피차, 당귀차, 더덕차, 만병초차, 박하차, 살구차, 생강차, 유자차, 잔대차, 정가차, 치자차, 칡차, 검정콩차, 뽕잎차 등.

■ 풍비

풍비란 반신불수가 된 것을 말한다. '편고' 라고도 하는데, 몸 한쪽을 쓰지 못하고 근육이나 신경도 한쪽만 여위면서 쓰지 못하게 된다, 아프지만 말은 제대로 하며 정신도 똑바른 상태를 말한다. 때로는 언어 마비와 함께 오는 경우도 있다.

처방 | 보이차, 녹차, 우롱차, 고정차, 철관음차, 쑥차, 질경이차, 오가피차, 뽕잎차, 도라지차, 검정콩차 등.

■ 해열, 청열

처방 | 보이차, 녹차, 우롱차, 고정차, 쑥차, 철관음차, 질경이차, 구기자차, 냉이차, 다래차, 대추차, 도라지차, 둥굴레차, 들국화차, 마름차, 만병초차, 매실차, 박하차, 복숭아차, 인동덩굴차, 치자차, 칡차, 하늘타리차, 현미차, 메꽃차, 검정콩차, 뽕잎차, 민들레차, 오미자차 등.

■ 빈혈

처방 | 보이차, 녹차, 우롱차, 고정차, 쑥차, 철관음차, 당귀차, 삽주차, 호두차, 단너삼차(황기마늘차), 다시마차, 만삼차, 잔대차, 대추차, 회화차, 인삼차, 살구차, 뽕잎차 등.

■ 고혈압

처방 | 보이차, 녹차, 우롱차, 고정차, 쑥차, 철관음차, 감잎차, 검정콩차, 냉이차, 다시마차, 단너삼차, 당귀차, 더덕차, 두충차, 들국화차, 만삼차, 메꽃차, 뽕잎차, 삼지구엽차, 솔잎차, 쑥차, 아기위차, 연차, 옥수수차, 은행차,

잔대차, 진달래차, 치자차, 칡차, 해바라기차, 호박차, 회화차, 결명자차, 새
삼차 등.

■저혈압

처방 | 보이차, 녹차, 우롱차, 고정차, 쑥차, 철관음차, 으름덩굴차, 포도차,
결명자차 등.

■중풍

처방 | 보이차, 녹차, 우롱차, 고정차, 쑥차, 오가피차, 계피차, 구기자차,
냉이차, 더덕차, 두충차, 둥굴레차, 들국화차, 만병초차, 박하차, 뽕잎차, 삼
지구엽차, 삽주차, 새삼차, 생강차, 솔잎차, 쑥차, 검정콩차, 오미자차, 정가
차, 칡차, 탱자차, 회화차 등.

■풍열증

풍열과 정신 몽매에 우수한 효과가 있는 차들이 있다. 사지를 움직이기가
힘들고, 말을 더듬는 질병에는 1차적으로 의학적인 치료가 요구된다. 차는 예
방을 위해 좋고, 또는 질환을 앓고 난 후에 장기적으로 마시면 좋은 결과를 얻
을 수 있다.

처방 | 보이차, 녹차, 우롱차, 고정차, 쑥차, 회화차, 박하차, 들국화차, 결
명자차, 계피차, 뽕잎차, 율무차, 검정콩차, 칡차, 정가차 등.

■ 두뇌 발달

처방 | 보이차, 녹차, 우롱차, 고정차, 철관음차, 쑥차, 솔잎차, 호박차, 호
두차 등.

■ 뇌일혈

처방 | 회화차 등.

■ 건망증

처방 | 보이차, 녹차, 우롱차, 고정차, 쑥차, 철관음차, 삼지구엽차, 인삼차,
정가차, 솔잎차 등.

■ 불면증

처방 | 고정차, 쑥차, 감잎차, 대추차, 두충차, 매실차, 솔잎차, 연차, 치자
차, 호박차 등.

■이명증

처방 | 삼지구엽차, 산수유차, 산딸기차, 새삼차, 들국화차, 뽕잎차 등.

■중이염

처방 | 도토리차, 살구차, 석류차 등.

🍃각기병에 좋은 차

각기병은 티아민의 부족과 운동 부족, 그리고 습하여 생기는 영양 실조 증세의 하나이다. 늘 다리가 부어 있는데, 손가락으로 누르면 들어간 살이 나오지 않을 정도로 부어 있다. 티아민은 쌀눈에 많이 들어 있기 때문에 특히 도정미를 주식으로 하는 동양 사람에게서 많이 볼 수 있다는 보고가 있다.

병의 초기에는 입맛이 없고 소화가 잘 안 되며, 팔다리에 힘이 없고 늘 피곤하다. 감각이 무디어지다가 심해지면 다발성 신경염을 비롯하여 순환기나 소화기의 증세와 몸이 부어오르는 부종 등이 나타난다.

다발성 신경염은, 다리 근육이 쓰리고 아프기 시작하여 무릎의 반사 작용이 감소하고, 결국은 근육이 마비되어 걸음을 제대로 걷지 못하게 되는 증세이다. 주로 비타민 B_1(티아민)이 많이 들어 있는 현미, 보리, 돼지고기 등을 섭취할 것을 권하고 있다. 여기에 좋은 차로는 다음과 같은 것들이 있다.

처방 | 현미차, 모과차, 감잎차, 비파잎차, 당귀차, 두충차, 보리차, 복숭아
차, 결명자차, 솔잎차, 오가피차 등.

신경계통과 신경통, 요통에 좋은 차

우리의 몸 전체를 연결하여 움직이게 해주는 것이 신경 조직이다. 이 신경
조직이 노쇠하거나 이상이 생겼을 경우, 인간은 심한 고통을 받게 되어 있다.
신경계통도 적절한 운동이 반복되어져야만 건강할 수 있다. 오랫동안 사용하
지 않는 부분은 제 기능을 발하지 못하고 또한 통증을 수반하게 되어 있는 것
이다. 적절한 운동이 보약 중의 보약이다.

■신경쇠약

처방 | 대나무차, 고정차, 쑥차, 대추차, 새삼차, 연차, 인삼차, 해바라기차,
녹차, 옥수수 수염차, 만삼차, 잔대차, 생강차, 오미자차, 뽕잎차, 귤피차, 동
충하초차 등.

■신경통

 고정차, 쑥차, 대나무차, 솔잎차, 두충차, 오가피차, 모과차, 결명자차, 들국화차, 다시마차, 유자차, 율무차, 박하차, 동충하초차 등.

■관절염, 관절통

처방 고정차, 쑥차, 다래차, 잔대차, 오가피차, 들국화차, 복숭아차, 삼지구엽차, 결명자차, 두충차, 으름덩굴차, 유자차, 율무차, 대추차, 다시마차, 검정콩차, 계피차, 박하차, 모과차, 만병초차, 마름차, 뽕잎차, 삽주차, 탱자차, 생강차, 해당화차, 동충하초차 등.

■슬통 (무릎이 쑤시고 아픈 증세)

처방 계피차, 구기자차, 산수유차, 두충차, 잔대차, 동충하초차 등.

■제습, 거습

처방 다래차, 당귀차, 쑥차, 삼지구엽차, 솔잎차, 삽주차 등.

■요통

처방 고정차, 구기자차, 두충차, 만병초차, 산수유차, 쑥차, 아가위차, 연차, 오가피차, 으름덩굴차, 호두차, 동충하초차 등. 차도 좋지만, 동물의 쓸개가 효험이 크다.

🍃 방광, 자궁에 좋은 차

사람의 생식기관에도 많은 질병이 생길 수 있다. 방광이나 여성의 자궁, 그리고 성기에 생기는 성병까지도 예방하는데 좋은 차들이 있다.

■ 방광 결석

처방 | 보이차, 녹차, 우롱차, 고정차, 쑥차, 율무차, 다래차 등.

■ 요로 결석

처방 | 보이차, 녹차, 우롱차, 고정차, 쑥차, 으름덩굴차, 다래차, 민들레차 등.

■ 야뇨

처방 | 보이차, 녹차, 우롱차, 고정차, 쑥차, 질경이차, 민들레차, 동아차, 감초차, 녹차, 다시마차, 대추차, 도토리차, 동백차, 계피차, 만병초차, 메꽃

차, 모과차, 결명자차, 복숭아차, 뽕잎차, 삼지구엽차, 옥수수 수염차, 으름덩
굴차, 인동덩굴차, 인삼차, 하눌타리차, 해바라기차, 검정콩차, 냉이차, 두충
차, 귤피차 등.

■ 방광염

처방 | 보이차, 녹차, 우롱차, 고정차, 쑥차, 결명자차, 다시마차, 질경이차,
인동덩굴차, 진달래차, 옥수수 수염차 등.

■ 방광 잡병

처방 | 보이차, 녹차, 우롱차, 고정차, 쑥차, 계피차, 귤피차 등.

■ 부인병

처방 | 보이차, 녹차, 우롱차, 고정차, 쑥차, 질경이차, 당귀차, 두충차, 복
숭아차, 잇꽃차, 결명자차, 회화차, 칡차, 연차, 새삼차, 대추차 등.

■ 불임증

처방 | 당귀차, 만병초차, 복분자차 등.

■자궁 수축

처방 | 냉이차, 잇꽃차 등.

■입석

처방 | 다래차, 복숭아차 등.

■임질

처방 | 치자차, 아욱차, 감잎차, 보리차, 호박차, 은행차 등.

■매독

처방 | 인동덩굴차, 보리차 등.

강장에 좋은 차

각기 다른 문화와 역사를 불문하고 많은 사람들이 공통적으로 찾아온 것이 강장 식품이다. 별의별 약재나 식품을 구하는 실정이지만, 가장 좋은 보약은

적절한 운동이며 심신의 건강이다. 그러나 마시는 차에도 상당한 도움을 받을
수 있기에 여기 간추려 보았다.

■보음

처방 | 잔대차, 도라지차, 더덕차, 삼지구엽차, 둥굴레차, 들국화차, 갈근
차, 오미자차, 구기자차, 맥문동차, 동충하초차 등.

■유정

처방 | 잔대차, 도라지차, 더덕차, 산딸기차, 산수유차, 새삼차, 인삼차, 두
충차, 구기자차, 석류차, 연차, 은행차, 호두차, 으름덩굴차, 갈피차, 동충하
초차 등.

■음위증

남자들이 성적으로 제구실하지 못하는 증세를 일컬어 음위증이라 한다.

처방 | 도라지차, 더덕차, 잔대차, 삼지구엽차, 산수유차, 둥굴레차, 뽕잎차,
메꽃차, 민들레차, 인삼차, 구기자차, 동충하초차 등.

❡ 당뇨(소갈증)에 좋은 차

흔히 당뇨를 문화병, 또는 현대병이라고 한다. 옛날에도 있었던 병이지만 현대에 이르러 두드러지게 나타나는 병이기 때문이다. 한마디로 많이 들어가는데 비해 그만큼 소비시키지 못해서 잉여·축적되어 나타나는 병이라고 할 수 있다. 그러나 병의 원인은 여러 가지에 있으니 단언할 수는 없다. 평소 꾸준한 운동을 하고, 지나치게 영양 과잉이 되는 것을 피하는 게 중요하다. 예전에는 '소갈증'이라고 불렀던 당뇨의 증상들에 좋은 차들을 소개한다.

■ 당뇨병

처방 ｜ 보이차, 녹차, 우롱차, 고정차, 쑥차, 이슬차, 감잎차, 산수유차, 구기자차, 다시마차, 단너삼차, 동아차, 둥굴레차, 메꽃차, 새삼차, 율무차, 인삼차, 칡차, 하눌타리차, 결명자차 등.

■ 소갈병

소모성 병으로 갈증이 심한 병이라는 뜻.

처방 ｜ 보이차, 녹차, 우롱차, 고정차, 쑥차, 구기자차, 들깨차, 만삼차, 잔대차, 당삼차, 보리차, 비파잎차, 석류차, 오미자차, 인동덩굴차, 인삼차, 치자차, 하눌타리차, 현미차, 다래차, 둥굴레차, 삽주차 등.

심장질환에 좋은 차

현대인들은 각종 스트레스를 심하게 받으며 살고 있다. 스트레스는 심장에 영향을 주어 협심증(가슴 통증, 울화증, 가슴앓이)을 호소하는 사람들이 무척이나 많다. 운동은 부족하지, 영양은 좋지, 스트레스는 받지, 완벽하게 심장에 무리를 주는 생활 환경이 병을 부른 것이다.

■심통

처방 | 보이차, 회화차, 쑥차, 생강차 등.

■흉협통

처방 | 보이차, 도라지차, 하눌타리차 등.

■심협통

처방 | 보이차, 계피차 등.

■협심증

처방 | 보이차, 겨우살이차, 영지차, 단너삼차, 은행잎차, 익모차, 칡차, 인동차, 천궁차, 잇꽃차, 인삼차, 매자기뿌리(초삼릉근)차, 봉출차, 오령지차, 부들꽃차, 사과차 등.

■심장 질환

처방 | 보이차, 감초차, 둥글레차, 구기자차, 귤피차, 녹차, 다시마차, 단너삼차, 대추차, 아욱차, 연차, 오가피차, 오미자차, 인삼차, 진달래차. 회화차, 아가위차, 결명자차, 냉이차 등.

■동맥경화

처방 | 보이차, 녹차, 감잎차, 검정콩차, 구기자차, 다시마차, 솔잎차, 회화차, 호두차, 잇꽃차, 단너삼차, 계피차, 정가차, 오가피차, 도토리차 등.

■어혈

처방 | 보이차, 녹차, 계피차, 해당화차, 정가차, 잇꽃차, 아가위차, 복숭아차, 동백차, 당귀차, 감잎차, 연차, 오가피차, 치자차, 진달래차 등.

■콜레스테롤 저하

■적혈구 증가

🌿 신장질환에 좋은 차

온몸을 돌아온 피는 폐와 간에서 새롭게 걸러져 심장에 보내지고 그 찌꺼기가 밖으로 나가는데, 그렇게 청소해 주는 곳이 신장이다. 신장에 병이 나면 피를 걸러 주지 못하여 온몸의 기관들이 제 기능을 못하게 된다.

■신장

■담석증

처방 | 풀차, 보이차, 녹차, 우롱차, 고정차, 진달래차, 옥수수 수염차 등.

■부종

처방 | 풀차, 보이차, 녹차, 우롱차, 고정차, 감잎차, 귤피차, 비파잎차, 으름덩굴차, 옥수수 수염차, 검정콩차, 솔잎차, 삽주차, 호박차 등.

위장에 좋은 차

모든 음식은 위에 들어가서 분쇄되어 장을 거치면서 영양분이 흡수되어 각기 쓰임새로 보내진다. 숨쉬는 것 다음으로 중요한 것이 먹는 것이라고 할 수 있기 때문에 위장의 건강 또한 중요하다. 먹으면 위가 부담을 느끼는 음식이 있는가 하면, 어떤 음식은 위를 편안하게 해준다. 좋은 차를 마시면 위장 건강에도 매우 큰 도움을 받을 수 있다.

■식욕 증진

처방 | 보이차, 녹차, 귤피차, 다래차, 도라지차, 들깨차, 모과차, 박하차, 보리차, 삽주차, 생강차, 솔잎차, 아가위차, 오미자차, 옥수수차, 유자차, 탱자차, 호두차, 결명자차, 냉이차, 해바라기차, 충차(蟲茶) 등.

■위궤양

처방 | 보이차, 감초차, 다시마차, 단너삼차, 질경이차, 민들레차, 인동덩굴차, 충차 등.

■위염

처방 | 보이차, 감초차, 다시마차, 만삼차, 잔대차, 민들레차, 질경이차, 칡차, 박하차, 충차 등.

■위장병

처방 | 보이차, 민들레차, 삽주차, 솔잎차, 쑥차, 치자차, 호박차, 개암차, 계피차, 귤피차, 다래차, 더덕차, 도토리차, 들깨차, 마름차, 메꽃차, 모과차, 결명자차, 박하차, 비파잎차, 생강차, 아가위차, 오미자차, 옥수수차, 유자차, 인삼차, 칡차, 탱자차, 해당화차, 충차 등.

■위하수

처방 | 보이차, 단너삼차, 탱자차, 쑥차, 충차 등.

■ 십이지장궤양

처방 | 보이차, 단너삼차, 오미자차, 송화차, 쑥차, 충차 등.

■ 구토

처방 | 보이차, 녹차, 계피차, 다래차, 비파잎차, 삽주차, 생강차, 칡차, 귤피
차, 쑥차, 충차 등.

■ 설사

처방 | 보이차, 녹차, 쑥차, 귤피차, 도토리차, 매실차, 모과차, 새삼차, 생강
차, 석류차, 연차, 질경이차, 칡차, 감잎차, 계피차, 냉이차, 산딸기차, 율무
차, 현미차, 충차 등.

■ 복막염

처방 | 보이차, 결명자차, 충차 등.

■ 복수

처방 | 보이차, 감잎차, 결명자차, 마름차, 충차 등.

■복통

처방 | 보이차, 계피차, 당귀차, 도라지차, 생강차, 석류차, 쑥차, 유자차, 잔대차, 칡차, 들국화차, 단너삼차, 대추차, 복숭아차, 오가피차, 연차, 뽕잎차, 충차 등.

■딸꾹질

처방 | 보이차, 감잎차, 귤피차, 비파잎차, 오미자차, 으름덩굴차 등.

■맹장염

처방 | 결명자차, 매실차, 율무차, 인동덩굴차 등.

■개고기 먹고 체했을 때

처방 | 보이차, 녹차, 살구차, 귤피차, 연차, 생강차, 아가위차, 충차 등.

■우유 마시고 체했을 때

처방 │ 보이차, 녹차, 아가위차, 충차 등.

■ 어류 먹고 체했을 때

처방 │ 보이차, 매실차, 녹차, 동아차, 유자차, 검정콩차, 귤피차, 충차 등.

■ 버섯 먹고 체했을 때

처방 │ 보이차, 녹차, 연차, 감초차, 충차, 표고버섯차 등.

■ 곽란(콜레라)

처방 │ 보이차, 녹차, 귤피차, 모과차, 박하차, 생강차, 연차, 삽주차, 뽕잎차, 들국화차, 충차 등.

■ 변비

처방 │ 보이차, 녹차, 복숭아차, 당귀차, 들깨차, 살구차, 결명자차, 뽕잎차, 탱자차, 하눌타리차, 해바라기차, 메꽃차, 보리차, 율무차, 충차 등.

■ 대장염

처방 │ 보이차, 녹차, 인동덩굴차, 귤피차, 박하차, 당귀차, 매실차, 만삼차, 잔대차, 결명자차, 은행차, 솔잎차, 충차 등.

■구충

처방 │ 도토리차, 매실차, 살구차, 아가위차, 석류차, 호박차, 충차 등.

■이질

처방 │ 보이차, 녹차, 냉이차, 도라지차, 도토리차, 삽주차, 생강차, 석류차, 쑥차, 아가위차, 으름덩굴차, 인동덩굴차, 진달래차, 칡차, 해당화차, 현미차, 충차 등.

피부에 좋은 차

우리 몸 전체 피부의 3분의1이 손상되면 생명의 위협을 받게 된다. 피부 건강 역시 상당히 중요하다.

■기미 제거

■피부미용

처방 | 보이차, 녹차, 감잎차, 산딸기차, 구기자차, 대추차, 동아차, 둥글레차, 들국화차, 들깨차, 매실차, 메꽃차, 보리차, 비파잎차, 검정콩차, 연차, 율무차, 호두차 등.

■부스럼

처방 | 감초차, 다시마차, 도라지차, 쑥차, 잇꽃차, 들국화차, 대추차, 민들레차, 복숭아차, 오가피차, 인동덩굴차 등.

■습진

처방 | 보이차, 녹차, 다시마차, 들국화차, 삽주차, 송화차, 감초차 등.

■단독

화농성 염증을 일으키는 질환.

처방 | 보이차, 녹차, 대추차, 매실차, 오가피차 등.

■아토피성 질환

처방 | 보이차·녹차 등을 마시게 하고, 몸을 씻어 준다.

🍃 항문질환에 좋은 차

인간이 먹기만 하고 배출을 하지 못하면 그 또한 살아남기 어렵다. 쾌식할 수 있으면 쾌변도 해야 한다. 항문 질환에도 여러 가지 있는데, 이 질환들은 거의 먹는 음식에 많은 영향을 받는 것으로 알려지고 있다. 좋은 차를 마셔 쾌변하기를 바란다.

■치루

처방 | 정가차, 동아차, 감잎차 등.

■치질

처방 | 호두차, 도토리차, 박하차, 석류차, 계피차, 단너삼차, 쑥차, 탱자차, 호박차, 회화차, 냉이차 등.

처방 | 감잎차, 단너삼차, 도토리차, 만삼차, 잔대차, 석류차, 탱자차 등.

저항 성분의 차

인체는 어떤 세균이 침입하게 되면 그에 저항하여 싸워 이겨야 한다. 이렇게 싸우는 과정에서 저항력은 높아져서 다시 세균이 침입하게 되면 쉽게 이길 수 있고 건강을 유지하게 되는 것이다. 그렇다면 저항력을 높일 수 있는 차들도 있을까? 물론 있다.

사람들은 여름철이 되면 식중독 균을 두려워한다. 식중독 균의 40%를 차지하는 비브리오 균의 번식을 막아 주는 것이 산과 소금 성분인데, 여기에 차를 첨가하면 균의 생육은 바로 중지된다고 일본의 학자 마무라 교수가 발표한 적도 있다.

여름철에는 녹차를 휴대하고 다니면서 식사 때마다 마시거나, 특히 여행길에 휴대한다면 식중독을 예방하는데 크게 효험을 볼 것이다. 식중독 예방에는 녹차가 제일이다.

■ 항균

처방 | 으름덩굴차, 삼지구엽차, 은행차, 쑥차, 인동덩굴차, 매실차, 만삼차, 치자차, 당귀차, 민들레차, 하눌타리차, 산수유차, 진달래차 등.

■ 항알레르기

알레르기는 신체의 면역 능력 저하에서 오는 것으로 알려지고 있으며, 개인마다 그 원인이 다르다. 특히 금속성에 대한 알레르기가 있다면 은행잎차를 권하고 싶다.

처방 | 감초차, 은행차, 은행잎차 등.

■ 항암

항암에 효과가 있다는 재료들만 열거하려고 해도 아마 책 한 권이 부족할 것이다. 여기 예로부터 전래되던 민간요법 가운데 대표적인 몇 가지를 소개하고자 한다. 특히 모든 버섯 종류에는 항암 성분이 들어 있는 것으로 알려져 있는데, 최근에 발표된 것들을 보면 그중에서도 차가버섯이나 상황버섯, 영지버섯 등에 특히 많이 함유되어 있는 것으로 나타났다.

처방 | 감초차, 다래차, 마름차, 옥수수차, 율무차, 인동덩굴차, 인삼차, 하눌타리차, 산수유차, 영지차, 삼백초차, 표고버섯차, 송이버섯차, 오가피차, 둥굴레차, 호박차, 달맞이꽃차, 쑥차. 녹나무와 족제비, 홍삼차, 겨우살이차(곡기생차), 동충하초차, 호두차, 질경이차, 화살차(위모차) 등 한이 없다. 다만

식물마다 화학 성분에 의한 특징들이 있으니 정확한 처방에 의해 사용해야 할 것이다. 저 사람이 효과가 있다고 나도 효과가 있는 것은 아니기 때문이다. 본인의 체질이나 암의 위치, 그리고 약차의 성분이 잘 맞도록 사용하여야 효과를 볼 수 있다.

■항염, 소염

처방 | 감초차, 율무차, 오가피차, 인동덩굴차, 치자차, 귤피차, 박하차, 옥수수차, 으름덩굴차, 질경이차, 들국화차, 뽕잎차, 복숭아차, 구기자차, 동아차, 회화차 등.

🌿기타

인간 세상의 질병의 숫자를 어떻게 다 열거하겠는가? 수많은 질병들이 있을 테니 여기 소개한 것은 일부에 지나지 않을 것이다. 위에서 다루지 않았지만 우리가 흔히 만날 수 있는 경우 몇 가지를 더 들겠다.

■비만

비만은 국가적인 차원에서 관리되어져야 할 병이다. 비만이 부의 상징처럼 보였던 시절도 있었지만, 현대에는 심각한 질환으로 여긴다. 미국은 비만과의 전쟁을 선포하며 비만을 '국가를 위협하는 적'으로 선언하였을 정도다. 현대인의 수많은 병은 비만에서 시작된다고 한다. 다양한 치료법들이 제시되고 있지만, 내가 경험하기로 비만에는 차만큼 좋은 것이 없다. 그중에서 비만에 특효인 차를 골라 보았다.

처방 │ 보이차, 녹차, 우롱차, 고정차, 쑥차, 철관음차, 강이수차, 동아차, 뽕잎차, 호박차, 충차, 아욱차, 율무차 등.

■병의 회복

처방 │ 보이차, 녹차, 우롱차, 고정차, 쑥차, 철관음차, 잔대차, 두충차, 들깨차, 현미차, 호두차, 호박차, 칡차 등.

■비장질환

처방 │ 대추차, 모과차, 산딸기차, 연차, 더덕차, 율무차, 개암차, 계피차, 귤피차, 마름차, 삽주차, 아가위차, 오미자차, 탱자차, 잔대차 등.

사상체질에 맞춘 좋은 차

혹자는 사상체질론을 믿지 못한다고 하는데, 나는 우리 조상들의 지혜가 얼마나 깊었는지를 이 사상체질론 하나만으로도 알 수 있다고 생각한다. 서양 의학이 이제 와서 인간의 유전자를 말하고, 유전자를 통한 건강을 말하며 대단한 발견을 한 것처럼 떠들고 있지만, 우리의 자랑스러운 이제마 선생은 그들이 이런 것에 대하여 깨닫기도 전에 인간의 체질을 분석하여 병을 다스리기 시작하였다.

이제마 선생은 사람의 체질은 선천적으로 결정되므로, 생김새와 성품에서 질병의 경향에 이르기까지 부모와 조상의 특징을 전해 받는다고 했다. 이것을 '품수'라 한다. 이러한 내용과 연관되는 것으로 현대 과학으로 밝혀진 것 중에 대표적인 것이 혈액형이다. 혈액형은 부모와 자식 간의 일정한 규율에 따라 전해져 내려간다. 질환도 그렇다. 예를 들어 부모가 혈압이 높거나 중풍을 앓는 사람들은 자식도 그러한 경우가 많고, 소화 기능이 약한 부모를 가진 사람은 다른 사람에 비하여 그 발병 빈도가 높다. 색맹이나 혈우병 또는 정신질환 따위는 자손에게 그 영향이 전해지는 유전적 소인이 있음은 이미 밝혀져 있다.

단, 우리 민족 특성상 과학적 사고나 관리보다는 감성에 의지하기 때문에, 그동안 사상체질론이 조명받지 못하였을 뿐이다. 여기에서는 사상체질론에 따라 우리가 타고난 각각의 체질에 맞는 차에 대해 알아 보겠다.

『동의보감』에 따르면 차는 머리를 맑게 하고, 소변을 잘 보게 하며, 소화에 도움이 된다고 나와 있다. 하지만 본인의 체질에 맞지 않는 차를 마시는 경우에는 오히려 건강을 해칠 수도 있다고 했다. 앞에서도 말했지만, 항상 신중하게 선택하기를 바란다.

소음인

형태 | 체형이 단정하며 하체가 발달하고 균형이 잡혀져 있는데, 성격은 조용하고 온순하며 내성적인 편으로 여성스러운 면이 강하다. 용모가 오밀조밀하고 잘 짜여 있어 여자는 예쁘고 애교가 많다. 이마는 약간 나오고 이목구비가 크지 않고 다소곳한 인상이다. 피부가 부드럽고 땀이 적으며, 걸음걸이가 자연스럽고 얌전하다. 말을 할 때 눈웃음을 짓는 경우가 많다.

건강 | 신장과 방광은 실하나, 비장과 위장은 허하다. 주로 몸과 손발이 차

고 소화기 병이 많으며, 땀이 적고 땀을 내면 피곤해진다. 위장병, 복통, 변비, 설사, 두통, 빈혈, 소화 불량, 편두통을 조심하여야 한다. 뱃속에서 소리가 잘 나고, 냉수나 아이스크림 등 차가운 것을 먹으면 설사를 잘한다. 따라서 소음인은 만성 소화 불량, 위하수, 위산 과다, 상습 복통 등에 잘 걸린다. 또한 냉한 체질로서 수족 냉증이 있으며, 몸을 차게 하면 병이 생긴다. 잔병치레를 잘한다. 이 체질인 사람의 경우, 소화가 잘 되면 건강한 것이다. 이들은 고혈압이나 당뇨병 등의 성인병은 잘 걸리지 않는다. 남의 것을 가져오기보다는 주려고 하는 마음이 건강을 다스려줄 것이다.

성격 | 사색적이고 착실하며 합리적이고 세심하다. 내성적이며 깐깐하거나 보수적이다. 겉으로는 부드럽고 겸손한 듯하나, 마음 속으로는 강인하고 조직적이고 치밀한 면도 있다. 또 매사를 자기 본위로 생각하는 경향이 있고, 실리를 얻기 위해서는 수단과 방법을 가리지 않는 면도 있다. 머리가 총명하고 판단력이 빠르며, 조직적이고 사무적이어서 윗사람에게 잘 보이지만, 때로는 지나치게 아첨을 하기도 한다. 자기가 하는 일을 남이 손대는 것을 싫어하며, 남이 잘하는 일에 질투심이 강하다. '사촌이 땅을 사면 배가 아프다' 라는 말은 소음인에게 어울리는 속담이다.

처방 | 비교적 소화되기 쉽고 따뜻한 음식이 적당한데, 이런 체질에는 몸을 따뜻하게 해주는 생강차, 인삼차, 유자차, 꿀차, 수정과, 식혜가 좋다. 소화가 안 될 때에는 귤껍질을 말린 후 차로 다려 마셔도 좋고, 기운이 없고 피로할

때는 인삼차·계피차·쌍화차·수정과 등이 좋다.

소음인에게는 생강이 참 좋은 음식이다. 생강 홍차를 적극 권한다. 찬 음식을 피해야 하고, 일주일에 한두 번씩 삼계탕이나 인삼 꿀차 등을 먹는 것이 이들에게는 보약이 된다.

🍃 태음인

형태 | 체형은 골격이 굵고, 허리와 배가 나와 살이 찐 편이다. 이목구비의 윤곽이 뚜렷하고, 걸음걸이는 무게 있고 안정감 있게 보이나, 상체를 다소 수그리고 걷는 경향이 있다. 성격이 과묵하고 신중하며 보수적이다. 위장 기능과 식성이 좋고 음식을 잘 먹는 체질이다. 이들은 땀을 잘 흘려야 건강하다.

건강 | 담은 실하나, 폐·대장은 허하다. 특히 호흡기가 약해서 다른 체질에 비해 숨이 차는 일이 많다. 평소에 땀이 많고, 땀을 흘리면 오히려 상쾌하다. 건강을 유지하려면 많은 땀을 흘리는 것이 좋다. 중풍, 대장 질환, 심장병, 고혈압, 기관지, 천식, 치질, 습진, 간 질환에 특히 주의하여야 한다. 그리고 이 체질은 심장이 약하고 겁이 많아 가슴이 두근거리는 증세를 느끼는 경우가 있다. 이것이 심하면 불안감도 오는데, 다스리지 못하면 병이 되는 경우들이 있다.

성격 │ 보스 기질에 호걸풍이다. 인자하고 너그러운 면도 있고, 묵묵히 책임을 다한다. 이 체질의 여성은 집념이 강하다. 성품은 말이 적어 조용한 편이고, 이해 타산을 따지는 데 뛰어나다. 한번 시작한 일은 소처럼 꾸준히 노력해 성취하는 지구력이 있어 크게 성공하는 타입이다.

처방 │ 영지차, 둥글레차, 치커리차, 칡차, 우롱차, 율무차, 들깨차, 오미자차 등이 좋다. 특히 감기 기운이나 음주 후 숙취에는 칡차가 좋다. 또한 비만이나 지방간, 콜레스테롤 수치가 높을 수 있는데, 이때에는 결명자차가 좋다. 두통에는 실제 국화 꽃잎으로 만든 국화차가 도움이 된다. 좋은 식사로는 된장국에 마늘, 두부를 많이 넣어 먹는 것이 좋다. 식전 따뜻한 우유와 식후 사과는 태음인들에게 보약이다. 운동으로는 상체 단련의 운동이 좋다.

🍃 소양인

형태 │ 다부진 체격에 가슴이 넓고, 허리 밑 부분이 늘씬하다. 강한 성격에 적극적이고 진취적이며 행동에 거침이 없는데, 주로 몸이 뜨겁고 찬 음식을 좋아하며, 허리가 아프거나 소변이 탁하거나 건망증이 있다.

건강 │ 비장은 실하나, 신장은 허하다. 소양인에게는 화가 많아 시원한 성질의 약재를 달인 차가 알맞다. 신장 기능, 요통, 피부병, 코·목 감기, 부종,

신경통, 성기능 장애를 조심하여야 한다.

성격 │ 외향적이며 명랑하고, 봉사와 희생 정신이 강하다. 타인을 향해 좀 너그러운 면이 있다. 즉 수용성이 좋다는 것이다. 그러나 급하고 경솔한 행동과 말 때문에 실수가 많다. 강직한 성품을 갖고 있다. 열이 있기 때문에 찬 음식과 빙과류를 잘 먹어도 여간해서는 탈이 나지 않는 타입이다. 서두르는 태도에 주의하여 느긋해지면 건강할 수 있다.

처방 │ 영지차, 녹차, 구기자차, 결명자차, 신선초 녹즙 등이 좋다. 치료용으로는, 음기를 내려 주고 하초의 정력을 보해 주는 산수유차, 신장 기능에 도움을 주는 구기자차 등을 꼽을 수 있다. 음식은 찬 음식과 해산물류가 좋다. 그리고 우리가 즐겨 마시는 보리차도 해열과 이뇨 작용을 돕는 데 효과적이다. 일주일 2~3회 녹두죽을 먹으면 건강에 도움이 될 것이다. 결명자차를 자주 마시는 것도 좋다.

🌿 태양인

형태 │ 1만 명 중에 10명 미만일 정도로 희소한 체질이다. 체형은 키가 크고 수척하며, 어깨가 넓고 허리 부분이 약하다. 활동적이고 열성적이며, 봉사 정신이나 의협심이 많다.

 폐장은 실하고 담이 허하며, 평소에 신경성 식도 경련과 다발성 근무력증을 잘 앓는다. 태양인 여자는 몸이 건강해도 자궁 발육이 잘 안 되어 임신을 못하는 경우가 있다. 평소 생활에서 소변이 시원스러우면 건강한 것이다. 고혈압, 안질, 소화 불량, 황달, 고열성 질병, 담석을 조심하여야 한다. 주로 허리, 다리에 힘이 없어 장시간 걷지를 못한다. 구토 증상이 있을 수 있다.

성격 | 자존심이 강하고 감정적이다. 적극성·진취성·과단성이 장점이며, 독선적·무계획적·비타협적이라는 단점도 있다. 조급한 성격 때문에 귀울림이나 두통에 시달릴 수도 있다. 그러므로 이를 조절하고 화를 다스리는 법을 알아야 한다. 자존심이 강하여 일이 뜻대로 되지 않을 경우에는 크게 분노를 일으켜서 건강을 해치게 되는 경우가 많기 때문이다.

처방 | 감기에 걸렸거나 몸이 나른할 때에는 모과차가 효과적이며, 영지차·감잎차·솔잎차·포도주스·오가피차도 이 체질에 좋은 차이다. 음식으로는 1년 내내 물김치를 먹는 것이 좋고, 지방 성분이 적은 해산물이나 채소류가 좋다. 싱싱한 야채즙도 권한다. 그리고 음식에 식초를 듬뿍 쳐서 먹으면 좋다. 이들에게 술과 담배는 완전히 독약이니 일생 멀리 하는 것이 좋으며, 운동으로는 많이 걷는 하체 중심의 운동이 좋다.

무려 5년 동안을 이 책과 씨름하였다. 원래 2004년 4월에 출판사에 넘겼는데 어찌하다가 이제 빛을 보게 되었다. 그동안 많이 기다려 주신 분들에게 죄송할 뿐이다. 5년을 매달려 탈고하고 나니 이 허전함이란 무엇이라 표현하기 어렵다. 아직도 되돌아보면 좀더 보완하고 보충한 뒤에 책을 내야 하지 않을까 생각했지만, 무려 출판만 1년을 끌어온 터라 일단은 책을 내고 다시 보완하든지 해야겠다는 생각으로 책을 내게 되었다.

독자 여러분들의 많은 격려와 충고를 바라면서 이제 끝을 내며 다음으로 낼, 무려 7년을 끌어 온 〈마음의 치료〉 라는 책에 전념하려고 한다. 독자 여러분들에게 신의 은총을 기원하면서 졸고를 마감한다.

전문적 학술적 정보를 원한다면 본인이 운영하는 http//www.tea-sarang.com 을 이용하기 바란다. 차의 화학 성분 분석 등은, 제책 과정에서 제외되어 본 싸이트에 올린다.

서호 용정 차밭에서

참 / 고 / 문 / 헌

『보이차』鄧時海 저, 2000, 도서출판 대우사

『茶文化古典』尹康燦 저, 1999, 홍익제

『工藝作物學』李正行 · 鄭奎鎔. · 曹章煥 · 桂鳳明 편집, 1988, 先進文化社

「녹차의 기능성 및 효능」(일본 논문 번역)

『차의 원류를 찾아』黃永福 저, 2000, 미스바출판사

『茶의 科學과 文化』김종태 저, 1996, 保林社

『한국의 차문화』김운학 저, 2004, 이른아침

『금당다화』최규용 저, 2004, 이른아침

『中國의 茶道』金明培 저, 2001, 明文堂

『日本의 茶道』金明培 저, 1987, 保林社

『중국다청』佰仁福 저, 2002, 中央民族大學出版社(중국책)

『云南普洱茶』周紅杰 저, 2004, 云南科技出版社(중국책)

『약이 되는 산야초』권영환 저, 2004, 전원문화사

『재미있는 藥草의 유래』안상득 · 이종용 저, 1996, 도서출판 진솔

『건강차 35선』박충훈 저, 2003, 북갤럽

『지리산에서 보낸 산야초 이야기』전문희 저, 2004, 화남

『마음 맑은 우리 꽃차』송희자 저, 2004, 아카데미북

『차 한잔의 인연』김창배 저. 2004. 솔과학

『차 한잔의 풍경』김창배 저, 2004, 솔과학

『성경과 약초』신성복 저, 2004, 미네